新型电力系统 电磁暂态数模混合 —— 仿真技术及应用

朱艺颖　等编著

中国电力出版社
CHINA ELECTRIC POWER PRESS

内 容 提 要

本书面向含高比例新能源和多直流的大规模电网运行控制特性精准仿真需求，从电力系统数模混合仿真的定义、技术发展、交流电网的电磁暂态仿真建模技术、直流输电系统的数模混合仿真建模技术、大规模新能源接入的电磁暂态建模技术、基于并行超级计算机的电磁暂态实时仿真和大规模交直流电网电磁暂态自动化建模技术等方面，对含高比例电力电子设备的电力系统电磁暂态数模混合实时仿真建模及试验方法进行详细论述，并通过多个仿真研究算例展示了仿真试验的目的、方法、流程和成果。

本书可供从事电力系统运行与控制领域的科研、设计、调控等方面的技术人员和高等院校相关专业师生学习参考。

图书在版编目（CIP）数据

新型电力系统电磁暂态数模混合仿真技术及应用／朱艺颖等编著 . —北京：中国电力出版社，2022.11（2025.1 重印）
ISBN 978-7-5198-7001-0

Ⅰ . ①新… Ⅱ . ①朱… Ⅲ . ①电力系统－暂态仿真 Ⅳ . ① TM711

中国版本图书馆 CIP 数据核字（2022）第 144298 号

出版发行：中国电力出版社
地　　址：北京市东城区北京站西街 19 号（邮政编码 100005）
网　　址：http://www.cepp.sgcc.com.cn
责任编辑：邓　春　陈　丽
责任校对：黄　蓓　王小鹏
装帧设计：郝晓燕
责任印制：石　雷

印　　刷：三河市万龙印装有限公司
版　　次：2022 年 11 月第一版
印　　次：2025 年 1 月北京第三次印刷
开　　本：787 毫米×1092 毫米　16 开本
印　　张：17.75
字　　数：386 千字
定　　价：128.00 元

前　言

随着我国新能源激励政策和电力体制改革的不断推进，能源电力系统的结构形态和运行控制方式将发生根本性变革，能源电力行业迫切需要实现绿色转型。常规火电逐步转变为辅助电源，风、光等新能源将在能源电力系统中占据主导地位，能源电力系统将朝着清洁化方向发展，新型电力系统呈现出高比例新能源、高比例电力电子、低转动惯量、强随机性等特点，其稳定特性将变得更加复杂。传统以研究机电暂态过程为主的大电网分析和仿真方法，难以精确模拟新型电力系统中海量电力电子设备的微秒级动态，而该时间尺度的物理过程将在更大范围相互作用，有可能波及整个电网，大电网稳定运行更加迫切地依赖以电磁暂态仿真为核心的精准仿真技术。

越来越多的技术工作者开始意识到含高比例新能源和多直流的大规模电网电磁暂态仿真的必要性，并开始进行尝试，电磁暂态仿真逐渐成为大电网仿真技术热点。同时，电力电子设备的灵活快速控制特点使得其控制特性千变万化，将实际电力电子设备控制保护装置接入数字电磁暂态仿真中的数模混合仿真，被认为是最能准确模拟电力电子设备响应特性的方法。电力系统数模混合仿真是以电磁暂态实时仿真为核心，同时接入物理仿真装置，兼有物理和数字仿真技术特点，可进行从电磁暂态到机电暂态的全过程实时仿真研究，能较精确地模拟交直流电网的运行特性和动态过程。在进行大规模交直流电网仿真研究中，接入多个直流工程控制保护装置的数模混合仿真是目前对交直流电网动态特性仿真的较为准确的仿真手段。

与传统机电暂态仿真相比，电磁暂态数模混合仿真精细度高，建模方法、模型参数选择、模型调试、故障仿真与分析的复杂度均大幅提升。传统的电磁暂态仿真或数模混合仿真多针对具体工程或设备所在的等值小型电网模型进行计算研究，在从小型等值电网的电磁暂态仿真研究转换到含大规模新能源的多直流大电网数模混合仿真过程中，建模、调试和仿真分析的复杂度呈指数上升，技术人员往往会遇到很多前所未有的难题，常常因此而止步。

中国电力科学研究院国家电网仿真中心数模混合仿真实验室从1997年开始开展电网级数模混合仿真试验研究，在大电网电磁暂态实时仿真及数模混合仿真技术方面居于世界前列，构建了目前世界上规模最大技术最先进的新一代大电网数模混合实时仿真平台，在大电网电磁暂态仿真建模、模型调试、数模混合仿真、大电网电磁暂态仿真分析等方面积累了丰富的经验，近年来还对柔性直流输电、大规模新能源接入等新技术、新设备的电磁暂态数模混合仿真有了深入研究和应用。本书总结了本团队多年来在电力系统数模混合实时仿真领域的工作积累，是团队共同努力的结晶。书中从以上几个方面对含高比例电力电子设备的新型电力系统电磁暂态数模混合实时仿真建模及试验方法进行详细论述，以推广大电网电磁暂态仿真技术的应用，指导相关技术人员顺利开展技术工作。

本书内容由朱艺颖进行总体策划，第 1 章由朱艺颖撰写；2.1～2.3 节由李新年撰写，2.4 节由刘翀撰写；3.1 节由雷霄、谢国平撰写，3.2 节由杨立敏撰写；4.1 节和 4.2 节由庞广恒撰写，4.3 节由刘浩芳撰写；第 5 章由胡涛撰写；第 6 章由王薇薇撰写；7.1 节和 7.5 节由刘翀撰写，7.2 节由李跃婷撰写，7.6 节由林少伯、杨立敏撰写，7.3 节由吴娅妮、刘琳、张晓丽撰写，7.4 节由杨立敏撰写；第 8 章由朱艺颖撰写，全书由朱艺颖统稿审修。感谢黄威博博士在全书汇稿方面的帮助。

限于作者水平的限制和时间仓促，书中难免存在错误和不当之处，敬请广大读者批评指正。

朱艺颖

2022 年 3 月

目 录

1　电力系统数模混合仿真技术简介

1.1　电力系统数模混合仿真定义

电力系统数模混合仿真是指用数字实时仿真方法模拟电力系统中的一部分，用物理仿真装置模拟电力系统中的另一部分，用相应的软硬件接口技术实现两种方法所模拟的各部分电力系统的联合仿真。

电力系统数模混合仿真既能发挥数字实时仿真建模快、易存储等特点，又能充分利用物理仿真装置精确度高的特点，可进行从电磁暂态到机电暂态的全过程实时仿真研究，能较精确地模拟交/直流电力系统的运行特性和动态过程，是认知大电网运行机理特性的基础平台，同时也是支撑工程建设和运行的强有力工具，作为仿真校准钟，为其他仿真手段提供准确的计算参考。

电力系统数模混合仿真可分为单向功率传输接口数模混合仿真、双向功率传输接口数模混合仿真和控制器硬件在环数模混合仿真。

（1）单向功率传输接口数模混合仿真是指发电机、动态负荷和感应电动机等旋转元件采用数字模型进行仿真，其他电力系统元件采用物理器件进行模拟，数字仿真与物理仿真连接的传输功率为单方向，即功率仅从数字模型传输到物理模型。通过数/模（D/A）转换卡将数字模型输出的数字信号转换为模拟量，经功率放大器放大为能够与物理仿真装置匹配，而物理仿真装置的状态通过电压、电流传感器和模/数（A/D）转换卡将模拟量转换为数字信号反馈给数字仿真模型。图1-1为单向功率传输接口数模混合仿真示意图。

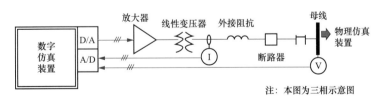

图 1-1　单向功率传输接口数模混合仿真示意图

I—电流传感器；V—电压传感器

（2）双向功率传输接口数模混合仿真的原理是用数字模型模拟大部分电力系统，仅用物理模型模拟需要详细仿真的部分，例如高压直流输电系统、柔性直流输电系统、灵活交流输电系统等，数字仿真与物理仿真连接的传输功率为双方向，即功率可从数字模型传输到物理模型，也可从物理模型传输到数字模型。与单向功率传输接口数模混合仿真相比，增加了对解耦元件的模拟。解耦元件将数模混合仿真电力系统分割为数字和物理的两个可同步独立运行的子系统，两个子系统之间通过接口电路交互功率。用作解耦的电力系统元件有很多种，包括发电机、负荷、母线、变压器、输电线路等。每一种解耦元件都有其对应的接口算法，以实现网络的分割。接口等值电路的具体形式因解耦元件或接口算法的不同有较大差异。分布参数线路的贝杰龙（Bergeron）等值模型是数模混合仿真解耦元件较为合适的选择，它将分布参数线路上电磁波传播的波过程转化为仅含电阻和电流源的集中参数电路，可以利用输电线路的行波延时来精确补偿接口的软硬件延时。

（3）控制器硬件在环数模混合仿真是指电力系统中的一次部分均采用数字模型进行仿真，控制器等二次设备采用物理器件进行模拟，通常会采用与实际工程控制特性一致的控保装置，数字仿真与物理仿真连接交换的信号包括系统状态量和控制指令等，该类仿真能够较为真实地反映出系统暂稳态下的控制响应特性，也是测试控保装置功能正确性和有效性的手段。

电力系统数模混合仿真装置由数字仿真装置、物理仿真装置和数模混合接口装置构成。数字仿真装置一般以并行计算机为运行平台，采用电磁暂态仿真方法。为了实现与物理模型的联合仿真，数字模型与实际系统中的动态过程应以相同的速度进行，即实现实时仿真。物理仿真装置可以是由按比例缩小的输电线路、变压器、断路器、HVDC等元件组成的模拟设备，也可以是与实际系统控制特性一致的控保装置或新开发研制的控保装置。数模混合接口装置一般包括数模/模数转换卡、光电转换器、通信总线、功率放大器等。

1.2　电力系统数模混合仿真技术发展历程

电力系统数模混合仿真技术是随着电力系统发展中涌现的新技术研究以及计算机技术的发展而发展起来的。国内外的工程实践表明，对于重大工程规划、设计、建设和运行的各个阶段，仅靠电力系统离线计算分析是不够的。国际上加拿大、日本、巴西、韩国等国家均建设了大规模的电力系统实时仿真试验室。在我国电网发展的各个重要阶段，从330kV、500kV、750kV到1000kV交流，从第一回长距离大容量直流输电工程葛南直流工程到世界上电压等级最高额定容量最大的±1100kV昌吉—古泉直流特高压工程，都通过物理仿真装置或数模混合仿真装置进行过大量的试验研究。本节按时间顺序从物理仿真、单向功率传输连接数模混合仿真、双向功率传输连接数模混合仿真、大规模电网数模混合仿真四个阶段进行介绍。

1.2.1　物理仿真

20世纪90年代以前，电力系统实时仿真主要采用全物理的仿真装置，由按比例缩小的旋转发电机、电动机、变压器、线路、换流阀等元件构成。例如俄罗斯直流研究院、中国电力科学研究院和清华大学等单位的动态模拟试验室。物理仿真的优点是能够比较精确地反映物理现象，适合于对原始物理现象和系统特性的研究，以及对继电保护和自动控制等装置的试验研究等。其缺点是设备维护工作量大，建模和试验过程较为复杂，同一套仿真设备上完成的试验对应的模型无法保存复用，由于受设备规模的限制，其能模拟的电力系统的规模也受到较大限制。20 世纪 80 年代初，我国电网开始进入超高压、大电网、大机组的发展时期，一大批交流 500kV 输变电工程投入建设，为解决 500kV 设备技术规范和系统运行特性等方面的关键技术问题，中国电力科学研究院与美国电力技术咨询公司合作研制了暂态网络分析（transient network analyze，TNA）仪自 1983 年以来，利用 TNA 对我国交流 500kV 输变电工程的电磁暂态专题（包括工频过电压、操作过电压、绝缘配合、设备选型和配置等）进行了大量的试验研究工作，为我国 500kV 交流输电技术和电网的发展做出了重要的贡献。

图 1-2 为旋转发电机的物理仿真装置，图 1-3 为技术人员利用暂态网络分析仪进行暂态过电压仿真试验。

图 1-2 旋转发电机的物理仿真装置

图 1-3 技术人员利用暂态网络分析仪
进行暂态过电压仿真试验

20 世纪 80 年代中期，我国开始规划和建设第一条 500kV 超高压直流输电工程——葛洲坝—南桥直流输电工程（简称葛南直流工程，见图 1-4），这是我国超高压输电技术发展的重要里程碑。为掌握超高压直流输电（high voltage direct current，HVDC）技术，解决工程建设、系统调试和运行中的关键技术问题，中国电力科学研究院引进了一套完整的双极直流输电物理仿真装置，包括一次部分和控制保护装置，其中换流阀采用缩小比例的晶闸管进行模拟，控保装置与实际工程的控制特性完全一致。自 1986年以来，利用该套直流工程物理仿真装置对葛南直流工程进行了大量的试验研究工作，为工程建设、系统调试和运行提供了技术支持和服务，为我国超高压直流输电技术的发展做出了重要的贡献。

图 1-4　葛洲坝—南桥直流工程物理仿真装置

1.2.2　单向功率传输连接数模混合仿真

20 世纪 90 年代中期，随着计算机的发展以及人们对电力系统认识的加深，单向功率连接数模混合仿真技术得到了应用，发电机、电动机等旋转设备采用数字模型模拟方法，变压器、交流输电线路、断路器、负荷、直流输电系统仍采用物理模型。发电机、电动机等旋转设备的物理仿真装置被数字模型替代，意味着仿真规模有了进一步扩大，仿真规模从几台发电机增加到最多 40 台发电机，从十几个节点增加到 400 个节点，可进行相当规模的交直流系统相互影响仿真研究，但仍需要对所研究电网进行适当幅度等值。

21 世纪初，是我国直流输电技术发展的关键时期。这一时期，对直流输电换流阀和换流变压器的物理仿真技术也有了进一步提高（见图 1-5 和图 1-6），采用场效应管替代了缩小比例的晶闸管对换流阀进行模拟，大大减少了损耗带来的误差，而在模拟换流变压器时，对分接头自动调节进行了逼真的模拟。

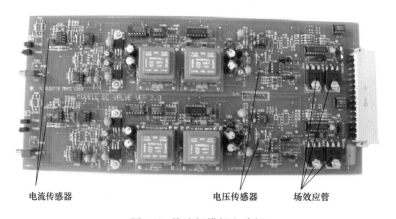

电流传感器　　　　　　　　　　　电压传感器　　场效应管

图 1-5　换流阀模拟电路板

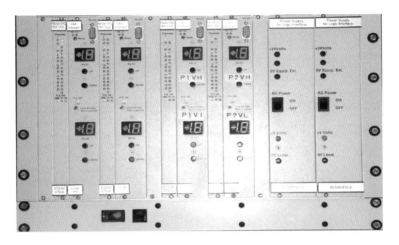

图 1-6　换流变压器模型分接头控制面板

20 世纪 90 年代中期，三峡工程进入实施阶段，我国跨大区电网互联也同时揭开了新的篇章。从 1997 年以来，技术人员利用单向功率连接数模混合仿真平台对三峡电力系统、"西电东送"和全国大区电网互联的关键技术进行了深入的试验研究（见图 1-7），为我国电网互联的发展和安全稳定运行起到了重要作用。

在此期间，采用电磁暂态计算方法的实时数字系统（real time digital system, RTDS）仿真技术崭露头角，但其仿真系统规模有限，可用放大器连接继电保护装置进行相关试验研究。

图 1-7　技术人员利用单向功率连接数模混合仿真平台进行试验研究

1.2.3　双向功率连接数模混合仿真

继向家坝—上海±800kV 直流输电工程顺利建成投运后，特高压直流输电技术在我国飞速发展，迅速成为跨区联网和远距离送电的主力军，我国以华东电网为代表的多个地区逐步成为多直流落点地区，交直流混联的复杂电网对系统规划、设计、建设和运行各个阶段的仿真研究提出挑战。而在当时，高电压、大容量、远距离直流输电技术也刚刚进入我国十余年，对它特性的认知尚不完善，且直流输电系统等含有的大功率电力电子器件的实时数字模型仿真精度仍有待提高，应用较为准确的物理装置模拟直流输电系统仍是当时较好的仿真手段。然而，当时的研究需求已从单回直流变成多回直流，由于各直流落点之间有一定距离，必须尽可能扩大对多直流落点地区交流电网的仿真规模，单向功率连接数模混合仿真的规模已无法满足这一需求。

在这一时期，交流系统的电磁暂态数字实时仿真技术已经不断发展，仿真准确性已经得到普遍认可，其仿真能力随着计算机技术的发展也不断提升，仿真规模相比物理仿真来说有了较大增加。双向功率连接数模混合仿真技术此时发挥了巨大作用。将全部交流电网用数字实时仿真进行模拟，直流工程采用物理装置模拟，通过数模接口技术实现交流和直流之间的功率双向流动仿真，是当时能够满足研究需求的最佳方案。

2007 年，中国电力科学研究院与加拿大魁北克水电局研究院合作，共同攻关双向功率连接数模混合仿真技术（见图 1-8），实现了功率在数字模型和物理模型之间的双向流动，改变了数模混合仿真的模式，既提高了电力系统仿真研究的精度，又缩短了仿真建模的时间，并扩大了仿真规模，可以达到 80 台发电机，1000 个节点，最多接入了 8 回直流输电物理仿真装置（见图 1-9）。利用该平台完成了直流多落点地区交直流相互影响研

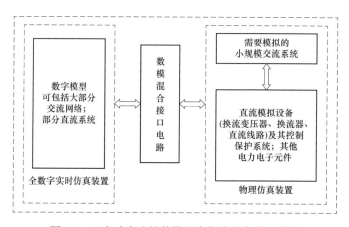

图 1-8 双向功率连接数模混合仿真方案的示意图

图 1-9 特高压直流输电工程物理仿真装置

究、"三华"电网形成初期系统安全稳定性研究、国家电网"十二五"主网架规划设计方案试验研究等多个重大科研任务。

目前仍然有设备研制单位在采用双向功率连接技术对新型直流的物理仿真装置进行测试和研究。

1.2.4 大规模电网数模混合仿真

2010年以来，我国特高压交直流电网快速发展，特高压骨干网架逐步建成，特高压直流回数进一步增加，落点更为密集，交直流混联特征更加突出，大电网稳定特性更加复杂，风电、光伏等新能源大规模并网，电力系统加速重构，电力资源大范围优化配置能力大幅提高。交直流、多直流以及源网荷之间相互影响加剧，而且随着直流输电规模的提升日趋复杂，电网安全运行面临严峻挑战。

特高压电网的快速发展对仿真工具的能力提出了更高的要求。特高压电网的形成使其内部各节点间电气距离进一步缩小，交流与直流之间、直流通过交流与其他直流之间的相互联系更为密切。交流系统谐波畸变、直流和新能源快速调节变化等电磁暂态时间尺度的物理过程将在更大范围相互作用，交直流连锁反应影响面有可能波及整个电网。传统以研究机电暂态过程为主的大电网分析和仿真方法，已不能准确描述当前及未来电网的物理特性，电网运行边界将极大地取决于仿真精度，对仿真工具的精度提出更高要求。

为满足未来电网对仿真精度的要求，具备支撑电网安全稳定运行的能力，数模混合仿真技术需要在以下两方面进行提升。

（1）需要进一步扩大电磁暂态的仿真规模。机电暂态仿真工具由于采用基于相量的准稳态模型，无法准确描述大功率电力电子装置（器件）与交流电网间的交互影响，对准确分析解决交直流电网（新型电力系统）问题有局限性；而离线的电磁暂态仿真软件适用于工程分析和小规模电网研究，计算效率较低，不适合大电网计算，且对电力电子装置复杂控制保护系统的精确模拟困难，影响电网仿真结果准确性。

（2）需要接入大规模实际控制保护装置，提升数模混合仿真的技术能力。直流输电系统和新能源等电力电子装置的控制保护特性直接影响到故障连锁反应，与发电机励磁调节器等传统控制器相比，其控制保护在控制环节、板卡数量、指令速度、控制精度等方面更复杂，模拟精度将极大影响交直流连锁故障的仿真准确性。目前采用的控制保护数字模型主要对控制保护逻辑进行理想化建模，对全面反映实际装置特性的数字化建模仍需探索。根据电网运行实际，借鉴国内外经验，需要接入实际控制保护装置，实现数模混合仿真，以提升仿真精度，解决控制保护数字化精确建模困难等问题。

针对以上两大迫切需求，新一代数模混合仿真平台的总体构建方案（见图1-10）被提出，即采用通用架构的高性能并行计算机技术对交直流电网进行数字实时仿真，通过数模连接技术接入直流输电、静止无功补偿装置、统一潮流控制器、新能源发电等电力电子设备控制保护装置，实现大规模电网电磁暂态数字模型和大量实际物理控制保护装

新型电力系统电磁暂态数模混合仿真技术及应用

置闭环仿真。解决扩大电磁暂态实时仿真规模的难题，需要实现基于多处理器且核间高速通信的超级并行计算机的电磁暂态实时仿真、优化软件实时性、实现大规模电磁暂态电网自动化建模等；解决同时接入大规模实际控制保护装置的难题，需要研究直流输电工程和新能源发电等控制保护装置简化原则、深度优化数模混合仿真接口技术、规范直流输电系统和新能源发电等一次建模要求及模型校核试验等。

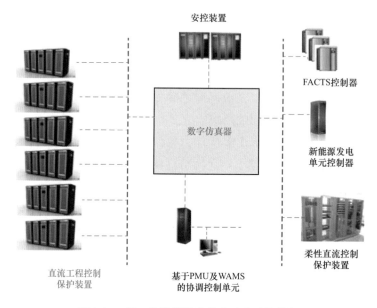

图 1-10　新一代数模混合仿真平台总体构架

图 1-11　与实际直流工程控保特性
一致的控制保护仿真装置

新一代数模混合仿真平台具备对我国多直流落点地区电网的精确仿真，即电磁暂态实时仿真规模应该达到我国区域电网 220kV 及以上骨干网架，能够接入落点区域内的全部在运直流输电工程的控制保护装置。目前通过跨平台仿真等新技术，$50\mu s$ 步长的电磁暂态实时仿真规模已经达到上万节点，同时能够接入 17 回直流控保装置，能够较为准确地模拟西北区域电网经特高压直流与华东区域电网联网的系统暂稳态问题。图 1-11 是位于实验室机房的与实际直流工程控制保护特性一致的控制保护仿真装置。

　　本书后续内容主要是围绕大规模电网数模混合仿真，从交直流电网建模调试技术、大规模新能源建模调试技术、实时仿真技术、电磁暂态自动化建模技术以及大规模电网电磁暂态数模混合仿真技术应用等方面展开详细介绍。

8

1.3 国内外电力系统数模混合仿真主要工具简介

国内外应用较为广泛的电力系统数模混合仿真工具有加拿大魁北克水电研究院研发的 HYPERSIM、加拿大曼尼托巴直流研究中心 RTDS 公司研发的电力系统全数字实时仿真系统（real time digital simulator，RTDS）、加拿大魁北克 Opral-RT 公司研发的 RT-Lab 以及中国电力科学研究院研发的电力系统全数字仿真装置（advanced digital power system simulator，ADPSS）。

1.3.1 HYPERSIM

20 世纪 90 年代，加拿大魁北克水电研究院在采用单相功率连接的数模混合仿真技术基础上，基于电磁暂态计算程序（electromagnetic transient program，EMTP）核心算法开发了 HYPERSIM。它是基于并行计算技术、采用模块化设计、面向对象编程的电力系统全数字实时仿真软件，有 Unix、Linux 和 Windows 三种版本，既可以进行单处理器或多处理器的离线仿真，也可以进行分核并行实时仿真。HYPERSIM 仿真精度为 64 位双精度，在代码产生、编译和仿真过程中，HYPERSIM 使用的都是真 64 位双精度浮点数，数值稳定。HYPERSIM 代码生成器用来分析网络拓扑，将线路、母线、控制元件及其子系统分解为不同的任务，自动将任务合理分配给各并行处理器，使各任务之间通信负担最小。通过代码生成模块产生的 C 语言代码在实时与离线状态下都完全相同，仿真结果也完全一致。

HYPERSIM 采用固定步长隐式梯形法，同 EMTP 一样，将储能元件—电感器和电容器等值为电阻并联电流源，建立节点导纳矩阵，采用节点导纳方程求解网络变量。每个步长仿真用节点导纳矩阵和注入电流求解节点电压。当网络拓扑因开关动作改变时，修改节点导纳矩阵，采用 LU 分解法重新对节点导纳矩阵求逆。

HYPERSIM 支持与 Matlab/Simulink/SPS 的接口，也支持用户编写的 C 代码库文件，从而实现在仿真建模中直接调用第三方封装的功能模块。另外，HYPERSIM 还可以直接导入离线电磁暂态仿真软件 EMTP-RV 的电网模型。

HYPERSIM 支持通过 A/D、D/A 接口及通信协议接口与硬件设备的连接，能够实现数模混合实时仿真。HYPERSIM 中子任务在多个计算核中的自动平均分配功能非常灵活，在自动任务映射后，还可结合实际情况手动调整单个任务预估执行时间，也可手动调整单个任务所在的计算核。HYPERSIM 还提供了多个参数供用户根据所仿真电网模型的具体情况进行合理调整，确保仿真的实时性，对于实现大规模电磁暂态实时仿真来说，实用性很强。

HYPERSIM 既可以在计算机群上运行，也可以在商用超级并行计算机上运行。基于商用超级并行计算机上运行的设计思路主要是针对系统级实时仿真，这使得实现大规模电网电磁暂态实时仿真成为可能。这是因为大规模电网电磁暂态实时仿真的关键因素并不是单处理器的计算能力，而是整个计算机的通信性能。对于单处理器，HYPERSIM 没有限定的仿真节点数，而是取决于分配给每个处理器的子任务的计算量。单处理器的计算能力限制了单个任务量的最大处理时间，而通信性能限制了同时运算的处理器最大数量。由于其仿真计算步长通常在 $50\mu s$ 左右，这就要求各个处理器之间的通信能力要能做到在一个计算步长内完成全部通信任务（包括与数模接口的通信）。HYPERSIM 充分利用了商用并行计算机在多核快速通信方面的研发成果。对于小步长仿真，HYPERSIM 开发了基于 FPGA 的建模工具，可进行小到 500ns 步长的实时仿真，实现对 VSC-MMC 以及新能源发电的数模混合仿真，通过快速响应的数模接口，连接数字阀模型和实际阀控装置。

中国电力科学研究院从 1997 年开始与加拿大魁北克水电局合作开展电力系统数模混合仿真技术研发与应用，并于 2008 年签署合作协议，共同致力于开发完善和应用 HYPERSIM。加拿大魁北克水电局利用基于并行计算机的 HYPERSIM 搭建了魁北克省完整电网模型，并接入了三回直流工程的实际控保装置进行数模混合实时仿真研究。中国电科院利用基于并行计算机（HPE Superdome Flex）的 HYPERSIM 构建了新一代数模混合实时仿真平台，$50\mu s$ 仿真步长的电网实时仿真规模达到 6000 个三相节点以上，可同时接入 17 回实际直流工程的控保装置，可对任一区域电网进行详细的仿真试验研究。图 1-12 为 HYPERSIM 的并行计算运行平台及接口装置。

图 1-12　HYPERSIM 的并行计算运行平台及接口装置

HYPERSIM 在北美及欧洲的研究机构、电力企业和设备厂家中得到广泛应用，国内除了中国电力科学研究院，还有一些省级电科院、设备厂家等也在利用 HYPERSIM 进行仿真研究。

1.3.2　RTDS

20 世纪 90 年代初，随着商业化高速数字信号处理器（digital signal processor, DSP）的问世，加拿大曼尼托巴（Manitoba）直流研究中心 RTDS 公司率先推出了国际

上第一台电力系统全数字实时仿真系统（RTDS），其电磁暂态仿真核心算法采用的也是
EMTP，并且采用定制化硬件，利用多处理器的并行计算技术加速，实质上是为实现实
时数字仿真系统暂态过程而专门开发的并行计算机系统。

RTDS 仿真精度为 64 位双精度，而这与 HYPERSIM 不同，是由软件处理得到的，
用于仿真的代码用的是 40 位精度。在实时和离线情况下编译生成的代码不同，所以实时
仿真和离线仿真结果不同。RTDS 系统只能运行 RTDS 软件，不能运行其他 Unix 软件。
RTDS 数值积分的方法也采用固定步长隐式梯形法，大部分算法和 HYPERSIM 相同，
用内插法处理断路器及电力电子器件的开断过程。RTDS 在离线情况下可以接受用户通
过 Matlab/Simulink 定义的控制系统，实时仿真时则不可以。

随着计算机技术发展，对于小步长实时仿真，RTDS 开发了特殊的硬件板卡，可以实
现局部 $2\mu s$ 的小步长仿真，可以实现对 VSC-MMC 以及新能源发电等复杂模型的精确仿真。

RTDS 的软件采用了 3 个不同级别的分层结构。最上级是图形化用户接口，中间级是
编译器和通信管理器，最下级是多任务运行系统。用户只需同最上级的用户接口打交道。

RTDS 装置具有丰富的输入输出硬件接口，可以处理模拟量、数字量及开关量等，
与外部实物控制系统连接后还可实现闭环硬件在环仿真。

RTDS 的基本单元称作 RACK，一套 RTDS 装置可包括几个或几十个 RACK，
RACK 的数量决定系统的仿真规模，1 个或多个 DSP 模块模拟 1 个电力系统元件。
RTDS 采用专业计算机公司开发的高速并行处理器，处理器主板由 RTDS 公司自行开发。
在实时通信速度方面，RTDS 每个单元（RACK）有有限的通信连接个数。对于大规模
电力系统来说，当达到这个连接极限时，并行处理的效率会变低。

近年来，RTDS 公司意识到 RACK 的背板通信时间已成为原始设计中的一个限制因素，
背板通信可能占时间步长的 $30\%\sim50\%$。为了解决这一问题，RTDS 公司对其硬件体系设
计进行了更新，推出了新一代产品 NovaCor。NovaCor 采用 IBM 的 POWER8®RISC-based
10 核处理器设计，时钟频率从 1.7GHz 增加到 3.5GHz，通过芯片上的快速核对核通信消除
背板通信时间。NovaCor 每个机箱都包含一个功能强大的多核处理器、工作站接口（WIF）
功能、通信端口和模拟输出通道。图 1-13 为 NovaCor 硬件架构示意图。

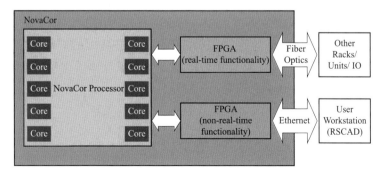

图 1-13　NovaCor 硬件架构示意图

总体来说，由于 RTDS 公司开发的仿真系统硬件平台，硬件升级稍慢。

RTDS 在世界范围内得到了广泛应用，国内也有大量高校、企业使用 RTDS 平台进行仿真研究，应用 RTDS 规模较大的有南方电网公司电力科学研究院、国网南瑞稳控公司以及国网经济技术研究院有限公司等单位。南方电网公司电力科学研究院利用 RTDS 搭建了南方电网 220kV 及以上电压等级的主网架，节点数达到 2500 个三相节点。国网南瑞稳控公司主要利用 RTDS 进行区域电网系统保护试验研究，国网经济技术研究院有限公司主要利用 RTDS 开展直流输电相关的数模混合仿真试验研究。一些电力电子设备控制保护生产厂家已利用 RTDS 进行控保装置的研发和测试。

1.3.3 RT-LAB

RT-LAB 是加拿大 Opal-RT 公司开发的一套工业级实时仿真系统。RT-LAB 采用 PC 集群技术，集成了 Matlab/Simulink 的开发环境，用户可通过 Matlab/Simulink 的 Real-time Workshop 实现将模型分布在不同的定制化多核计算机上实时运行，也就是说，用户可以直接把基于 Matlab/Simulink 建立的系统模型通过 RT-LAB 应用于实时仿真。

RT-LAB 仿真器由使用 Intel Xeon 的处理器 CPU 仿真器和 Xilinx FPGA 仿真器组成。CPU 上运行电力系统电磁暂态实时仿真并行计算，FPGA 上运行为微秒级以下高频率电力电子器件仿真并行计算，同时作为连接外部设备与 CPU 之间的接口单元。RT-LAB 支持 EMTP-RV 等第三方建模软件开发的模型，以及通过 C/C++、Fortran 代码编写的模型，并将它们集成到 RT-LAB 实时仿真环境中。

RT-LAB 是较早具备 MMC 小步长实时仿真能力的仿真工具，在电力电子领域有丰富的模型库，可以用于逆变并网、MMC、PET、FACTS 器件等多种电力电子系统。近年来，RT-LAB 在新能源发电的仿真领域发展迅速，利用其小步长仿真变流器的优势，不仅能够接入厂家封装的数字控制器进行仿真，还在接入实际控制器的数模混合仿真方面大力推广，在对 SVG、风机、光伏、储能等设备的入网测试方面发挥较大优势。

近年来，Opal-RT 公司与加拿大魁北克水电院研究院签署了合作协议，将 HYPERSIM 运行在与 RT-LAB 相同的硬件载体上并由 Opal-RT 公司负责商业销售及技术服务。这促成了 HYPERSIM 和 RT-LAB 之间的联合仿真（见图 1-14），使得既能发挥 HYPERSIM 仿真大规模交直流电网的优势，又能发挥 RT-LAB 精细仿真高频电力电子器件的优势。

随着我国新能源发电的快速发展，近年来 RT-LAB 在我国的应用迅速铺开，多家电力科学研究院、经济技术研究院、新能源发电的设备厂家等均纷纷利用 RT-LAB 开展硬件在环的数模混合仿真研究和测试。

1.3.4 ADPSS

ADPSS 是由中国电力科学研究院自主研发的基于高性能 PC 机群（PC-cluster）的电力系统全数字仿真装置，采用 Linux 操作系统，核心仿真软件是基于电力系统分析综合程序（power system analyse software package，PSASP）。ADPSS 采用网络并行计算技

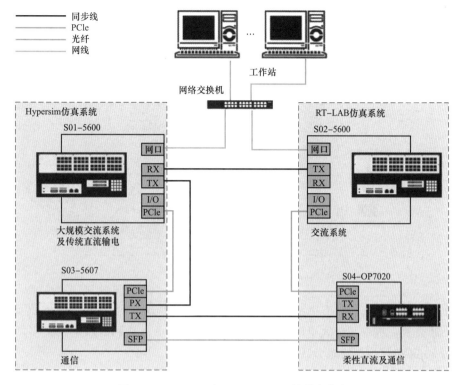

图 1-14 RT-LAB 与 HYPERSIM 的联合仿真

术对计算任务进行分解，并对进程进行实时和同步控制，实现了大规模复杂交直流电力系统机电暂态和电磁暂态的实时和超实时仿真以及外接物理装置试验。ADPSS 采用通用局域网连接且管理网络和计算网络分离的双网结构，管理网络采用千兆以太网，计算网络采用高速 Myrinet 网络或 Infiniband 网络，管理网和数据网的分离大大提高了网络可用性，同时保障了数据的传输带宽。

利用 ADPSS 可进行大系统交直流电力系统机电暂态仿真以及机电—电磁暂态混合仿真研究，可接入继电保护、安全自动装置、FACTS 控制装置以及直流输电控制装置等实际物理装置进行闭环仿真试验。

ADPSS 可接入 Matlab 等商用软件进行局部和子任务计算，接入用户自定义模型以完成用户指定功能和任务。

ADPSS 最大的特点是有较为成熟实用的机电—电磁暂态混合仿真功能。机电—电磁暂态混合仿真集中了机电暂态仿真和电磁暂态仿真各自的优点，采用机电暂态仿真模拟较大规模的电力系统，用电磁暂态仿真模拟含电力电子器件的设备或工程。可进行交直流混合大系统机电暂态、电磁暂态过程的混合实时仿真。具有大电网背景下继电保护设备试验功能，大电网背景下 FACTS 控制装置、直流输电控制装置等试验功能。可通过模拟实际规模的背景电网的运行特性，全面考察被测试对象在大电网中的行为及其对电网的影响。图 1-15 为 ADPSS 系统构架。

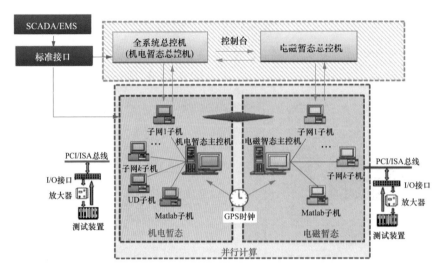

图 1-15 ADPSS 系统构架

近年来，随着高比例电力电子设备的占比不断增加，ADPSS 开始在电磁暂态实时仿真方面不断完善，进一步扩大电磁暂态实时仿真规模，可以达到区域电网接多回直流控保装置的 $50\mu s$ 实时仿真的能力。

ADPSS 在国内得到了广泛应用，多家电力科学研究院均使用 ADPSS 进行仿真研究。另外，国家电网公司葡萄牙能源网公司能源研究中心也使用 ADPSS 进行仿真试验研究。

2 交流电网电磁暂态仿真建模

交流电网的元件主要包括发电机、变压器、输电线路、输电设备（负荷）等。上述元件大体可分为两类：①本质上具有集中参数特性，例如发电机；②具有分布参数特性，如架空线路和电缆。当系统发生故障或是操作后，这些电路元件将承受频率为 50Hz～100kHz 的电压和电流变化，在这样宽的频率范围内，元件的参数以及大地路径相关的参数将会随着频率发生很大的变化。因此，电磁暂态仿真计算必须能够充分复现集中参数和分布参数的频率变化特性。此外，仿真应能够充分表征非线性特性，例如发电机和变压器的磁饱和特性等。还有，与求解方法同样重要的是获得准确的基础数据以及系统元件特性（参数）随频率变化的规律。只有对交流系统相关元件进行准确的建模和详细的电磁暂态仿真分析，才能准确地掌握交流电网的动态特征，为电力系统的规划、建设和运行提供重要的帮助。

2.1 同步发电机模型

同步发电机模拟的详细程度和所研究的暂态类型密切相关，同步发电机模型主要分两类：①简单同步电机模型；②详细发电机模型。本章主要介绍详细发电机模型。简单发电机模型中，一种是在次暂态电抗 X_d'' 之后的次暂态电势（电压源）E''，通常用在短路研究中，求得稳态相量解。在暂态研究中，可用于仿真持续时间仅有几个周波的电磁暂态研究，例如操作过电压研究。另一种模型是暂态电抗 X_d' 之后的暂态电势（电压源）E'，它用于简化的稳定研究，或暂时过电压（工频过电压）研究。详细发电机模型亦可用于操作过电压和工频过电压研究，但通常用于时间范围较长含有转速变化和转矩变化的电磁暂态研究和机电暂态研究，此时需要建立详细的发电机转子和汽轮机转子的质量块模型，此时，通用的模型需要包含发电机的电气部分、发电机和汽轮机的机械部分以及励磁和调速系统。

2.1.1 电气部分

同步发电机分为水轮机和汽轮机两类。大多数同步发电机的磁极在转子上，电枢绕组在定子上，转子又分为隐极和凸极。水电站中使用凸极机的极对数为 2 或以上。其中，

15

沿着以磁极为对称轴（直轴）的磁路特性与以两个磁极中间为对称轴（交轴）的磁路特性有明显的区别，因为凸极机磁路中有较大一部分在空气中［见图 2-1（a）］。隐极机用于火（热）电厂，通常只有 1～2 对极，有一个长的带槽的圆筒状转子，其励磁绕组分别在槽中间［见图 2-1(b)］，隐极机两个轴的磁路特性差别很小（因为励磁绕组埋在槽中）。凸极性通常用来表达转子的两个轴具有不同磁路特性这一状况，一般电磁暂态程序中的电机模型允许凸极性，如果忽略凸极性，只要在输入时令某些量相等（如 $X_d = X_q$），则使用的公式可以不变。

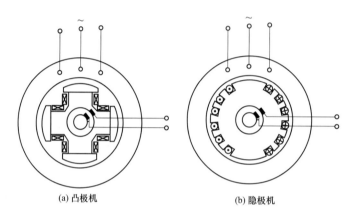

(a) 凸极机   (b) 隐极机

图 2-1　同步机截面

同步机的电气部分通常用具有 7 个耦合绕组的双极电机模拟：

（1）三个电枢绕组（A、B、C 三相，接入电力系统）。

（2）f 产生直轴磁路的励磁绕组（接到励磁系统的直流电源）。

（3）g 假想的交轴绕组，用于模拟由交轴深处涡流产生的变化缓慢的磁链。（在凸极机中忽略此项）。

（4）d 直轴绕组，用于模拟阻尼条的作用。

（5）q 交轴绕组，用于模拟阻尼条的作用。

极数多于 2 的电机，其电气方程与双极电机相同，但用于机械部分方程中的角速度和转矩必须进行相关转换。

因为电感在相空间是时间的函数，为方便计算，通常把它们从相分量转到 $dq0$ 分量，在 $dq0$ 坐标系中电感为常数。该变换把旋转的磁链投射到磁轴上，在稳态时是静止的。该变换由勃朗德（Blondel）首先提出，进一步由美国的多赫蒂（Doherty）、尼古尔（Nickle）和派克（Park）发展而成，称为派克变换，该变换对磁链、电压和电流都相同，而且当 abc 坐标转到 $dq0$ 坐标时，转子上的量仍保持不变。

电磁暂态程序中电机模型一般都是基于从相分量到 $dq0$ 分量的派克变换。在 $dq0$ 坐标系中电机的自感和互感都为常数。尽管方程采用状态变量的形式，但它们的求解采用的是数值积分代换方法。

在电磁暂态程序中，一般用电机的 d 轴和 q 轴电流作为状态变量，但是也有采用磁通的，如 EMTP。

图 2-2 描绘了一个具有三个固定绕组和一个旋转绕组的同步机（未包含阻尼绕组）。设 $\theta(t)$ 为在 t 时刻励磁绕组和 a 相绕组之间的夹角，根据法拉第定律有

$$\begin{bmatrix} U_a - i_a R_a \\ U_b - i_b R_b \\ U_c - i_c R_c \end{bmatrix} = \frac{\mathrm{d}}{\mathrm{d}t} \begin{bmatrix} \psi_a \\ \psi_b \\ \psi_c \end{bmatrix} \qquad (2\text{-}1)$$

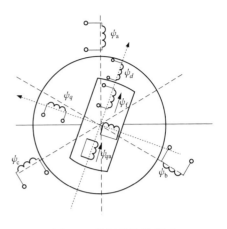

图 2-2　凸极机的横截面

其中

$$\begin{bmatrix} \psi_a \\ \psi_b \\ \psi_c \end{bmatrix} = \begin{bmatrix} L_{aa} & L_{ab} & L_{ac} & L_{af} \\ L_{ba} & L_{bb} & L_{bc} & L_{bf} \\ L_{ca} & L_{cb} & L_{cc} & L_{cf} \end{bmatrix} \begin{bmatrix} i_a \\ i_b \\ i_c \\ i_d \end{bmatrix}$$

式中：ψ_a、ψ_b、ψ_c 分别为 a、b、c 各绕组的磁链，是由本绕组的自感磁链和其他绕组与本绕组的互感链组合而成。

电感具有时变特性，定子各相绕组的自电感为

$$\left.\begin{array}{l} L_{aa} = L_a + L_m \cos 2\theta \\ L_{bb} = L_a + L_m \cos[2(\theta - 2\pi/3)] \\ L_{cc} = L_a + L_m \cos[2(\theta - 4\pi/3)] \end{array}\right\} \qquad (2\text{-}2)$$

假设正弦绕组形式分布，则定子各相绕组间的互电感为

$$\left.\begin{array}{l} L_{ab} = L_{ba} = -M_s - L_m \cos[2(\theta + \pi/6)] \\ L_{bc} = L_{cb} = -M_s - L_m \cos[2(\theta - \pi/2)] \\ L_{ca} = L_{ac} = -M_s - L_m \cos[2(\theta + 5\pi/6)] \end{array}\right\} \qquad (2\text{-}3)$$

并且定子各相绕组与励磁绕组间的互电感为

$$\left.\begin{array}{l} L_{af} = L_{fa} = M_f \cos\theta \\ L_{bf} = L_{fb} = M_f \cos(\theta - 2\pi/3) \\ L_{cf} = L_{fc} = M_f \cos(\theta - 4\pi/3) \end{array}\right\} \qquad (2\text{-}4)$$

经过派克变换，可得到在 $dq0$ 坐标下的表达式，即

$$\begin{bmatrix} \psi_d \\ \psi_q \\ \psi_0 \end{bmatrix} = \begin{bmatrix} L_a + L_{md} & 0 & 0 \\ 0 & L_a + L_{mq} & 0 \\ 0 & 0 & L_a - 2M_s \end{bmatrix} \begin{bmatrix} i_d \\ i_q \\ i_0 \end{bmatrix} + \begin{bmatrix} L_{md} \\ 0 \\ 0 \end{bmatrix}(i_f') \qquad (2\text{-}5)$$

其中

$$
\left.\begin{array}{l}
L_{md} = M_{\mathrm{s}} + \dfrac{2}{3}L_{\mathrm{m}} \\[3mm]
L_{mq} = M_{\mathrm{s}} - \dfrac{2}{3}L_{\mathrm{m}} \\[3mm]
i'_{\mathrm{f}} = \dfrac{\sqrt{3/2}M_{\mathrm{f}}}{L_{md}}i_{\mathrm{f}}
\end{array}\right\} \tag{2-6}
$$

励磁绕组的磁链方程中的电感系数现在变成时间无关的，即

$$
(\psi_{\mathrm{f}}) = \left(\dfrac{3}{2}M_{\mathrm{f}} \quad 0 \quad 0\right)\begin{pmatrix} i_d \\ i_q \\ i_0 \end{pmatrix} + [L_{\mathrm{ff}}] \cdot i_{\mathrm{f}} = \dfrac{3}{2}M_{\mathrm{f}}i_d + [L_{\mathrm{ff}}] \cdot i_{\mathrm{f}} \tag{2-7}
$$

类似的励磁回路方程可以表示成

$$
\psi'_{\mathrm{f}} = [L_{md}]i_d + [L_{md} + L_{\mathrm{f}}] \cdot i'_{\mathrm{f}} \tag{2-8}
$$

这可以认为是将励磁电流变换到和定子电流具有相同的基准。图 2-3 给出了基于这些方程的等效电路。由电磁感应定律有

$$
\begin{pmatrix} u_{\mathrm{a}} - i_{\mathrm{a}}R_{\mathrm{a}} \\ u_{\mathrm{b}} - i_{\mathrm{b}}R_{\mathrm{b}} \\ u_{\mathrm{c}} - i_{\mathrm{c}}R_{\mathrm{c}} \end{pmatrix} = \dfrac{\mathrm{d}}{\mathrm{d}t}\begin{pmatrix} \psi_{\mathrm{a}} \\ \psi_{\mathrm{b}} \\ \psi_{\mathrm{c}} \end{pmatrix} \tag{2-9}
$$

因此，式（2-9）变成

$$
\left.\begin{array}{l}
u_d - i_d R_{\mathrm{a}} = \omega\psi_q + \dfrac{\mathrm{d}\psi_d}{\mathrm{d}t} \\[3mm]
u_q - i_q R_{\mathrm{a}} = -\omega\psi_d + \dfrac{\mathrm{d}\psi_q}{\mathrm{d}t} \\[3mm]
u_0 - i_0 R_{\mathrm{a}} = \dfrac{\mathrm{d}\psi_0}{\mathrm{d}t}
\end{array}\right\} \tag{2-10}
$$

同时励磁回路保持不变，即

$$
u'_{\mathrm{f}} - i'_{\mathrm{f}}R'_{\mathrm{f}} = \dfrac{\mathrm{d}\psi'_{\mathrm{f}}}{\mathrm{d}t} \tag{2-11}
$$

通常，绕组为星形连接不接地，则 $i_0 = 0$，可消去式（2-10）第三行。

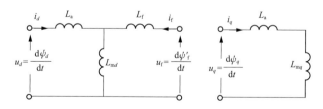

图 2-3 同步机方程的等效电路

在图 2-4 中，Adkins 等效电路表示的电机含有三个 d 轴绕组和两个 q 轴绕组，其方

程为

$$\begin{bmatrix} U_d - \omega\psi_q - R_a i_d \\ U_f - R_f i_f \\ -R_{kd} i_{kd} \end{bmatrix} = \begin{bmatrix} L_{md}+L_a & L_{md} & L_{md} \\ L_{md} & L_{md}+L_f+L_{kf} & L_{md}+L_{kf} \\ L_{md} & L_{md}+L_{kf} & L_{md}+L_{kf}+L_{kd} \end{bmatrix} \frac{\mathrm{d}}{\mathrm{d}t}\begin{bmatrix} i_d \\ i_f \\ i_{kd} \end{bmatrix}$$

$$= [\boldsymbol{L}_d]\frac{\mathrm{d}}{\mathrm{d}t}\begin{bmatrix} i_d \\ i_f \\ i_{kd} \end{bmatrix} \tag{2-12}$$

并且

$$\begin{bmatrix} U_q + \omega\psi_d - R_a i_q \\ -R_{kq} i_{kq} \end{bmatrix} = \begin{bmatrix} L_{mq}+L_a & L_{mq} \\ L_{mq} & L_{mq}+L_{kq} \end{bmatrix}\frac{\mathrm{d}}{\mathrm{d}t}\begin{bmatrix} i_q \\ i_{kq} \end{bmatrix} = [\boldsymbol{L}_q]\frac{\mathrm{d}}{\mathrm{d}t}\begin{bmatrix} i_q \\ i_{kq} \end{bmatrix} \tag{2-13}$$

与 d 轴多个电感相关的磁通路径如图 2-5 所示。

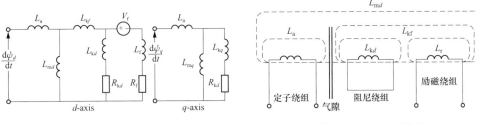

图 2-4　交流电机等效电路　　　　图 2-5　d 轴磁通路径

额外的电感 L_{kf} 代表仅连接阻尼绕组和励磁绕组（不包含定子绕组）的互感，对准确表示转子回路中的暂态电流非常必要。通过将 L_{md} 和 L_f 作为磁化电流的函数来计及饱和效应，相关信息可从电机的开路特性中获得。

根据式（2-12）和式（2-13）可得

$$\frac{\mathrm{d}}{\mathrm{d}t}\begin{bmatrix} i_d \\ i_f \\ i_{kd} \end{bmatrix} = [\boldsymbol{L}_d]^{-1}\begin{bmatrix} -\omega\psi_q - R_a i_d \\ -R_f i_f \\ -R_{kd} i_{kd} \end{bmatrix} + [\boldsymbol{L}_q]^{-1}\begin{bmatrix} U_d \\ U_f \\ 0 \end{bmatrix} \tag{2-14}$$

$$\frac{\mathrm{d}}{\mathrm{d}t}\begin{bmatrix} i_q \\ i_{kq} \end{bmatrix} = [\boldsymbol{L}_q]^{-1}\begin{bmatrix} \omega\psi_d - R_a i_q \\ -R_{kq} i_{kq} \end{bmatrix} + [\boldsymbol{L}_q]^{-1}\begin{bmatrix} U_q \\ 0 \end{bmatrix} \tag{2-15}$$

2.1.2　机械部分

2.1.2.1　基本方程

在暂态研究中，若发电机的转速变化非常小，则其机械部分可以忽略不计，如模拟几个周波的短路电流等。对于研究的时间范围较长，涉及含有转速变化和转矩变化的电磁暂态研究，通常需要考虑机械部分。机械部分最简单的模拟是系统稳定研究中用的单质量块的模型。

机械转矩和电磁转矩之间的差值是加速转矩，因此

$$J \frac{\mathrm{d}\omega}{\mathrm{d}t} = T_{\mathrm{mech}} - T_{\mathrm{elec}} - D\omega \tag{2-16}$$

式中：J 为发电机组质量块转动惯量；ω 为转子机械角速度，$\omega = \mathrm{d}\theta/\mathrm{d}t$；$T_{\mathrm{mech}}$ 为输入的机械转矩；T_{elec} 为发电机的电磁转矩；D 为黏滞和空气摩擦阻尼系数。

以矩阵形式表述为

$$\frac{\mathrm{d}}{\mathrm{d}t} \begin{bmatrix} \theta \\ \omega \end{bmatrix} = \begin{bmatrix} 0 & 1 \\ 0 & -D/J \end{bmatrix} \begin{bmatrix} \theta \\ \omega \end{bmatrix} + \begin{bmatrix} 0 \\ (T_{\mathrm{mech}} - T_{\mathrm{elec}})/J \end{bmatrix} \tag{2-17}$$

通过数值积分可计算出转子位置 θ。通过建立质块惯量模型可以对多质块系统进行建模。通常仅是 ω 作为电机模型的输入，模型具有调速器模型接口，由调速器模型接收 ω 并计算 T_{mech}。

电磁转矩可以表示成

$$T_{\mathrm{elec}} = \frac{p}{2}(\psi_d i_q - \psi_q i_d) \tag{2-18}$$

其中，$p/2$ 是极对数。

如果初始条件不准确，与调速器和励磁机相关时间常数较长，需要较长的仿真时间才能达到稳态。部分电磁暂态程序开发了以下功能，如启动时人为增加惯量或者增加阻尼，根据潮流文件给发电机赋初值、初始化励磁和调速器等。在大电网仿真中，发电机的初始化尤为重要，可大大缩短启动的仿真时间，提高仿真效率。

2.1.2.2 多质量块模型

单质量块模型通常适用于水力发电机组，因为在刚性轴上水轮机和发电机靠得很近，但是对于火电机组，当研究次同步谐振引起轴系扭振时，单质量块模型就不能满足其要求，这时，必须采用串联质量块模型，汽轮机组的每一主要部件（发电机、高压缸、低压缸等）被看成一个刚体，并通过无质量的弹簧与相邻元件连接。图 2-6 给出一个典型的 6 个质量块的模型。

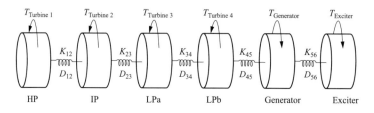

图 2-6　6 个质量块的汽轮发电机机械部分

转动惯量和刚性系数（K）通常从设计数据获得。D 是阻尼系数，表示两种阻尼效应，即质量块的自阻尼（摩擦和蒸汽阻尼等）和在质量块 k 和 $k-1$ 之间的轴随速度扭转时引起的阻尼。

得到的阻尼转矩是

$$T_{\mathrm{Damping}\_k} = D_k \frac{\mathrm{d}\theta_k}{\mathrm{d}t} + D_{k-1,k}\left(\frac{\mathrm{d}\theta_k}{\mathrm{d}t} - \frac{\mathrm{d}\theta_{k-1}}{\mathrm{d}t}\right) + D_{k,k+1}\left(\frac{\mathrm{d}\theta_k}{\mathrm{d}t} - \frac{\mathrm{d}\theta_{k+1}}{\mathrm{d}t}\right) \tag{2-19}$$

因此阻尼矩阵为

$$[D] = \begin{bmatrix} D_1 + D_{12} & -D_{12} & 0 & \cdots & 0 \\ -D_{12} & D_2 + D_{12} + D_{23} & -D_{23} & \cdots & 0 \\ \vdots & \vdots & \vdots & \vdots & \vdots \\ 0 & 0 & -D_{n-2,n-1} & D_{n-1} + D_{n-2,n-1} + D_{n-1,n} & -D_{n-1,n} \\ 0 & 0 & 0 & -D_{n-1,n} & D_{n-1,n} + D_n \end{bmatrix}$$

(2-20)

在质量块 k 和质量块 $(k-1)$ 之间的轴的弹性产生了一个正比于扭转角度的力，即

$$T_{\mathrm{Spring}\_(k-1,k)} = -K_{k-1,k}(\theta_{k-1} - \theta_k) \tag{2-21}$$

因此这为式（2-16）添加了 $[K]\theta$ 项，其中

$$[K] = \begin{bmatrix} K_{12} & -K_{12} & 0 & \cdots & 0 \\ -K_{12} & K_{12} + K_{23} & -K_{23} & \cdots & 0 \\ \vdots & \vdots & \vdots & \vdots & \vdots \\ 0 & 0 & -K_{n-2,n-1} & K_{n-2,n-1} + K_{n-1,n} & -K_{n-1,n} \\ 0 & 0 & 0 & -K_{n-1,n} & K_{n-1,n} \end{bmatrix}$$

(2-22)

因此，式（2-16）变成

$$[J] \frac{\mathrm{d}\omega}{\mathrm{d}t} = T_{\mathrm{mech}} - T_{\mathrm{elec}} - [D]\omega - [K]\theta \tag{2-23}$$

2.1.3　励磁系统

同步发电机的励磁系统对于电力系统正常运行以及过渡过程，都会产生很大的影响。现代大型发电厂中，励磁系统的作用，不只是在于保证供应同步发电机正常运行所需的励磁电流，随着自动励磁调节研究的发展，已成为提高电力系统稳定性传输容量、改进系统运行质量非常重要的一个环节。这说明在电力系统电磁暂态模型中，励磁系统对电力系统的正常运行和过渡过程，具有极为重要的意义。

励磁调节器是励磁系统的主要部分，由它负责根据检测到的发电机的电压、电流、频率或其他状态量的输入信号，自动按照给定目标进行调节输出。励磁调节器一般由基本控制、辅助控制和励磁限制三大部分组成。

励磁系统是发电机的重要组成部分，它控制发电机的电压及无功功率，如图 2-7 所示。实际电力系统中，励磁系统的种类繁多，各不相同，故电磁暂态程序一般都有多种典型的励磁系统模型供选择。这里仅以一种典型的晶闸管励磁调节器的励磁系统为例，介绍励磁系统的结构、传递函数框图、相应的基本方程及状态空间模型。典型的励磁系统结构图如图 2-8(a) 所示。

发电机机端电压 U_t 经测量环节后与给

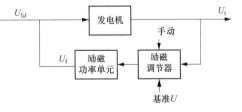

图 2-7　励磁系统框图

定的参考电压 U_{ref} 作比较，其偏差 ε 进入调节器进行放大后，输出电压 U_R 作为励磁机励磁电压，以控制励磁机的输出电压，即发电机的励磁电压 E_f。为了励磁系统的稳定运行及抑制低频振荡，引入励磁系统负反馈环节，即励磁系统稳定器。

各个环节的典型传递函数如图 2-8(b) 所示。这是一个典型的三阶励磁系统，电压调节器一阶、励磁机一阶、励磁负反馈一阶。当参考电压 U_{ref} 给定时，输入变量为发电机机端电压 U_t 及励磁附加控制信号 U_s。U_s 通常是电力系统稳定器（PSS）的输出。励磁系统的输出量为发电机的励磁电压 E_f。励磁系统的状态变量为电压调节输出电压 U_R、励磁反馈电压 U_f 和发电机励磁电动势 E_f。

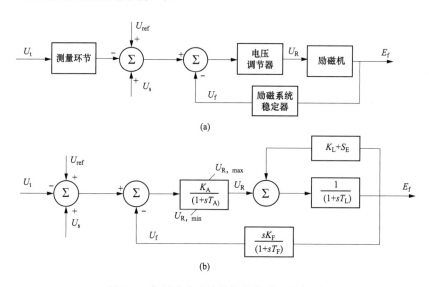

图 2-8 典型励磁系统结构及传递函数框图
（a）系统结构；（b）传递函数框图

S_E—饱和系数；T_L—励磁机时间常数；K_A—调压器增益；K_L—自并励系数；K_F—调压器稳定回路增益；s—拉普拉斯变换算子；T_F—调压器稳定回路时间常数；T_A—调压器放大器时间常数

由图 2-8(b) 所示的传递函数，在忽略限幅环节作用时相应的励磁系统基本方程式为

$$\left.\begin{array}{l} T_A s U_R = -U_R + K_A(U_{ref} - U_t + U_s - U_f) \\ T_L s E_f = -(K_L + S_E)E_f + U_R \\ T_F s U_f = -U_f + \dfrac{K_F}{T_L}[U_R - (K_L + S_E)E_f] \end{array}\right\} \qquad (2\text{-}24)$$

其状态方程的表达式为

$$\begin{bmatrix} \dot{U}_R \\ \dot{E}_f \\ \dot{U}_f \end{bmatrix} = \begin{bmatrix} -\dfrac{1}{T_A} & 0 & -\dfrac{K_A}{T_A} \\ \dfrac{1}{T_L} & \dfrac{-(K_L + S_E)}{T_L} & 0 \\ \dfrac{K_C}{T_F T_L} & -\dfrac{K_F(K_L + S_E)}{T_F T_L} & -\dfrac{1}{T_F} \end{bmatrix} \begin{bmatrix} U_R \\ E_f \\ U_f \end{bmatrix} + \begin{bmatrix} \dfrac{K_A}{T_A} & -\dfrac{K_A}{T_A} & \dfrac{K_A}{T_A} \\ 0 & 0 & 0 \\ 0 & 0 & 0 \end{bmatrix} \begin{bmatrix} U_{ref} \\ U_t \\ U_s \end{bmatrix} \quad (2\text{-}25)$$

其他各种励磁系统的基本方程、状态方程与此相似。实际暂态仿真计算中应计及限幅环节的作用，上述模型主要用于大规模电力系统动态分析，如果对励磁系统本身做深入研究，则应采用精细的励磁系统模型。此外，励磁系统模型及参数对系统动态行为影响较大，应注意模型及参数的正确性。

2.1.4 调速系统

发电机调速系统是发电机组重要附属设备之一，能使机组转速保持恒定，并承担启动、停机、紧急停机、增或减负荷等任务。

调速器分为机械液压型和电气液压型两种，机械液压型调速器大部分采用机械液压元件，利用飞摆离心力的变化反映转速偏差，再转换成液压调节信号；电气液压型调速器的调节部分采用电气元件，频率差信号在调节器中转换成电气调节信号，电液转换器再将电气调节信号转换成液压信号。电气液压型调速器已从电子管、晶体管发展为集成电路和数字微机型。与机械液压型调速器相比，电气液压型调速器灵敏度高，速动性好，能实现成组调节，提高机组和电网的自动化水平。下文主要介绍电气液压调速器。

电气液压调速器与机械液压调速器的主要区别在于前者的测量元件是电气的，因此它能够很方便地综合各种信号进行调节。为了将电的信号转换为机械的位移，采用了一个电液转换器，它由被十字弹簧支持在中间的中心振动控制套和固定在它上面的可动线圈组成。可动线圈包括有两个电流方向相反的工作线圈，当两电流的大小相等时，则两线圈在永久磁场中受力为零。当两线圈中的电流不等时，就产生向上和向下的力，这样就将电流的变化转换为机械位移。控制套的移动，是通过液压放大后去推动配压阀和伺服机构（接力器）实现的。图 2-9 给出了电气液压调速器的框图，图 2-10 给出了电气液压调速器传递函数框图。

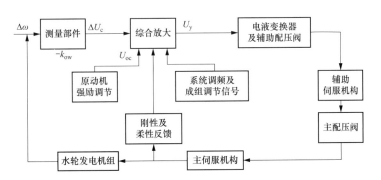

图 2-9 电气液压调速器框图

$\Delta \omega$—转速偏差；ΔU_{c}—测量环节输出；U_{y}—电子放大器输出电压；k_{ow}—转速偏差放大倍数；U_{oc}—反馈电压

由图 2-10 所示的电气液压调速器框图，可得调速系统的总传递函数为

$$\frac{\varepsilon}{\varphi}(s) = -\frac{1}{\sigma i} \frac{sT_{i}+1}{\frac{T_{M}^{2}T_{s}T_{i}}{i}s^{4} + \frac{T_{M}^{2}T_{s}+T_{i}T_{s}T_{k}}{i}s^{2} + \frac{T_{s}T_{k}^{4}T_{s}T_{i}}{i}s^{2} + \frac{T_{s}+\beta T_{i}}{i}s+1} \quad (2\text{-}26)$$

$$T_k = \frac{\rho_d}{c}$$

$$T_M^2 = \frac{m}{c}$$

式中：m 为衔铁质量；ρ_d 为阻尼系数；c 为弹簧的弹性系数。

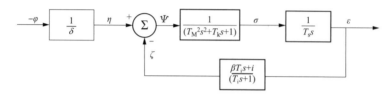

图 2-10　电气液压调速器传递函数框图

σ—配压阀相对开度；φ—转子机械角速度的相对偏差；δ—不均匀度；η—相对位移；

Ψ—以相对单位表示时的电子放大器输出电压；ζ—调速器的总反馈量；

T_s—主伺服机构（接力器）的时间常数、T_i—软反馈时间常数；β—总反馈系数；ε—接力器相对行程

由于铁芯质量很小，T_M 的数值不大（$T_M = 0.001 \sim 0.002$），T_k 值虽然大于 T_M（$T_k = 0.005$），但与整个调节系统时间常数比较起来还是很小的，故 T_M、T_k 一般可以忽略。因此，式（2-26）可以写为

$$\frac{\varepsilon}{\varphi}(s) = -\frac{1}{\sigma i} \cdot \frac{sT_i + 1}{\dfrac{T_s T_i T_k}{i} \cdot s^2 + \dfrac{T_s + \beta T_i}{i} \cdot s + 1} \tag{2-27}$$

实际电力系统中，调速系统的种类繁多，各不相同，故电磁暂态程序一般都有多种典型的调速系统模型供选择，这里仅以一种典型的汽轮机调速系统为例进行说明，典型的调速器系统数学模型如图 2-11 所示。

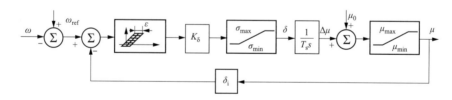

图 2-11　汽轮机调速器系统数学模型

ω—转速，标幺值；ω_{ref}—转速给定值，标幺值；ε—死区，典型值为 $0.1\% \sim 0.5\%$；K_δ—放大倍数，典型值为 $7 \sim 10$；

T_s—伺服机构（油动机）时间常数，典型值为 $0.1\% \sim 0.5\%$；δ_i—调差系数，典型值为 $3\% \sim 6\%$；δ—阀门调节速度；

σ_{max}—最大阀门开启速度；σ_{min}—最大阀门关闭速度；$\Delta\mu$—气门开度变化量；μ_0—气门开度初始值；

μ—气门开度，标幺值；μ_{max}—气门开度最大；μ_{min}—气门最小限幅

2.1.5　算例

在电磁暂态程序中建立详细发电机模型，其电气参数和相应的控制系统参数一般可以从机电暂态程序或是发电厂运行规程的设备参数中获得。下文以某电厂为例，介绍精确发

电机的建模。图 2-12 给出了发电机模型的结构示意图，表 2-1 给出了发电机的电气参数。

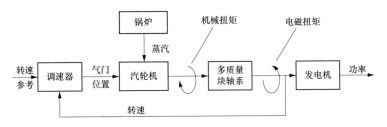

图 2-12 发电机模型的结构示意图

表 2-1   **发电机的电气参数**

额定容量(MVA)	额定功率(MW)	阻抗（以本机容量为基准的标幺值）								时间常数（s）			
		X_d	X_d'	X_d''	X_q	X_q'	X_q''	X_1	R_a	T_{do}'	T_{do}''	T_{qo}'	T_{qo}''
706	600	2.40313	0.32138	0.23459	2.33924	0.46366	0.22834	0.16688	0.002626	8.724	0.046	0.969	0.068

注 1. X_1 是发电机的定子漏抗；R_a 是发电机定子直流电阻（75℃）。
　　 2. 各电厂的发电机机端额定电压均为 20kV。

在电磁暂态程序发电机模型的参数界面中，根据表 2-1 参数，将 d 轴和 q 轴稳态电抗、暂态电抗、次暂态电抗、暂态时间常数和次暂态时间常数填写到模型参数设置页面中，表 2-2 给出了发电机参数所在的正常范围。

表 2-2   **发电机参数所在的正常范围**

参数		火电机组	水电机组
同步电抗	X_d	1.0～2.5	0.6～1.5
	X_q	1.0～2.5	0.4～1.0
暂态电抗	X_d'	0.15～0.4	0.2～0.5
	X_q'	0.3～1.0	—
次暂态电抗	X_d''	0.12～0.25	0.15～0.35
	X_q''	0.12～0.25	0.25～0.45
暂态时间常数	T_{do}'	3.0～10.0s	1.5～9.0s
	T_{qo}'	0.5～2.0s	—
次暂态时间常数	T_{do}''	0.02～0.05s	0.01～0.05s
次暂态时间常数	T_{qo}''	0.02～0.05s	0.01～0.09s
定子漏电抗	X_1	0.1～0.2	0.1～0.2
定子电阻	R_a	0.0015～0.005	0.002～0.02

注 电抗值为标幺值，其基准电压和基准容量取相应电机的额定值。

对于火电机组，当研究次同步谐振引发轴系扭振时，单质量块模型就不能满足要求，为了满足次同步振荡仿真研究的要求，将各发电机轴系的连续质量扭振模型等值简化为几个相应集中的质量块扭振模型，等值后轴系的扭振频率与制造厂提供的数据相近。

表 2-3 给出了某电厂发电机轴系参数（参数是以本机额定容量为基准值），某电厂发电机模型轴系包含有 6 个质量块（将励磁小轴与发电机合并），各发电机的轴系结构见图 2-13。根据表 2-3 轴系参数建立多质量块模型。表 2-4 为发电机多质量块轴系典型参数。

表 2-3   某电厂发电机轴系参数

机组轴系质量块	输入输出功率	质量块的转动惯量	质量块的惯性常数	自阻尼系数				质量块间弹性系数	
				$\sigma=0.02$（空载）		$\sigma=0.08$（满载）			
		J (t·m²)	H(s)	D (N·ms/rad)	D （标幺值）	D (N·ms/rad)	D （标幺值）	K (N·m/rad)	K （标幺值）
高中压	56.154%	3.6806	0.257267	147.224	0.0205813	588.896	0.0823254	7.800E+07	34.7088
低压Ⅰ	21.923%	22.4286	1.567715	897.144	0.125417	3588.576	0.501669	1.770E+08	78.7623
低压间小轴	0	0.6414	0.044833	25.656	0.0035866	102.624	0.0143464	2.390E+08	106.351
低压Ⅱ	21.923%	21.9282	1.532738	877.128	0.122619	3508.512	0.490476	2.750E+08	122.371
低发小轴	0	0.4505	0.031489	18.02	0.0025191	72.08	0.0100765	1.840E+08	81.8772
发电机	−100%	9.9332	0.694311	397.328	0.0555449	1589.312	0.22218	7.290E+07	32.4394
励磁小轴	0	0.0335	0.002342	1.34	0.0001873	5.36	0.0007493	—	

注 发电机的额定容量和额定功率分别为 706MVA 与 600MW。

图 2-13   某电厂发电机组的轴系结构示意图

表 2-4   发电机多质量块轴系典型参数

质量块的转动惯量 H(s)		自阻尼系数 D (N·ms/rad)		质量块间弹性系数 K （标幺值）	
ar_h1	0.257267	ar_d1	0.0823254	ar_k12	34.7088
ar_h2	1.567715	ar_d2	0.501669	ar_k23	78.7623
ar_h3	0.044833	ar_d3	0.0143464	ar_k34	106.351
ar_h4	1.532738	ar_d4	0.490476	ar_k45	122.371
ar_h5	0.031489	ar_d5	0.0100765	ar_k56	81.8772
ar_h6	0.694311	ar_d6	0.22218	ar_k67	32.4394

2.2 变压器模型

变压器是一个静止的电器，它是由绕在同一个铁芯上的两个或两个以上的绕组组成的，绕组之间通过交变的磁通相互联系着，它的功能是把一种等级的电压变换成同频率另外一种等级的电压。按变压器的结构可分为双绕组变压器、三绕组变压器和自耦变压器。电力系统中用得最多的是双绕组变压器，其次是三绕组变压器和自耦变压器。本节重点描述了变压器的基本理论、数学方程，最后对考虑磁饱和效应和带有载调压开关的变压器模型进行了说明。

2.2.1 双绕组变压器模型

图 2-14 所示双绕组变压器模型的等效电路包含两个互耦合绕组。这些绕组的电压可以表示为

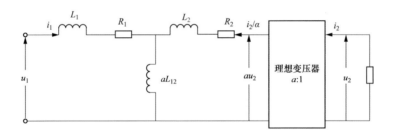

图 2-14 双绕组变压器等效电路

$$\begin{bmatrix} u_1 \\ u_2 \end{bmatrix} = \begin{bmatrix} L_{11} & L_{12} \\ L_{21} & L_{22} \end{bmatrix} \frac{\mathrm{d}}{\mathrm{d}t} \begin{bmatrix} i_1 \\ i_2 \end{bmatrix} \tag{2-28}$$

式中：L_{11} 和 L_{22} 分别为绕组 1 和绕组 2 的自感；L_{12} 和 L_{21} 分别为绕组之间的互感。

对电感矩阵求逆，可得绕组电流

$$\frac{\mathrm{d}}{\mathrm{d}t} \begin{bmatrix} i_1 \\ i_2 \end{bmatrix} = \frac{1}{L_{11}L_{22} - L_{12}L_{21}} \begin{bmatrix} L_{22} & -L_{21} \\ -L_{12} & L_{11} \end{bmatrix} \begin{bmatrix} u_1 \\ u_2 \end{bmatrix} \tag{2-29}$$

由于 L_{12} 和 L_{21} 相等，则两个绕组间的耦合系数可表示为

$$K_{12} = \frac{L_{12}}{\sqrt{L_{11}L_{22}}} \tag{2-30}$$

利用匝数比（$a = u_1/u_2$）重写式（2-28），得出

$$\begin{bmatrix} u_1 \\ au_2 \end{bmatrix} = \begin{bmatrix} L_{11} & aL_{21} \\ aL_{12} & a^2L_{22} \end{bmatrix} \frac{\mathrm{d}}{\mathrm{d}t} \begin{bmatrix} i_1 \\ i_2/a \end{bmatrix} \tag{2-31}$$

式（2-31）可用图 2-15 的等效电路表示，其中

$$L_1 = L_{11} - aL_{12} \tag{2-32}$$

$$L_2 = a^2 L_{22} - aL_{12} \tag{2-33}$$

对于一台漏电抗 0.1（标幺值），励磁电流 0.01（标幺值）的变压器。当第二绕组开路时，输入阻抗将是 100［标幺值，在标幺制系统中 $a=1$，从式（2-32）中注意到 $L_1+L_{12}=L_{11}$］。因此，可以得到图 2-16 所示的等效电路图，对应的方程为

$$\begin{bmatrix} u_1 \\ u_2 \end{bmatrix} = \begin{bmatrix} 100.0 & 99.95 \\ 99.95 & 100.0 \end{bmatrix} \frac{\mathrm{d}}{\mathrm{d}t} \begin{bmatrix} i_1 \\ i_2 \end{bmatrix} \tag{2-34}$$

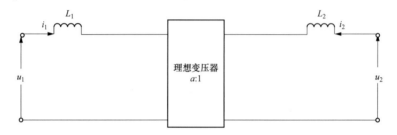

图 2-15 双绕组变压器等效电路（没有励磁支路）

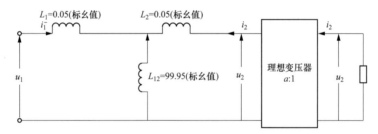

图 2-16 双绕组变压器算例

以有名值可表示为

$$\begin{bmatrix} u_1 \\ u_2 \end{bmatrix} = \frac{1}{S_{\text{Base}}} \begin{bmatrix} 100.0 u_{\text{Base\_1}}^2 & 99.95 u_{\text{Base\_1}} u_{\text{Base\_2}} \\ 99.95 u_{\text{Base\_1}} u_{\text{Base\_2}} & 100.0 u_{\text{Base\_2}}^2 \end{bmatrix} \frac{\mathrm{d}}{\mathrm{d}t} \begin{bmatrix} i_1 \\ i_2 \end{bmatrix} \tag{2-35}$$

式中：S_{Base} 为变压器额定功率；$u_{\text{Base\_1}}$、$u_{\text{Base\_2}}$ 分别为变压器两侧的额定电压。

2.2.1.1 数值实现

将式（2-29）分成两部分并展开可得

$$\frac{\mathrm{d}i_1}{\mathrm{d}t} = \frac{L_{22}}{L_{11}L_{22} - L_{12}L_{21}} u_1 - \frac{L_{21}}{L_{11}L_{22} - L_{12}L_{21}} u_2 \tag{2-36}$$

$$\frac{\mathrm{d}i_2}{\mathrm{d}t} = \frac{-L_{12}}{L_{11}L_{22} - L_{12}L_{21}} u_1 + \frac{L_{11}}{L_{11}L_{22} - L_{12}L_{21}} u_2 \tag{2-37}$$

利用梯形积分求解式（2-36）可得

$$i_1(t) = \frac{L_{22}}{L_{11}L_{22} - L_{12}L_{21}} \int_0^t u_1 \mathrm{d}t - \frac{L_{21}}{L_{11}L_{22} - L_{12}L_{21}} \int_0^t u_2 \mathrm{d}t$$

$$= i_1(t - \Delta t) + \frac{L_{22}}{L_{11}L_{22} - L_{12}L_{21}} \int_{t-\Delta}^t u_1 \mathrm{d}t -$$

$$\frac{L_{21}}{L_{11}L_{22} - L_{12}L_{21}} \int_{t-\Delta t}^{t} u_2 \, \mathrm{d}t$$

$$= i_1(t - \Delta t) + \frac{L_{22}\Delta t}{2(L_{11}L_{22} - L_{12}L_{21})}[u_1(t - \Delta t) + u_1(t)] -$$

$$\frac{L_{21}\Delta t}{2(L_{11}L_{22} - L_{12}L_{21})}[u_2(t - \Delta t) + u_2(t)] \tag{2-38}$$

整理成历史项和瞬时项的形式，则可表示为

$$i_1(t) = I_h(t - \Delta t) + \left[\frac{L_{22}\Delta t}{2(L_{11}L_{22} - L_{12}L_{21})} - \frac{L_{21}\Delta t}{2(L_{11}L_{22} - L_{12}L_{21})}\right]u_1(t) +$$

$$\frac{L_{21}\Delta t}{2(L_{11}L_{22} - L_{12}L_{21})}[u_1(t) - u_2(t)] \tag{2-39}$$

其中 $I_h(t - \Delta t) = i_1(t - \Delta t) +$

$$\left[\frac{L_{22}\Delta t}{2(L_{11}L_{22} - L_{12}L_{21})} - \frac{L_{21}\Delta t}{2(L_{11}L_{22} - L_{12}L_{21})}\right]v_1(t - \Delta t) +$$

$$\frac{L_{21}\Delta t}{2(L_{11}L_{22} - L_{12}L_{21})}[v_1(t - \Delta t) + v_2(t - \Delta t)] \tag{2-40}$$

对 $i_2(t)$ 可以写成类似的表达式，图 2-17 中给出了对应的模型。

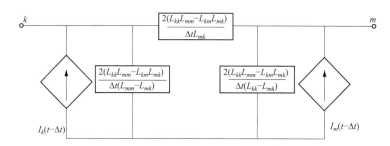

图 2-17 离散化之后的变压器等效电路

2.2.1.2 相关参数

变压器的基本参数一般是从短路或开路试验的结果中得到的，或是基于变压器的额定值以标幺量的形式给出励磁电流和漏电抗。

图 2-18 所示的电路，在短路测试中，将绕组 2 短接并且忽略电阻，会得出

$$I_1 = \frac{U_1}{\omega(L_1 + L_2)} \tag{2-41}$$

类似的，在开路测试中，将绕组 2 和绕组 1 分别开路，可得

$$I_1 = \frac{U_1}{\omega(L_1 + aL_{12})} \tag{2-42}$$

$$I_2 = \frac{a^2 U_2}{\omega(L_2 + aL_{12})} \tag{2-43}$$

短路和开路试验可给出 aL_{12}、L_1 和 L_2，这

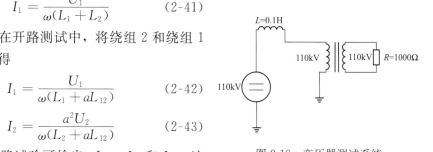

图 2-18 变压器测试系统

些计算通常在电磁暂态程序内部执行，使用者只需要直接输入漏电抗和励磁电抗。

电感矩阵中包含了导出励磁电流，同时也包含了间接通过 L_{11} 和 L_{12} 之间较小差别导出漏（短路）电抗。

漏电抗 L_{Leakage} 为

$$L_{\text{Leakage}} = L_{11} - L_{21}^2 / L_{22} \tag{2-44}$$

在许多研究中，漏电抗对计算结果的影响较大，因此需要准确地确定电感矩阵中的数值项。数学上，当励磁电流变小时，会导致电感矩阵的病态条件（如果励磁电流为零电感矩阵就会奇异）。表示电流的导数和电压之间关系的矩阵方程是

$$\frac{\mathrm{d}}{\mathrm{d}t}\begin{pmatrix} i_1 \\ i_2 \end{pmatrix} = \frac{1}{L}\begin{bmatrix} 1 & a \\ -a & a^2 \end{bmatrix}\begin{pmatrix} u_1 \\ u_2 \end{pmatrix} \tag{2-45}$$

$$L = L_1 + a^2 L_2$$

它可以表示为如图 2-15 所示的等效电路。

2.2.2 三绕组变压器模型

采用图 2-19 所示的星形电路，可以用类似的方法获得单相三绕组变压器的阻抗矩阵，在星形电路中，通常将励磁电抗连接到星节点上，但是，由于不饱和励磁电抗远大于短路电抗值，也可以将它接到一次、二次或是三绕组中的任何一侧。以图 2-19 为例，则有

$$\begin{pmatrix} u_1 \\ u_2 \\ u_3 \end{pmatrix} = \begin{bmatrix} L_{11} & L_{12} & L_{13} \\ L_{21} & L_{22} & L_{23} \\ L_{31} & L_{32} & L_{33} \end{bmatrix} \frac{\mathrm{d}}{\mathrm{d}t}\begin{pmatrix} i_1 \\ i_2 \\ i_3 \end{pmatrix} \tag{2-46}$$

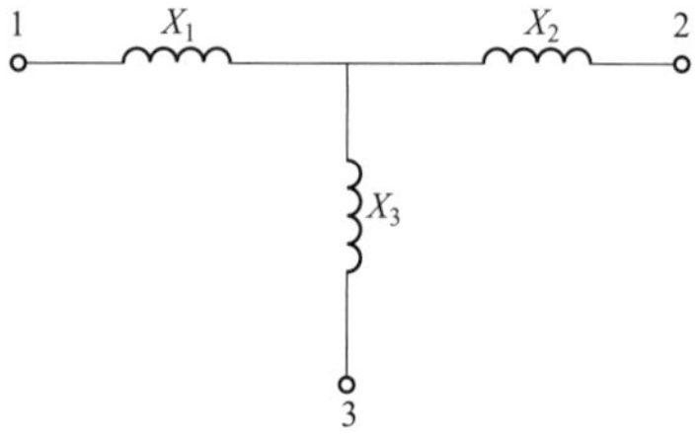

图 2-19 三绕组变压器等值电路

假定从一次侧测量的励磁电流为 1%，不考虑励磁损耗，在星节点上的励磁电抗标幺值为 100.0，对应的方程为

$$\begin{pmatrix} u_1 \\ u_2 \\ u_3 \end{pmatrix} = \begin{bmatrix} 100 & 100.0045 & 100.0045 \\ 100.0045 & 100.1260 & 100.0045 \\ 100.0045 & 100.0045 & 100.1240 \end{bmatrix} \frac{\mathrm{d}}{\mathrm{d}t}\begin{pmatrix} i_1 \\ i_2 \\ i_3 \end{pmatrix} \tag{2-47}$$

为了把式（2-47）折算为有名值，可将矩阵的所有元素除以额定功率 S_{Base}，并在第一行和第一列乘以额定电压 $u_{\text{Base\_1}}$，第二行和第二列乘以额定电压 $u_{\text{Base\_2}}$，第三行和第三列乘以额定电压 $u_{\text{Base\_3}}$，以有名值可表示为

$$\begin{pmatrix} u_1 \\ u_2 \\ u_3 \end{pmatrix} = \frac{1}{S_{\text{Base}}}\begin{bmatrix} 100.0 u_{\text{Base\_1}}^2 & 100.0045 u_{\text{Base\_1}} u_{\text{Base\_2}} & 100.0045 u_{\text{Base\_1}} u_{\text{Base\_3}} \\ 100.0045 u_{\text{Base\_1}} u_{\text{Base\_2}} & 100.1260 u_{\text{Base\_2}}^2 & 100.0045 u_{\text{Base\_2}} u_{\text{Base\_3}} \\ 100.0045 u_{\text{Base\_3}} u_{\text{Base\_1}} & 100.0045 u_{\text{Base\_3}} u_{\text{Base\_2}} & 100.1240 u_{\text{Base\_3}}^2 \end{bmatrix} \frac{\mathrm{d}}{\mathrm{d}t}\begin{pmatrix} i_1 \\ i_2 \\ i_3 \end{pmatrix}$$

$$\tag{2-48}$$

2.2.3　自耦变压器模型

普通变压器的一次、二次绕组间只有磁的联系，没有电的联系。自耦变压器的特点在于其一次、二次绕组之间不仅有磁的联系，而且还有电的联系。当变压器的一次、二次侧的额定电压相差不大时，采用自耦变压器比普通变压器能够节约材料、降低成本、缩小变压器体积和减轻重量。

通常将串联绕组 I 和公共绕组 II 作为构造块，代替高压侧 H 和低压侧 L，此外大多数的自耦变压器都有第三绕组 T，如图 2-20 所示。

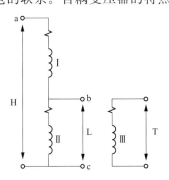

图 2-20　带第三绕组的
自耦变压器

首先，额定电压为

$$\begin{cases} U_{\mathrm{I}} = U_{\mathrm{H}} - U_{\mathrm{L}} \\ U_{\mathrm{II}} = U_{\mathrm{L}} \\ U_{\mathrm{III}} = U_{\mathrm{T}} \end{cases} \tag{2-49}$$

当 II 短路时，H 上所加的电压实际加在 I 上（b、c 电位相同），所以 H、L 之间的试验直接提供了 I、II 之间所需要的数据，由于额定电压不同，由 H 至 I 的转换式为

$$Z'_{\mathrm{I,II}} = Z_{\mathrm{HL}} \left(\frac{U_{\mathrm{H}}}{U_{\mathrm{H}} - U_{\mathrm{L}}} \right)^2 \tag{2-50}$$

II、III 之间的阻抗为

$$Z'_{\mathrm{II,III}} = Z_{\mathrm{LT}} \tag{2-51}$$

把第三绕组短路后，标幺值为 1 的电流（以 $U_{\mathrm{III}} = U_{\mathrm{T}}$ 为基值）流过 Z_{III}。此电流流过 I、II 也都是 1（标幺值），基值为 U_{H}；或转换为基值 U_{I}、U_{II}，$I_{\mathrm{II}} = (U_{\mathrm{H}} - U_{\mathrm{L}})/U_{\mathrm{H}}$，$I_{\mathrm{III}} = U_{\mathrm{L}}/U_{\mathrm{H}}$，根据这些电流，标幺值电压为

$$U_{\mathrm{I}} = Z_{\mathrm{I}} \frac{U_{\mathrm{H}} - U_{\mathrm{L}}}{U_{\mathrm{H}}} + Z_{\mathrm{III}} \tag{2-52}$$

$$U_{\mathrm{II}} = Z_{\mathrm{II}} \frac{U_{\mathrm{L}}}{U_{\mathrm{H}}} + Z_{\mathrm{III}} \tag{2-53}$$

将式（2-52）乘以 $(U_{\mathrm{H}} - U_{\mathrm{L}})$，式（2-53）乘以 U_{L} 即可将 U_{I}、U_{II} 折算为有名值，再将二者相加之和折算为 U_{H} 为基值的标幺值，求出测量所得标幺值为

$$Z_{\mathrm{HT}} = Z_{\mathrm{I}} \left(\frac{U_{\mathrm{H}} - U_{\mathrm{L}}}{U_{\mathrm{H}}} \right)^2 + Z_{\mathrm{II}} \left(\frac{U_{\mathrm{L}}}{U_{\mathrm{H}}} \right)^2 + Z_{\mathrm{III}} \tag{2-54}$$

从式（2-50）、式（2-51）和式（2-54）中可以解出 Z_{I}、Z_{II}、Z_{III}，因为 $Z'_{\mathrm{I,II}} = Z_{\mathrm{I}} + Z_{\mathrm{II}}$，$Z'_{\mathrm{II,III}} = Z_{\mathrm{II}} + Z_{\mathrm{III}}$，则

$$Z'_{\mathrm{I,III}} = Z_{\mathrm{HL}} \frac{U_{\mathrm{H}} U_{\mathrm{L}}}{(U_{\mathrm{H}} - U_{\mathrm{L}})^2} + Z_{\mathrm{HT}} \frac{U_{\mathrm{H}}}{U_{\mathrm{H}} - U_{\mathrm{L}}} - Z_{\mathrm{LT}} \frac{U_{\mathrm{L}}}{U_{\mathrm{H}} - U_{\mathrm{L}}} \tag{2-55}$$

于是图 2-20 所示的自耦变压器在按式（2-50）、式（2-51）和式（2-55）对短路阻抗重新定义以后，就可以按一个有 I、II、III 三个绕组的变压器一样处理了。

2.2.4　带饱和特性的变压器模型

在分析变压器充电时的励磁涌流、稳态过电压、铁芯饱和不稳定性以及铁磁谐振等暂态现象时，需要考虑变压器的饱和的影响。

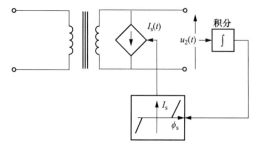

图 2-21　非线性变压器

通常分别通过跨接在一侧绕组的并联电流源和电阻来计及磁非线性和铁芯损耗分量。由于单相模型没有考虑相间磁耦合，所以每一步长内的励磁电流计算都是独立的。

图 2-21 中模拟了互耦合绕组中的饱和特性。采用电流源而不是可变电感进行表示，因为后者在每次电感变化的时候都需要重新进行矩阵的三角分解。在变压器启动期间，推荐抑制饱和，这通过对电压积分结果实施磁通限制来实现，这样处理可以更快地达到稳定状态。在模拟故障之前取消磁通限制，允许磁通进入饱和区。

图 2-22 所示的另一种改进形式是，为励磁涌流添加一个衰减环节，就像充电和在故障后恢复将会发生的那样。

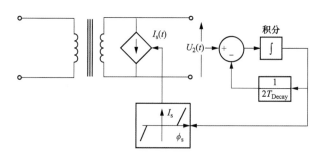

图 2-22　考虑励磁涌流的非线性变压器

剩磁对变压器励磁涌流的影响机理与合闸角类似，对应前面的分析结果，变压器合闸磁链由一滞后于电源电压 u_s 90° 的稳态工频磁链 $-\psi_m \cos(\omega t + \alpha)$ 和一衰减的非周期磁链 $(\psi_r + \psi_m \cos\alpha) e^{-\frac{t}{\tau}}$ 构成，当合闸磁链 $\psi(t)$ 超过饱和磁链 ψ_{sat} 引起磁路饱和，产生励磁涌流。

变压器切断后在铁芯中保留的磁链称为剩磁。由于合闸前后铁芯磁链不能突变，根据楞次定律，绕组会产生抵御外加磁链的反磁链 $\psi_m \cos\alpha$，在合闸角确定的情况下，考虑到磁链方向，当剩磁方向与 $\psi_m \cos\alpha$ 方向一致时，剩磁越大，非周期磁链越大，与稳态磁链叠加得到的合闸磁链越大，导致变压器铁芯饱和程度越严重，相应的励磁涌流水平就越高。无论是简单的还是复杂的磁滞模型，从已知剩磁值开始进行电磁暂态计算并不困难，但是要从模拟中得到剩磁是比较困难的。

2.2.5　有载调压变压器模型

变压器在功率传输中，将产生电压降，并随着用户侧负荷的变化而变化，当电压变动超过定值时，有载调压变压器分接开关在一定的延时后会动作，对电压进行调整，并保持电压的稳定。对于需要在线调节电压的情况，通常采用带有有载分接开关的变压器，高压直流输电系统的换流变压器均装设有载分接开关。单相三绕组换流变压器每相有三个绕组，一个中性点接地的Y接线一次侧、一个中性点不接地的Y接线二次侧和一个三角形接线的二次侧；大容量直流均采用单相双绕组换流变压器。换流变压器一次侧中性点可以根据需求经串联的 R（L 或 C）阻抗接地。为了调整电压，这些变压器通常在一次侧配备分接开关。

可通过自动控制逻辑或手动模式控制和改变换流变压器有载分接开关的位置。目前，高压直流输电系统的换流变压器使用的组合式正反调有载分接开关，通过转换分接绕组的极性（同名端），减少分接绕组的数量，极性转换通常在整个调压范围的中间位置。图 2-23 是换流变压器模型有载分接开关示意图，换流变压器模型改变分接开关位置时各开关动作顺序如下。

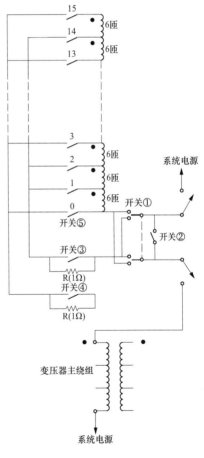

图 2-23　换流变压器模型有载分接开关示意图

（1）当抽头从＋0 向＋15 方向变化时，①号开关与上面的触点接通；当抽头从－0 向－15 方向变化时，①号开关与下面的触点接通，分接绕组极性改变。

（2）当抽头从＋0 至－0 方向或从－0 至＋0 方向变化（改变有载分接开关的同名端）前，②号开关先行接通以保证变压器模型中电流连续通过，在①号开关动作完成之后②号开关再断开。

（3）③号开关同 1Ω 电阻并联，与 0 和 2、4、6 等偶数抽头开关串联；④号开关同 1Ω 电阻并联，与 1 和 3、5、7 等奇数抽头开关串联；⑤表示不同的抽头，其编号从下至上分别为 0~15。在变压器模型抽头没有变化时，③号和④号开关均闭合将 1Ω 电阻旁路。有载分接开关变化时，各开关之间动作顺序如下。

1）如抽头从 1 向 2 变化时，首先③号开关打开将 1Ω 电阻插入回路；然后 2 号抽头开关闭合；第三步 1 号抽头开关打开；第四步③号开关闭合将 1Ω 电阻旁路。至此，变压器模型抽头从 1 位置变化至 2 位置。

2）如抽头从 2 位置向 3 位置变化时，首先④号开关打开将 1Ω 电阻插入回路；然后 3 号抽头开关闭合；第三步 2 号抽头开关打开；第四步④号开关闭合将 1Ω 电阻旁路。至此，变压器模型抽头从 2 位置变化至 3 位置。

2.2.6 算例

图 2-24 给出了某换流站变压器的铭牌参数。根据铭牌参数在电磁暂态建立变压器模型，按给定参数模拟相应变压器各绕组阻抗及相应损耗，见表 2-5。

50Hz单相有载调压换流变压器	
产品型号	ZZDFPZ-415000/500-6DD
产品代号	1DS_711_19708
生产国家	中国
制造日期	
标准	GB/T1094.1-2013 CB/T1094.2-2013 GB/T1094.3-2D17 GB/T1094.5-2009 GB/T18494.2-2007 GB/T20838-2007

等级				
端子	冷却方式	标称容量(MVA)	额定电压和分接范围	绝缘水平(kV)
A	ODAF	415	530/√3 $^{+24}_{-6}$×1.25%	LI 1550, SI 1175
B				LI 185, AC 95
a,b	ODAF	415	165	LI 1600, SI 1365

负载损耗(kW)	空载损耗(kW)	空载电流(%)	短路阻抗(%)	
标称容量下(415MVA)			额定容量下(389MVA)	
			1 分接	17.91
823.78	173.59	0.086	25 分接	17.59
			31 分接	17.72

换流变压器			有载开关			
端子	电压(V)	电流(A)	分接位置	连接		分接选择器和切换开关连接
				升高	降低	
A,B	689000/√3	1043.3	1	20-21	20-21	30-1-V-x
	682375/√3	1053.4	2	20-21	20-21	30-2'-H-v
	675750/√3	1063.7	3	20-21	20-21	30-2-V-x
	669125/√3	1074.2	4	20-21	20-21	30-3'-H-v
	662500/√3	1085.0	5	20-21	20-21	30-3-V-x
	655875/√3	1095.9	6	20-21	20-21	30-4'-H-v
	649250/√3	1107.1	7	20-21	20-21	30-4-V-x
	642625/√3	1118.5	8	20-21	20-21	30-5'-H-v
	636000/√3	1130.2	9	20-21	20-21	30-5-V-x
	629375/√3	1142.1	10	20-21	20-21	30-6'-H-v
	622750/√3	1154.2	11	20-21	20-21	30-6-V-x
	616125/√3	1166.6	12	20-21	20-21	30-7'-H-v
	609500/√3	1179.3	13	20-21	20-21	30-7-V-x
	602875/√3	1192.3	14	20-21	20-21	30-8'-H-v
	596250/√3	1205.5	15	20-21	20-21	30-8-V-x
	589625/√3	1219.1	16	20-21	20-22	30-1'-H-v
	583000/√3	1232.9	17	20-22	20-22	30-1-V-x
	576375/√3	1247.1	18	20-22	20-22	30-2'-H-v
	569750/√3	1261.6	19	20-22	20-22	30-2-V-x
	563125/√3	1276.5	20	20-22	20-22	30-3'-H-v
	556500/√3	1291.6	21	20-22	20-22	30-3-V-x
	549875/√3	1307.2	22	20-22	20-22	30-4'-H-v
	543250/√3	1323.1	23	20-22	20-22	30-4-V-x
	536625/√3	1339.5	24	20-22	20-22	30-5'-H-v
	530000/√3	1356.2	25	20-22	20-22	30-5-V-x
	523375/√3	1373.4	26	20-22	20-22	30-6'-H-v
	516750/√3	1391.0	27	20-22	20-22	30-6-V-x
	510125/√3	1409.1	28	20-22	20-22	30-7'-H-v
	503500/√3	1427.6	29	20-22	20-22	30-7-V-x
	496875/√3	1446.6	30	20-22	20-22	30-8'-H-v
	490250/√3	1466.2	31	20-22	20-22	30-8-V-x
a,b	165000	2515.2				

重量表(kg)	
器身重	292470
油箱与附件重	78306
冷却系统重	10320
储油柜重	6627
总油重	150000
总重	537718
运输重	347500

操作说明
变压器运行海拔：≤1000m
变压器能耐真空和70kPa正压
绕组温升限值：50 K
顶层油温升限值：45 K
最高环境温度：45℃
最低环境温度：−25℃
变压器油：K150X克拉玛依
导体材料：铜
测量控制回路图：6DS_076_19708

套管电容测量端子	
端子	位置
F	A,B,a,b

图 2-24 换流变压器铭牌

表 2-5　　　　　　　　　　　模型中的换流变压器参数

参数名称	数值	参数名称	数值
容量（MVA）	389	原边电压（kV）	$530\sqrt{3}$
二次侧电压（kV）	165	接线方式	YNd11
额定分接开关位置（25）阻抗	17.59%	空载损耗（kW）	174.33
频率（Hz）	50	负载损耗（kW）	827.34
分接开关每档电压变化	1.25%	空载电流	0.086%
分接开关档位数	30	—	—

注　分接开关安装位置在原边。

2.3　线　路　模　型

　　电磁暂态中的输电线路模型可分为 π 形等效模型、贝杰龙模型和频率相关传输线模型。短距离的传输线路（15km 左右），其上电磁波传输时间小于求解步长，通常采用集中参数的 π 形等效模型近似模拟，但是这种模型不适用于长距离传输线的电磁暂态仿真；贝杰龙模型是一种基于行波理论的、定常频率的分布参数模型，但对于高频特性的研究，该模型可能不够准确；频率相关的分布参数传输线模型也是分布参数模型，它考虑了线路参数的频变特性，较之贝杰龙模型可以更真实地反映线路无故障的稳态过程或故障时的暂态过程。

　　分布参数的线路模型可给出输电线路的频率响应特性和分布特性，同时实现大规模电力系统仿真时分割子系统的目的。因此，在计算中需要不同交直流线路的杆塔高度、导线截面和布置、弧垂、直流电阻、架空地线布置和大地电阻率等信息。

　　图 2-25 给出了选择合适传输线路模型的原则。传播时间的最小限值为线路长度/波速，通过其与计算步长比较来确定研究选择 π 型模型还是行波模型，应该按照研究工作的需求，确定是否选择频率相关模型。

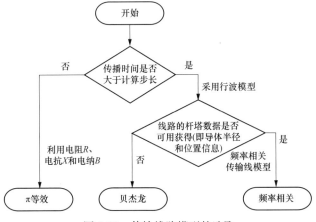

图 2-25　传输线路模型的选取

2.3.1 π型模型

π型线路可用于表示非常短的架空输电线路或地下电缆，它可以准确模拟工频阻抗特性，但它无法准确模拟其他频率下的特性。也就是说，π型线路提供了一种简化的方法来表示稳态研究（如潮流）的传输系统，但不能提供准确的全频瞬态响应。

π型线路是由集中的 R、L 和 C 组成，见图 2-26。R 和 L 以矩阵形式表示，从而在三相之间提供耦合。每端还有一组相间互电容 C 和一组相对地电容 C_g。

每个π型输电线路模型模拟的实际线路长度由研究内容而定。研究电力系统稳定等机电暂态问题时，一条输电线路只要一个π型模型模拟即可满足要求；研究电磁暂态问题时，一条输电线路一般要 10 个甚至更多个π型串联模拟成分布参数线路才能满足要求。

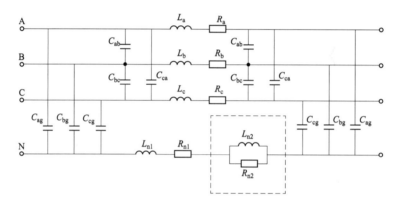

图 2-26　π型线路模型接线示意图

2.3.2 贝杰龙（Bergeron）模型

Bergeron 模型是一种分布参数模型，其原理就是利用波动方程将复杂的计算过程和分布参数复杂的结构，转化为电源与电阻网络的简化过程。

贝杰龙模型可将线路划分为若干小段并把反映线路损耗的集中电阻插入到各分段中，线路的分段对计算结果影响不大，即使线路仅分为两段并分别在首端和末端加入集中电阻，一般也可满足误差要求。在假设 $R/4 << Z_C$ 的情况下（其中 Z_C 是特征阻抗，即波阻抗），图 2-27 给出的集中等效电阻模型能给出合理的数值解。但对于高频研究，集中等效电阻模型可能不够准确。

通过将中点的电阻对半分配给两侧的线路，会得到图 2-28 的半分线路模型，其中

$$i_{km}(t) = \frac{1}{Z_C + R/4} u_k(t) + I_k(t - \tau/2) \tag{2-56}$$

并且

$$I_k(t - \tau/2) = \frac{-1}{Z_C + R/4} u_m(t - \tau/2) - \frac{Z_C - R/4}{Z_C + R/4} i_{km}(t - \tau/2) \tag{2-57}$$

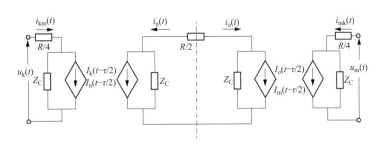

图 2-27　集中损耗线路的等效双端口网络

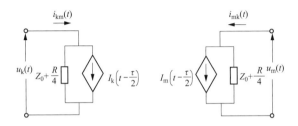

图 2-28　半分线路的等效双端口网络

级联两个半分线路并消除中间变量，若仅关注端口变量，可转换为图 2-29 所示的等效模型。其中代表历史项的电流源更加复杂，它包含了（$t-\tau/2$）时刻线路两端的计算条件。例如，k 端的电流源可以表示为

$$I'_{\mathrm{k}}(t-\tau) = \frac{-Z_{\mathrm{C}}}{(Z_{\mathrm{C}}+R/4)^2}\big[u_{\mathrm{m}}(t-\tau)+(Z_{\mathrm{C}}-R/4)i_{\mathrm{mk}}(t-\tau)\big]$$
$$+\frac{-R/4}{(Z_{\mathrm{C}}+R/4)^2}\big[u_{\mathrm{k}}(t-\tau)+(Z_{\mathrm{C}}-R/4)i_{\mathrm{km}}(t-\tau)\big] \tag{2-58}$$

在电磁暂态程序中，线路模型将传播通道分为低频和高频通道，线路对高频通道具有更高的衰减特性。早期研究频率相关模型常采用此方法，但现在多采用相域模型。

分布参数线路上任何一点的对地电容和导线中的电流是距离 x 和时间 t 的

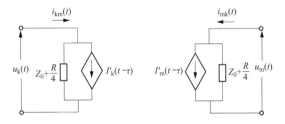

图 2-29　贝杰龙线路模型

函数，若先考虑线路单位长度的电阻 R、电感 L、电导 G 和电容 C 均为常数，和频率无关，则单导线线路上的波过程可以用以下偏微分方程来描述，即

$$\left.\begin{aligned}-\frac{\partial u(x,t)}{\partial x} &= Ri + L\frac{\partial i(x,t)}{\partial t}\\[4pt]-\frac{\partial i(x,t)}{\partial x} &= Gu + C\frac{\partial u(x,t)}{\partial t}\end{aligned}\right\} \tag{2-59}$$

若略去损耗，则有无损线偏微分方程

$$\left.\begin{array}{l} -\dfrac{\partial u(x,t)}{\partial x} = L\,\dfrac{\partial i(x,t)}{\partial t} \\[2mm] -\dfrac{\partial i(x,t)}{\partial x} = C\,\dfrac{\partial u(x,t)}{\partial t} \end{array}\right\} \tag{2-60}$$

通过将标量电压和电流替换成向量并采用电容和电感矩阵，式（2-60）还可用于描述多导通传输线路。频域的波动方程取二阶微分，消除其中的电压或电流向量可得

$$-\left[\frac{\mathrm{d}^2 \boldsymbol{U}_{\text{phase}}}{\mathrm{d}\boldsymbol{x}^2}\right] = \left[\boldsymbol{Z}'_{\text{phase}}\right]\left[\frac{\mathrm{d}\boldsymbol{I}_{\text{phase}}}{\mathrm{d}\boldsymbol{x}}\right] = -\left[\boldsymbol{Z}'_{\text{phase}}\right]\left[\boldsymbol{Y}'_{\text{phase}}\right]\left[\boldsymbol{U}_{\text{phase}}\right] \tag{2-61}$$

$$-\left[\frac{\mathrm{d}^2 \boldsymbol{I}_{\text{phase}}}{\mathrm{d}\boldsymbol{x}^2}\right] = \left[\boldsymbol{Y}'_{\text{phase}}\right]\left[\frac{\mathrm{d}\boldsymbol{U}_{\text{phase}}}{\mathrm{d}\boldsymbol{x}}\right] = -\left[\boldsymbol{Y}'_{\text{phase}}\right]\left[\boldsymbol{Z}'_{\text{phase}}\right]\left[\boldsymbol{I}_{\text{phase}}\right] \tag{2-62}$$

式（2-61）和式（2-62）的矩阵中含非对角元素，可通过转化到自然模态进行简化处理，应用特征值分析产生对角阵，从而将相域中的耦合方程转化为模态域中的解耦方程组。模态域中的每个方程都作为单相线路，用模态传播时间和模态波阻抗进行求解。

对于电压和电流，相量和模态量之间的变换矩阵是不同的，即

$$\left[\boldsymbol{U}_{\text{phase}}\right] = \left[\boldsymbol{T}_{\text{v}}\right]\left[\boldsymbol{U}_{\text{mode}}\right] \tag{2-63}$$

$$\left[\boldsymbol{I}_{\text{phase}}\right] = \left[\boldsymbol{T}_{\text{i}}\right]\left[\boldsymbol{I}_{\text{mode}}\right] \tag{2-64}$$

$$\left[\boldsymbol{T}_{\text{v}}\right]^{\mathrm{T}} = \left[\boldsymbol{T}_{\text{i}}\right]^{-1} \tag{2-65}$$

式中：T_{v} 为三相电压的变换矩阵；T_{i} 为三相电流的变换矩阵。

如果传输线完全均匀（如理想换位线路），则变换矩阵不依赖于频率，三相线电压的变换矩阵为

$$\left[\boldsymbol{T}_{\text{v}}\right] = \begin{bmatrix} 1 & 1 & -1 \\ 1 & 0 & 2 \\ 1 & -1 & -1 \end{bmatrix}$$

式（2-65）确定了电压和电流变换矩阵之间的关系。变换矩阵表示为实分量矩阵，即使在实际中它们可能与频率有关，并且由实分量和虚分量组成。对于架空导线，虚部比实部小，忽略虚部是合理的近似。

2.3.3 频率相关传输线模型

频率相关传输线模型采用 Marti 线路模型模拟。Marti 线路模型分为频率相关（模式）模型和频率相关（相位）模型。频率相关（模式）模型［frequency-dependent (mode) model］即由 J. Marti 提出的考虑频率特性的线路模型发展而来，该模型基于常量转换矩阵（constant transformation matrix），其中的元件参数与频率相关。该模型在考虑线路换位的情况下，采用模态技术求解线路常数。能较精确模拟理想换位导线（或两根导线水平设置）和单根导体的系统。但在用于精确模拟交直流系统相互作用的时候该模式就不能给出可靠的解了，另外不能准确模拟不对称的线路也是该模型的一个缺点。频率相关（相位）模型［frequency-dependent (phase) model］的元件参数与频率相关，

该模型考虑了内部转换矩阵（internal transformation matrices），在相位范围内直接求解换位问题。可精确模拟所有结构的传输线，包括不平衡几何结构的线路。该模型是目前最为先进和精确的传输线时域分析模型。

Marti 模型考虑了线路参数的频变特性，较之贝杰龙模型可以更真实地反映线路故障时的暂态过程。

由于线路参数是频率的函数，通常采用曲线拟合将频率相关参数包含到仿真模型当中，特征阻抗和传播常数是影响传播的两个重要频率相关参数。将它们用频率的连续函数表示，并可用一个拟合的有理函数替换（作为近似）。

特征阻抗可表示为

$$Z_C(\omega) = \sqrt{\frac{R'(\omega) + j\omega L'(\omega)}{G'(\omega) + j\omega C'(\omega)}} = \sqrt{\frac{Z'(\omega)}{Y'(\omega)}} \tag{2-66}$$

传播常数为

$$\gamma(\omega) = \sqrt{[R'(\omega) + j\omega L'(\omega)][G'(\omega) + j\omega C'(\omega)]} = \alpha(\omega) + j\beta(\omega) \tag{2-67}$$

串联阻抗的频率相关性在零序模态中最为明显，因此，对于存在显著的零序电压和零序电流的暂态变化过程（例如单相接地故障），频率相关线路模型尤为重要。

电压和电流的输入—输出矩阵方程为

$$\begin{bmatrix} U_k \\ I_{km} \end{bmatrix} = \begin{bmatrix} A & B \\ C & D \end{bmatrix} \cdot \begin{bmatrix} U_m \\ -I_{mk} \end{bmatrix} = \begin{bmatrix} \cosh(\Gamma l) & Z_C \sinh(\Gamma l) \\ Y_C \sinh(\Gamma l) & \cosh(\Gamma l) \end{bmatrix} \begin{bmatrix} U_m \\ -I_{mk} \end{bmatrix} \tag{2-68}$$

式中：Γ 为线路的传播常数。

整理后可得到双端口表达式，即

$$\begin{bmatrix} I_{km} \\ I_{mk} \end{bmatrix} = \begin{bmatrix} DB^{-1} & C - DB^{-1}A \\ -B & B^{-1}A \end{bmatrix} \begin{bmatrix} U_k \\ U_m \end{bmatrix} \tag{2-69}$$

采用模态域和相域之间的变换，即

$$[\coth(\Gamma l)] = [T_v] \cdot [\coth(\gamma(\omega)l)] \cdot [T_v]^{-1} \tag{2-70}$$

$$[\operatorname{csch}(\Gamma l)] = [T_v] \cdot [\operatorname{csch}(\gamma(\omega)l)] \cdot [T_v]^{-1} \tag{2-71}$$

得到线路在任意频率的准确交流稳态输入—输出关系为

$$\begin{bmatrix} U_k(\omega) \\ I_{km}(\omega) \end{bmatrix} = \begin{bmatrix} \cosh(\gamma(\omega)l) & Z_C \sinh(\gamma(\omega)l) \\ \dfrac{1}{Z_C} \sinh(\gamma(\omega)l) & \cosh(\gamma(\omega)l) \end{bmatrix} \cdot \begin{bmatrix} U_m(\omega) \\ -I_{mk}(\omega) \end{bmatrix} \tag{2-72}$$

根据空载线路的法拉第（Ferranti）效应，比值 $U_m(\omega)/U_k(\omega) = 1/\cosh(\gamma(\omega)l)$ 会随着线路长度和频率的增加而增加。

端点 k 的前行波和反行波分别为

$$F_k(\omega) = U_k(\omega) + Z_C(\omega) I_k(\omega) \tag{2-73}$$

$$B_k(\omega) = U_k(\omega) - Z_C(\omega) I_k(\omega) \tag{2-74}$$

类似的，端点 m 的前行波和反行波分别为

$$F_{\mathrm{m}}(\omega) = U_{\mathrm{m}}(\omega) + Z_{\mathrm{C}}(\omega)I_{\mathrm{m}}(\omega) \tag{2-75}$$

$$B_{\mathrm{m}}(\omega) = U_{\mathrm{m}}(\omega) - Z_{\mathrm{C}}(\omega)I_{\mathrm{m}}(\omega) \tag{2-76}$$

可把式（2-74）看作戴维南等效电路（见图 2-30），其中 $U_k(\omega)$ 是端口电压、$B_k(\omega)$ 是电压源，特征阻抗 $Z_c(\omega)$ 作为串联阻抗。

在 k 点的反行波是 m 点的前行波与传播矩阵的乘积，即

$$B_{\mathrm{k}}(\omega) = A(\omega)F_{\mathrm{m}}(\omega) \tag{2-77}$$

将式（2-77）代入到式（2-74）并整理出 $U_k(\omega)$，代入式（2-74）消去 $F_m(\omega)$，得到

$$U_{\mathrm{k}}(\omega) = Z_{\mathrm{c}}(\omega)I_{\mathrm{k}}(\omega) + A(\omega)[U_{\mathrm{m}}(\omega) + Z_{\mathrm{m}}(\omega)I_{\mathrm{m}}(\omega)] \tag{2-78}$$

通过整理式（2-78）得到频率相关传输线的诺顿等效形式，即

$$I_{\mathrm{k}}(\omega) = Y_{\mathrm{c}}(\omega)V_{\mathrm{k}}(\omega) - A(\omega)[I_{\mathrm{m}}(\omega) + Y_{\mathrm{c}}(\omega)U_{\mathrm{m}}(\omega)] \tag{2-79}$$

线路的另外一端可写出类似的表达式。图 2-31 给出了诺顿等效频率相关传输线模型。

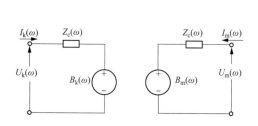

图 2-30　频率相关线路戴维南等效电路

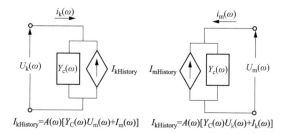

图 2-31　诺顿等效频率相关传输线模型

2.3.3.1　频域到时域的变换

利用如下的卷积原理可将频域中的式（2-78）和式（2-79）变换为时域，即

$$A(\omega)F_{\mathrm{m}}(\omega) \Longleftrightarrow a(t) * f_{\mathrm{m}} = \int_{\tau}^{t} a(u)f_{\mathrm{m}}(t-u)\mathrm{d}u \tag{2-80}$$

其中

$$A(\omega) = \mathrm{e}^{-\Gamma l} = \mathrm{e}^{-\gamma(\omega)l} = \mathrm{e}^{-\alpha(\omega)l}\mathrm{e}^{-\mathrm{j}\beta(\omega)l} \tag{2-81}$$

此为传播矩阵，传播矩阵是频率相关的，它包含衰减项 $\mathrm{e}^{-\alpha(\omega)l}$ 和相移 $\mathrm{e}^{-\mathrm{j}\beta(\omega)l}$ 两部分。它们的时域等效分别为 $\alpha(t)$ 和 β，其中 $\alpha(t)$ 是 $\mathrm{e}^{-\alpha(\omega)l}$ 的时域变换（脉冲响应），β 是一个纯延时（传播时间）。式（2-80）中的积分下限 τ 是一个脉冲从线路的一端传播到另外一端所需时间。

2.3.3.2　相域模型

相域模型在模态域首先拟合传播矩阵 $[\boldsymbol{A}_{\mathrm{p}}]$，确定出极点和时延。并将具有相似时延的模态分别组合在一起。基于所有极点贡献 $[\boldsymbol{A}_{\mathrm{p}}]$ 中所有元素这样的假设，利用这些极点和时延在相域拟合传播矩阵 $[\boldsymbol{A}_{\mathrm{p}}]$。在最小二乘的意义上，对一个涉及 $[\boldsymbol{A}_{\mathrm{p}}]$ 所有元素的超定线性方程（方程个数超过未知数的个数）进行求解，确定未知的留数。由于 $[\boldsymbol{A}_{\mathrm{p}}]$

的所有元素具有一致的极点，因此可以采用逐列实现，提高时域仿真计算的效率。

2.3.4 架空线路和地下电缆模型

2.3.4.1 架空线路

架空输电线路的参数 R、L 和 C 通常是沿线路均匀分布的，一般不能当作集中元件处理，有些参数还是频率的函数。目前有很多方法可以根据线路的杆塔数据计算线路的电气参数，最常用的是卡森级数方程。为了确定并联项，需要计算麦克斯维（Maxwell）电位系数矩阵，即

$$P'_{ij} = \frac{1}{2\pi\varepsilon_0}\ln\left(\frac{D_{ij}}{d_{ij}}\right) \tag{2-82}$$

式中：ε_0 是自由空间（真空）介电常数，为 8.854188×10^{-12}；D_{ij} 为导线 i 与导线 j 的镜像之间的距离；d_{ij} 为导线 i 与导线 j 之间的距离，则

如果 $i\neq j$，则有

$$D_{ij} = \sqrt{(X_i - X_j)^2 + (Y_i + Y_j)^2}$$
$$d_{ij} = \sqrt{(X_i - X_j)^2 + (Y_i - Y_j)^2}$$

如果 $i=j$，则有

$$D_{ij} = 2Y_i$$

$d_{ij}=GMR_i$（分裂导线为几何均半径）或 R_i（单导线半径）。

图 2-32 中，导体高度 Y_i 和 Y_j 分别为导线 i 和导体 j 距地表面的平均高度，等于 $Y_{\text{tower}}-2/3Y_{\text{sag}}$，其中 Y_{tower} 是导线在杆塔上的悬挂高度，Y_{sag} 是导线弧垂。

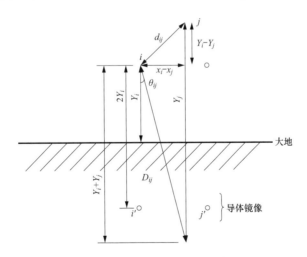

图 2-32 传输线的几何尺寸

电压变量通过麦克斯韦电位系数矩阵与单位长度电荷相关，即

$$U = [P']q \tag{2-83}$$

因此，可得出电容矩阵，即

$$[C] = [P']^{-1} \tag{2-84}$$

串联阻抗可分为两部分，一项是仅影响对角线元素的导体内阻抗，另一项是空间和大地返回阻抗，即

$$Z_{ij} = \frac{j\omega\mu_0}{2\pi}\left[\ln\left(\frac{D_{ij}}{d_{ij}}\right) + 2\int_0^\infty \frac{e^{-a\cdot\cos(\theta_{ij})}\cos(\alpha \cdot \sin(\theta_{ij}))}{\alpha + \sqrt{\alpha^2 + jr_{ij}^2}}d\alpha\right] \tag{2-85}$$

假设大地为良导体，则式（2-85）中第一项定义了导体的空间电抗。第二项被称为卡森积分，它定义了由于大地导电不良所引起的额外阻抗。过去这一积分的计算需要采用幂级数或渐近级数表达式，但现在可以采用数值积分进行计算。

匈牙利布达佩斯科技大学的德里（Deri）等人提出复透入深度的思想，其表明

$$2\int_0^\infty \frac{e^{-a\cdot\cos(\theta_{ij})}\cos[\alpha \cdot \sin(\theta_{ij})]}{\alpha + \sqrt{\alpha^2 + jr_{ij}^2}}d\alpha \approx \frac{\sqrt{(Y_i + Y_j + 2\sqrt{\rho_g/2j\omega\mu})^2 + (X_i - X_j)^2}}{d_{ij}} \tag{2-86}$$

它的最大误差是 5%，PSCAD 则采用了从式（2-86）导出的方程

$$Z_{ij} = \frac{j\omega\mu_0}{2\pi}\left\{\ln\left(\frac{D_{ij}}{d_{ij}}\right) + \frac{1}{2}\ln\left[1 + \frac{4D_e(Y_i + Y_j + D_e)}{D_{ij}^2}\right]\right\} \tag{2-87}$$

$$Z_{ij} = \frac{j\omega\mu_0}{2\pi}\left[\ln\left(\frac{D_{ij}}{r_i}\right) + \frac{0.3565}{\pi R_C^2} + \frac{\rho_c M_{\mathrm{arccoth}}(0.777R_C M)}{2\pi R_C}\right] \tag{2-88}$$

$$M = \sqrt{\frac{j\omega\mu_0}{\rho_c}}$$

$$D_e = \sqrt{\frac{\rho_g}{j\omega\mu_0}}$$

式中：μ_0 是空气导磁系数，$\mu_0 = 4\pi \times 10^{-7} \mathrm{H/m}$；$\rho_c$ 为导体电阻率；ρ_g 为大地电阻率。

（1）分裂导线。与单根导线相比，分裂导线附近的电磁场分布发生了变化，每相电荷分布在该相的各根分导线上，这样就等效于加大了该相导线的半径，减小了导线表面电荷密度，因而降低导线表面电场强度，从而抑制电晕放电。

要计算出分裂导线的几何半径（geometric mean radius，GMR），并用该 GMR 对应的单导线代替分裂导线，因此可以仅用一个导线 $GMR_{\mathrm{equiv}} = GMR_i$ 来表示，即

$$GMR_{\mathrm{eq}} = \sqrt[n]{nGMR_{\mathrm{conductor}}R_{\mathrm{bundle}}^{n-1}}$$

并且

$$R_{\mathrm{eq}} = \sqrt[n]{nR_{\mathrm{conductor}}R_{\mathrm{bundle}}^{n-1}}$$

式中：n 为分导线数；R_{bundle} 为分裂导线半径；$R_{\mathrm{conductor}}$ 为分导线半径；R_{eq} 为等效单导线半径；$GMR_{\mathrm{conductor}}$ 为单个分裂导线的几何均半径；GMR_{eq} 为等效单导体的几何均半径；GMR_i 为分裂导线的几何均半径。

GMR 的使用忽略了邻近效应，因此只有分裂导线间隔远小于相间间隔的时候才有效。

（2）地线。当地线连续且每基杆塔都接地时，对于低于 250kHz 的频段，可假设沿线地线的电势均为零。计算中的降阶过程 $[Z']$ 和 $[P']$ 是一样的。首先对 $[P']$ 进行降阶，然后求逆得到电容矩阵。

针对串联阻抗进行矩阵降阶处理，假设连续地线在每基杆塔处都接地，则 $\mathrm{d}U_\mathrm{e}/\mathrm{d}x=0$ 且 $U_\mathrm{e}=0$。按导线和地线进行分块，给出

$$-\begin{pmatrix}\left(\dfrac{\mathrm{d}U_\mathrm{c}}{\mathrm{d}x}\right)\\[2mm]\left(\dfrac{\mathrm{d}U_\mathrm{e}}{\mathrm{d}x}\right)\end{pmatrix}=-\begin{pmatrix}\left(\dfrac{\mathrm{d}U_\mathrm{c}}{\mathrm{d}x}\right)\\[2mm](0)\end{pmatrix}=\begin{bmatrix}[Z'_\mathrm{cc}] & [Z'_\mathrm{ce}]\\[1mm][Z'_\mathrm{ec}] & [Z'_\mathrm{ee}]\end{bmatrix}\begin{pmatrix}I_\mathrm{c}\\I_\mathrm{e}\end{pmatrix}$$

$$-\left(\frac{\mathrm{d}U_\mathrm{c}}{\mathrm{d}x}\right)=[Z_{\mathrm{Reduced}'}](I_\mathrm{c})$$

$$[Z_{\mathrm{Reduced}'}]=[Z'_\mathrm{cc}]-[Z'_\mathrm{ce}][Z'_\mathrm{ee}]^{-1}[Z'_\mathrm{ec}] \tag{2-89}$$

式中：U_c 为导线对地电压；U_e 为地线对地电压；I_c 为导线的电流；I_e 为地线的电流；Z'_cc 为导线对大地形成环路的串联自阻抗；Z'_ee 为地线与大地形成环路的串联自阻抗；Z'_ce 和 Z'_ec 为导线和地线间的串联互阻抗。

当地线成束时，分裂导线的相关技术仍适用。

2.3.4.2 地下电缆

对于地线电缆，其结构和布局与架空线路差别很大，因此很难像架空传输线那样获取统一方法。

尽管同轴电缆的截面非常复杂，但还是可以简化为图 2-33 的形式，其单位长度的阻抗可以用式（2-90）频域回路方程组进行计算。其中回路 1 由芯导线 C 与返回电路金属护层 S 构成，回路 2 由金属护层 S 与返回电路金属铠装 A 构成，回路 3 由铠装 A 和返回电路大地或是海水构成。

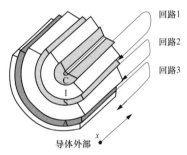

图 2-33 单相单芯电缆横截面
C—芯线；I—纸绝缘；
S—金属护层；A—铠装

$$\begin{pmatrix}\dfrac{\mathrm{d}U_1}{\mathrm{d}x}\\[2mm]\dfrac{\mathrm{d}U_2}{\mathrm{d}x}\\[2mm]\dfrac{\mathrm{d}U_3}{\mathrm{d}x}\end{pmatrix}=\begin{bmatrix}Z'_{11} & Z'_{12} & 0\\[1mm]Z'_{21} & Z'_{22} & Z'_{23}\\[1mm]0 & Z'_{32} & Z'_{33}\end{bmatrix}\begin{pmatrix}I_1\\I_2\\I_3\end{pmatrix} \tag{2-90}$$

$$\left.\begin{aligned}Z'_{11}&=Z_{\mathrm{core\text{-}outside}}+Z_{\mathrm{core\text{-}insulation}}+Z_{\mathrm{sheath\text{-}inside}}\\ Z'_{22}&=Z_{\mathrm{sheath\text{-}outside}}+Z_{\mathrm{sheath/amour\text{-}insulation}}+Z_{\mathrm{amour\text{-}inside}}\\ Z'_{33}&=Z_{\mathrm{amour\text{-}outside}}+Z_{\mathrm{amour/earth\text{-}insulation}}+Z_{\mathrm{earth}}\end{aligned}\right\} \tag{2-91}$$

式中：$Z_{\mathrm{core\text{-}outside}}$ 为管状芯线与管外返回通路（通过外皮）的内阻抗；$Z_{\mathrm{core\text{-}insulation}}$ 为围绕芯线的绝缘阻抗；$Z_{\mathrm{sheath\text{-}inside}}$ 为管内芯线形成回路的护皮的内阻抗。

式（2-91）中的符号意义与式（2-90）类似。由于电流方向相反（在回路 1 中 I_2 是

负方向，在回路 2 中 I_3 是负方向），耦合阻抗 $Z'_{12}=Z'_{21}$ 和 $Z'_{23}=Z'_{32}$ 为负值，即

$$\left.\begin{array}{l} Z'_{12} = Z'_{21} = -Z_{\text{sheath-mutual}} \\ Z'_{23} = Z'_{32} = -Z_{\text{amour-mutual}} \end{array}\right\}$$

式中：$Z_{\text{sheath-mutual}}$ 为内回路 1 与外回路 2 之间管状外皮的互阻抗；$Z_{\text{amour-mutual}}$ 为内回路 2 与外回路 3 之间管状铠装的互阻抗。

由于回路 1 和回路 3 之间没有公共通路，因此 $Z'_{13}=Z'_{31}=0$。

每个电缆的单位长度导纳为

$$-\left\{\begin{array}{l} \dfrac{\mathrm{d}I_1}{\mathrm{d}x} \\ \dfrac{\mathrm{d}I_2}{\mathrm{d}x} \\ \dfrac{\mathrm{d}I_3}{\mathrm{d}x} \end{array}\right\} = \begin{bmatrix} \mathrm{j}\omega C'_1 & 0 & 0 \\ 0 & \mathrm{j}\omega C'_2 & 0 \\ 0 & 0 & \mathrm{j}\omega C'_3 \end{bmatrix} \begin{bmatrix} U_1 \\ U_2 \\ U_3 \end{bmatrix} \tag{2-92}$$

当转化到芯线、金属护层（或屏蔽层）和铠装量时，有

$$-\left\{\begin{array}{l} \dfrac{\mathrm{d}I_{\text{core}}}{\mathrm{d}x} \\ \dfrac{\mathrm{d}I_{\text{sheath}}}{\mathrm{d}x} \\ \dfrac{\mathrm{d}I_{\text{armour}}}{\mathrm{d}x} \end{array}\right\} = \begin{bmatrix} Y'_1 & -Y'_1 & 0 \\ -Y'_1 & Y'_1+Y'_2 & -Y'_2 \\ 0 & -Y'_2 & Y'_2+Y'_3 \end{bmatrix} \begin{bmatrix} U_{\text{core}} \\ U_{\text{sheath}} \\ U_{\text{armour}} \end{bmatrix} \tag{2-93}$$

$$Y_i = \mathrm{j}\omega l_i, i = 1,2,3$$

式中：I_{core} 为流过芯线电流；I_{sheath} 为流过金属护层电流；I_{armour} 为流过铠装电流；U_{core} 为芯线对地电压；U_{sheath} 为金属护层对地电压；U_{armour} 为铠装对地电压。

如果 $U_{\text{sheath}}=U_{\text{amour}}=0$，则式（2-93）可简化为

$$-\mathrm{d}I_{\text{core}}/\mathrm{d}x = Y_1 U_{\text{core}} \tag{2-94}$$

根据所关心的频率，可算出单位长度电缆阻抗 Z' 和导纳 Y'。

2.4 负 荷 模 型

电力系统的稳定运行取决于系统中发电机组的电力输出与电力系统负荷连续匹配的稳定性，因此负荷特性对于系统稳定性有重要的影响。负荷模型的建立是相当复杂的，负荷的准确估计非常困难，其变化依赖于多种因素，电力系统仿真研究中对负荷的模拟采用基于实测数据的数学拟合。

传统意义上负荷模型一般可分为静态负荷模型和动态负荷模型，静态负荷不随时间推移而发生变化，而动态负荷模型是指系统的状态随时间的推移而变化的模型，一般可用微分方程或差分方程表示，其主要组成为感应电动机。

本节中介绍的是在大规模交直流电网数模混合实时仿真中主要应用的传统负荷模型。

随着新型电力系统的发展，负荷模型还需要考虑电力电子设备的灵活可控特性，还需不断完善。

2.4.1 静态负荷模型

静态负荷模型反映负荷功率随母线电压和频率的变化而变化的规律，任意瞬时的负荷特性是该瞬时母线电压幅值和频率的函数，其幂函数模型的表达式为

$$P = P_0(\overline{U})^a \tag{2-95}$$

$$Q = Q_0(\overline{U})^b \tag{2-96}$$

$$\overline{U} = \frac{U}{U_0} \tag{2-97}$$

式中：P 和 Q 为当母线电压幅值为 U 时的负荷有功和无功分量；下标为"0"表示初始运行状态时，相关变量的值。此模型的变化系数是指数 a 和 b，等于 0、1、2 时，分别表示恒功率、恒电流或恒阻抗特性的负荷。

实际广泛应用的表示静态综合负荷特性的多项式模型也被称作 ZIP 模型，由恒阻抗、恒电流、恒功率分量组成，即

$$P = P_0[p_1\overline{U}^2 + p_2\overline{U} + p_3] \tag{2-98}$$

$$Q = Q_0[q_1\overline{U}^2 + q_2\overline{U} + q_3] \tag{2-99}$$

该模型的系数 $p_1 \sim p_3$ 和 $q_1 \sim q_3$ 定义了每一个分量的比率。

若考虑负荷的频率依赖特性，多项式模型则可以表示为

$$\left.\begin{array}{l} P = P_0[p_1\overline{U}^2 + p_2\overline{U} + p_3](1 + K_{pf}\Delta f) \\ Q = Q_0[q_1\overline{U}^2 + q_2\overline{U} + q_3](1 + K_{df}\Delta f) \end{array}\right\} \tag{2-100}$$

$$\Delta f = f - f_0$$

式中：Δf 为频率偏差。

IEEE Task Force 推荐的标准静态负荷模型为

$$\left.\begin{array}{l} \dfrac{P}{P_{frac}P_0} = K_{pz}\overline{U}^2 + K_{pi}\overline{U} + K_{pc} + K_{p1}\overline{U}^{n_{pv1}}(1 + n_{pf1}\Delta f) + K_{p2}\overline{U}^{n_{pv2}}(1 + n_{pf2}\Delta f) \\[2mm] \dfrac{Q}{Q_{frac}Q_0} = K_{qz}\overline{U}^2 + K_{qi}\overline{U} + K_{qc} + K_{q1}\overline{U}^{n_{qv1}}(1 + n_{qf1}\Delta f) + K_{q2}\overline{U}^{n_{qv2}}(1 + n_{qf2}\Delta f) \\[2mm] K_{pz} = 1 - (K_{pi} + K_{pc} + K_{p1} + K_{p2}) \\[2mm] K_{qz} = 1 - (K_{qi} + K_{qc} + K_{q1} + K_{q2}) \end{array}\right\}$$

$$\tag{2-101}$$

式中：P_{frac} 和 Q_{frac} 分别表示总负荷中有功和无功静态部分占比；K_{pz}、K_{pi}、K_{pc} 分别表示总负荷中的恒定阻抗部分、恒定电流部分、恒定功率部分的有功功率；K_{qz}、K_{qi}、K_{qc} 分别表示总负荷中的恒定阻抗部分、恒定电流部分、恒定功率部分的无功功率；K_{p1}、K_{q1}、K_{p2}、K_{q2} 表示总负荷中与电压和频率均有关的部分。该静态负荷适应性较强，在实际应用中可根据具体情况选择此模型的重要部分组合使用。

2.4.2 感应电动机负荷

电力系统中的大部分负荷都是由感应电动机构成的，电动机模型对于系统稳定研究非常重要，这一节将详细介绍电磁暂态仿真中使用的感应电动机负荷模型。

2.4.2.1 感应电机的基本方程

任何电机从本质上讲都有电枢绕组和磁极绕组两类绕组，对于感应电动机来讲，电枢绕组在定子上，磁极绕组在转子上。

（1）电气部分基本方程。d、q 轴定子绕组的电压方程为

$$\begin{bmatrix} u_d \\ u_q \end{bmatrix} = -\begin{bmatrix} R_a & 0 \\ 0 & R_a \end{bmatrix}\begin{bmatrix} i_d \\ i_q \end{bmatrix} - \frac{\mathrm{d}}{\mathrm{d}t}\begin{bmatrix} \lambda_d \\ \lambda_q \end{bmatrix} + \begin{bmatrix} -\omega\lambda_q \\ +\omega\lambda_d \end{bmatrix} \tag{2-102}$$

磁极绕组方程为

$$\begin{bmatrix} U_{D1} \\ U_{D2} \\ \vdots \\ U_{Dm} \end{bmatrix} = -\begin{bmatrix} R_{D1} & & & \\ & R_{D2} & & \\ & & \ddots & \\ & & & R_{Dm} \end{bmatrix}\begin{bmatrix} i_{D1} \\ i_{D2} \\ \vdots \\ i_{Dm} \end{bmatrix} - \frac{\mathrm{d}}{\mathrm{d}t}\begin{bmatrix} \lambda_{D1} \\ \lambda_{D2} \\ \vdots \\ \lambda_{Dm} \end{bmatrix} \tag{2-103}$$

$$\begin{bmatrix} U_{Q1} \\ U_{Q2} \\ \vdots \\ U_{Qn} \end{bmatrix} = -\begin{bmatrix} R_{Q1} & & & \\ & R_{Q2} & & \\ & & \ddots & \\ & & & R_{Qn} \end{bmatrix}\begin{bmatrix} i_{Q1} \\ i_{Q2} \\ \vdots \\ i_{Qn} \end{bmatrix} - \frac{\mathrm{d}}{\mathrm{d}t}\begin{bmatrix} \lambda_{Q1} \\ \lambda_{Q2} \\ \vdots \\ \lambda_{Qn} \end{bmatrix} \tag{2-104}$$

（2）稳态模型。在平衡稳态运行中，转子角速度 ω 与馈电网络的角频率 ω_s 不同，其差为标幺值滑差 s，即

$$s = \frac{\omega_s - \omega}{\omega_s} \tag{2-105}$$

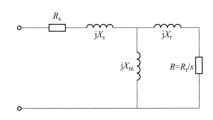

图 2-34 感应电动机稳态
特性常用等值电路

R_s—定子电阻；X_s—定子漏抗；

X_m—激磁电抗；R_r—转子电阻；

X_r—转子漏抗；s—初始滑差

网络把感应电动机看成一个正序阻抗，它的值取决于滑差 s。如果初始化只是考虑平衡的情况就不考虑电动机的零序和负序阻抗。图 2-34 为常用的表示感应电动机的平衡稳态特性等值电路，根据漏电感、自感、互感之间的关系可以得出它的阻抗。

2.4.2.2 感应电动机电磁暂态模型

以某电磁暂态程序为例说明电磁暂态计算中常用的感应电机模型，可以由 4 组方程表征。电磁方程通过 dq 变换将电压转换为电磁通量，饱和方程表征了感应电机的非线性，电流方程将转子和定子的磁通转换为 dq 轴上的电流；机械方程代表转子的速度、机械和电磁转矩之间的关系，并考虑惯性常数和摩擦系数。

（1）电磁方程

$$\psi_{qs} = \frac{\omega_{\mathrm{b}}}{s}\left[\nu_{qs} - \frac{\omega}{\omega_{\mathrm{b}}}\psi_{ds} + \frac{r_{\mathrm{s}}}{X_{\mathrm{ls}}}(\psi_{mq} - \psi_{qs})\right] \tag{2-106}$$

$$\psi_{ds} = \frac{\omega_{\mathrm{b}}}{s}\left[\nu_{ds} + \frac{\omega}{\omega_{\mathrm{b}}}\psi_{qs} + \frac{r_{\mathrm{s}}}{X_{\mathrm{ls}}}(\psi_{md} - \psi_{ds})\right] \tag{2-107}$$

$$\psi_{qr1} = \frac{\omega_{\mathrm{b}}}{s}\left[\nu_{qr1} - \left(\frac{\omega - \omega_{\mathrm{r}}}{\omega_{\mathrm{b}}}\right)\psi_{dr1} + \frac{r_{\mathrm{r1}}}{X_{\mathrm{lr1}}}(\psi_{mq} - \psi_{qr1})\right] \tag{2-108}$$

$$\psi_{dr1} = \frac{\omega_{\mathrm{b}}}{s}\left[\nu_{dr1} + \left(\frac{\omega - \omega_{\mathrm{r}}}{\omega_{\mathrm{b}}}\right)\psi_{qr1} + \frac{r_{\mathrm{r1}}}{X_{\mathrm{lr1}}}(\psi_{md} - \psi_{dr1})\right] \tag{2-109}$$

$$\psi_{qr2} = \frac{\omega_{\mathrm{b}}}{s}\left[\nu_{qr2} - \left(\frac{\omega - \omega_{\mathrm{r}}}{\omega_{\mathrm{b}}}\right)\psi_{dr2} + \frac{r_{\mathrm{r2}}}{X_{\mathrm{lr2}}}(\psi_{mq} - \psi_{qr2})\right] \tag{2-110}$$

$$\psi_{dr2} = \frac{\omega_{\mathrm{b}}}{s}\left[\nu_{dr2} + \left(\frac{\omega - \omega_{\mathrm{r}}}{\omega_{\mathrm{b}}}\right)\psi_{qr2} + \frac{r_{\mathrm{r2}}}{X_{\mathrm{lr2}}}(\psi_{md} - \psi_{dr2})\right] \tag{2-111}$$

$$\psi_{mq} = X_{aq}\left(\frac{\psi_{qs}}{X_{\mathrm{ls}}} + \frac{\psi_{qr1}}{X_{\mathrm{lr1}}} + \frac{\psi_{qr2}}{X_{\mathrm{lr2}}}\right) \tag{2-112}$$

$$\psi_{md} = X_{ad}\left(\frac{\psi_{ds}}{X_{\mathrm{ls}}} + \frac{\psi_{dr1}}{X_{\mathrm{lr1}}} + \frac{\psi_{dr2}}{X_{\mathrm{lr2}}}\right) \tag{2-113}$$

对于鼠笼型转子，ν_{dr} 和 ν_{qr} 为 0。

（2）电流方程

$$i_{qs} = \frac{1}{X_{\mathrm{ls}}}(\psi_{qs} - \psi_{mq}) \tag{2-114}$$

$$i_{ds} = \frac{1}{X_{\mathrm{ls}}}(\psi_{ds} - \psi_{md}) \tag{2-115}$$

$$i_{qr1} = \frac{1}{X_{\mathrm{lr1}}}(\psi_{qr1} - \psi_{mq}) \tag{2-116}$$

$$i_{dr1} = \frac{1}{X_{\mathrm{lr1}}}(\psi_{dr1} - \psi_{md}) \tag{2-117}$$

$$X_{aq} = X_{ad} = \left(\frac{1}{X_{\mathrm{M}}} + \frac{1}{X_{\mathrm{ls}}} + \frac{1}{X_{\mathrm{lr1}}} + \frac{1}{X_{\mathrm{lr2}}}\right)^{-1} \tag{2-118}$$

（3）饱和方程

$$\psi_{mqsat} = \psi_{mq} - \frac{X_{aq}}{X_{\mathrm{M}}} \cdot \frac{f(\psi_{\mathrm{m}})}{\psi_{\mathrm{m}}}\psi_{mq} \tag{2-119}$$

$$\psi_{mdsat} = \psi_{md} - \frac{X_{ad}}{X_{\mathrm{M}}} \cdot \frac{f(\psi_{\mathrm{m}})}{\psi_{\mathrm{m}}}\psi_{md} \tag{2-120}$$

（4）机械方程

$$T_{\mathrm{e}} = \psi_{ds}I_{qs} - \psi_{qs}I_{ds} \tag{2-121}$$

$$\omega_{\mathrm{r}} = \frac{\omega_{\mathrm{b}}}{2Hs}(T_{\mathrm{e}} - T_{\mathrm{L}}) \tag{2-122}$$

经 dq 变换后的感应电动机的稳态等值电路如图 2-35 所示。

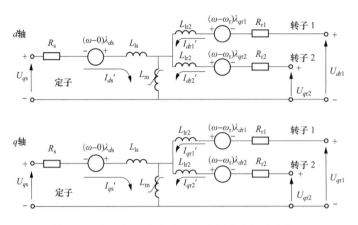

图 2-35　电磁暂态仿真感应电动机稳态等值电路图

2.4.2.3　大规模电磁暂态实时仿真研究中使用感应电动机模型的方法

随着计算机技术和仿真技术的提升，数模混合仿真能力大幅提升，为采用大量感应电动机负荷模型进行实时仿真提供了可能。大规模电磁暂态实时仿真系统应用感应电动机负荷仿真的主要难点在于：①若按机电暂态仿真中对每个负荷节点都进行相应比例的感应电机模型进行模拟，则会占用大量的仿真资源影响仿真的规模和实时性，需要经过对比研究大规模感应电动机实时仿真的简化方法；②实时仿真中含大规模感应电动机模型的电网启动困难，鉴于某些可进行大规模电网电磁暂态实时仿真的软件在模型启动时具备借助离线潮流计算结果进行初值赋予的功能，需要研究感应电动机模型参与潮流计算及仿真初始化的问题。

首先需要根据负荷分布及容量大小情况确定如下简化原则：

（1）发电机端负荷考虑使用静态负荷模拟；

（2）对于直流换流站近区的负荷节点按机电仿真数据中感应电机与静态负荷组合模拟；

（3）对于其他负荷节点，按照感应电动机负荷容量的大小，逐级筛选，经仿真对比确定感应电机的仿真简化方法。

鉴于大规模电网电磁暂态模型实时仿真的启动需要借助于离线潮流计算功能，将初始值赋给各元件，以保证仿真启动后快速进入稳态。对于感应电动机负荷模型，参与离线潮流计算的为转子开路状态下的功率，与其实际稳态运行的功率差异较大，这会直接影响全网赋初值的准确性，而且如此规模数量的感应电动机同时启动达到稳态比较困难，需解决以下两个问题。

（1）如何确保含大规模感应电动机的电网模型潮流计算准确性。为解决含大规模感应电动机的电网模型潮流计算的准确性问题，需要在每个感应电动机负荷节点处先使用特殊恒定有功无功元件替代感应电动机，该元件的有功及无功功率按照感应电动机正常稳态与离线潮流差值设定，而且该元件只能在潮流计算时起作用，仿真启动后该元件将不再参与实时仿真计算。

（2）如何初始化感应电动机。电磁暂态仿真中感应电动机模型一般需要有启动过程才能够到达稳态，对于大规模感应电动机同时启动，其过程需要消耗大量无功，有可能直接拉低全网电压，使功率无法达到正常运行的稳态值。为此，必须考虑对感应电动机进行初始化，可根据初始滑差率计算出其初始转子（机械）转速，按此初态启动感应电机可迅速达到稳态，以确保大规模交直流全网的启动。

2.4.3　考虑动态特性的综合负荷模型

文献［13］中将考虑了负荷动态特性的综合负荷模型定义为一种新型动态负荷模型，此模型用来模拟包括负载（电机负载、恒阻抗 RLC 负载）、配电线路、变压器等的组合负荷，是对负荷网络动态行为的简单等效，如图 2-36 所示。此模型与常规的静态综合负荷相比，考虑了电机类负荷的动态特性。此负荷模型必须满足以下两个要求：

（1）负荷必须表示有功功率 P 和无功功率 Q 随正序电压 U 和基频变化。

（2）负荷阻抗必须表示为在可接受的频率范围内的频率函数。网络阻抗将决定瞬时电压和电流的频率含量，特别是在动态负荷附近发生的开关动作和故障。其关键参数是基波阻抗、阻抗极点（并联谐振）和零点（串联谐振）的位置以及阻尼（极点的振幅）。

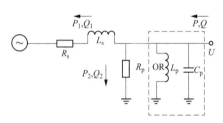

图 2-36　动态负荷模型示意图

串联阻抗（R_s，L_s）连同内部电压源 E 模拟了负载的电机部分和系统的线路、变压器漏抗等形成的串联阻抗。并联阻抗 R_p，C_p 代表电阻负载以及线路电容和电容组。

当电压 $U > U_{\min}$ 时，模型可表示为

$$P = P_0 \left(\frac{U}{U_0}\right)^{n_p} \left[\frac{1 + T_{p1}s}{1 + T_{p2}s} + k_p \frac{f - f_0}{f_0}\right] \qquad (2\text{-}123)$$

$$Q = Q_0 \left(\frac{U}{U_0}\right)^{n_q} \left[\frac{1 + T_{q1}s}{1 + T_{q2}s} + k_q \frac{f - f_0}{f_0}\right] \qquad (2\text{-}124)$$

而当电压 $U < U_{\min}$ 时，负荷功率可表示为

$$P = P_0 (U_{\min})^{n_p - 2} \left(\frac{U^2}{U_0^{n_p}}\right) \left[\frac{1 + T_{p1}s}{1 + T_{p2}s} + k_p \frac{f - f_0}{f_0}\right] \qquad (2\text{-}125)$$

$$Q = Q_0 (U_{\min})^{n_q - 2} \left(\frac{U^2}{U_0^{n_q}}\right) \left[\frac{1 + T_{q1}s}{1 + T_{q2}s} + k_q \frac{f - f_0}{f_0}\right] \qquad (2\text{-}126)$$

式中：U 为基频下的正序电压幅值；P_0，Q_0 为在电压幅值为 U_0、频率 f_0 下的初始有功及无功功率；n_p 为有功功率随电压变化的系数；n_q 为无功功率随电压变化的系数；k_p 为有功功率随频率变化的系数；k_q 为无功功率随频率变化的系数；$U_{\min}$ 为允许用户改变负载的特性的电压水平；T_{p1}、T_{p2} 为有功功率变化时间常数；T_{q1}、T_{q2} 为无功功率变化时间

常数。

指数 n_p 和 n_q 取决于集中在动态负荷中的负载性质。其中，n_p 和 n_q 为 0，1，2 时，分别表示恒功率、恒电流和恒阻抗负荷。

利用上述方程，动态负荷的数字模型可以计算出要吸收的功率 P 和 Q。

通过负载阻抗 $Z(f)$ 作为频率的函数，可以求出 R_S、L_S、R_p、C_p。因为很少有机会能进行现场实测，唯一可行的方法是对所要简化的系统进行详细的仿真，包括电阻负载、电机负载、线路、变压器等，这样的模型可以用任何电磁暂态仿真程序完成。这其实是一项相当复杂的工作，需要对配电网和高压网络的某些部分进行广泛的建模，可以考虑使用一些近似的方法。

文献 [14] 中的算例给出了考虑配电系统特性的动态负荷建模方法。如图 2-37 所示，假定负荷有一个电阻部分 R，它对暂态阻尼有贡献，而电动机部分实际上对阻尼没

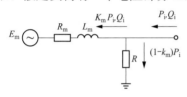

图 2-37 独立的动态负荷详细模型

有贡献。这个电动机负载用串联阻抗 R_m、L_m 和后面的电压源 E_m 模拟。如果电容器组用于低电压水平的功率因数校正，它们应集中配置在配电网水平上。根据季节和负荷的性质，电阻负载和电机负载的分担系数有很大的不同。此模型与以往的静态综合负荷相比，按照相应的负荷特性按比例考虑了电动机的动态特性。

以加拿大魁北克省电网负荷模拟为例，以下典型的负载分担被用于确定动态负荷模型：

(1) 冬季：70%恒阻；30%的电动机；

(2) 夏季：50%恒阻；50%的电动机。

串联阻抗 R_m、L_m 表示与配电变压器串联的电机阻抗（感应电机的漏抗、同步电机和发电机的次暂态电抗）。根据电机负载功率（$k_m P_i$）和 $R_m = X_m/8$，电机和相关变压器阻抗的合理近似 L_m 的标幺值为 0.25。在掌握实测负荷特性和参数拟合方法的情况下，采用这种综合负荷模型将更为合适，但如果不具备负荷实测条件且存在电压稳定性问题的区域，这种负荷模型就很难模拟实际负荷特性，仍需要采用精确模拟的感应电动机模型组合静态负荷来模拟负荷特性。

3 直流输电系统数模混合仿真建模

3.1 LCC直流输电系统数模混合仿真建模

本书所述的直流系统数模混合仿真是利用数字模型来仿真直流输电系统的一次部分，而将实际的直流输电控制保护系统通过实时仿真接口装置与数字电网进行实时数据交换，以真实模拟实际电网暂稳态下系统运行特性。直流输电系统数模混合仿真是目前最精确、最全面反映直流输电系统稳态和暂态响应特性的仿真手段，被应用于直流控制保护设备设计和出厂实验、支撑生产的电网仿真计算以及科技项目研究等多个场景。

我国直流输电第一代数模混合仿真平台是建成于20世纪80年代的大容量直流输电模拟装置，其中一次系统全部采用按一定比例缩小的物理模型，包括采用缩小比例的晶闸管模拟换流阀，而控制保护装置则采用当时较为先进的计算机控制技术；到了90年代，针对研究三峡电力系统等全国联网的需要，第二代直流输电数模混合仿真平台应运而生，最大的革新在于利用场效应管及外围电路实现了对换流阀的精确仿真，彻底解决了缩小比例的晶闸管模拟换流阀带来的损耗误差问题；从21世纪初期开始，随着计算机技术的飞速发展和人们对交直流系统认知的不断深入，直流系统一次设备和交流电网全部用数字模型进行仿真模拟，同时接入实际控制保护装置，提高了电力系统实时仿真研究精度，减少了仿真系统建模时间，而且还扩大了模拟系统的规模。但随着实际电网接入直流数量的快速增加，更多交直流之间的电磁暂态过程相互交织，对数模混合仿真平台接入多回实际直流控制保护系统的能力提出了更高的要求。为了适应电网发展需求，直流输电数模混合仿真技术需要不断升级。

3.1.1 直流输电系统数模混合仿真模型架构

超/特高压直流输电系统的数模混合仿真是国内外公认的较为精确的仿真方法。直流输电系统数模混合仿真以高性能计算机作为计算核心（下文统称为实时数字仿真器），同时采用实时仿真接口设备将所需实际直流控制保护装置接入，实现与一次数字仿真模型联合实时闭环计算。

在直流输电系统数模混合仿真中，直流和交流一次系统为数字模型，通过仿真软件编译后在实时仿真器中运行，实际直流控制保护设备通过接口装置与实时仿真器连接进行数据交换。

直流输电系统数模混合仿真模型典型架构如图 3-1 所示。

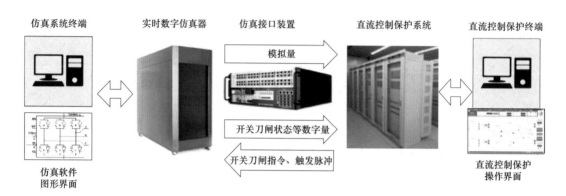

图 3-1   直流输电系统数模混合仿真模型典型架构

图中五个组成部分描述如下：

（1）仿真系统终端。根据直流系统设备参数及拓扑结构在仿真系统建模终端建立一次电气系统的仿真模型，以及与二次控制保护系统进行模拟量和开关量数据交换的接口数字模型。

（2）实时数字仿真器。一般采用多核多线程并行处理技术，直流系统一次部分的数字模型完成代码编译后在实时数字仿真器中进行实时运算。

（3）数模混合仿真接口装置。负责直流系统一次部分数字模型与直流控制保护装置之间的数据交换，包括数字侧接口、数模混合接口和直流控保装置侧接口，数据交换通过光纤或者电缆连接完成。

（4）直流控制保护系统。采用与实际直流工程现场控制保护系统一致的仿真装置，软硬件整体结构和系统动态响应特性与实际直流工程控制保护系统特性保持一致。根据仿真目的对直流控制保护设备进行配置，如进行工程出厂设备联调实验，则应与实际工程配置完全一致，包括冗余系统、测量屏柜、辅助设备屏柜等；如进行大电网运行方式仿真实验，则可以不考虑冗余配置，仅保留与直流输电系统运行特性相关的控制保护功能。后文简称直流控制保护系统为直流控保。

（5）直流控制保护系统操作终端。与实际换流站的运行人员工作站配置相同，能在操作界面上进行直流场连接、解闭锁、升降功率等操作。

后面几节将对以上几个部分进行展开说明。

3.1.2   直流输电一次系统模型

直流输电系统数模混合仿真首先应建立与工程实际完全一致的直流系统主回路模型，然后将直流控制保护装置通过数模混合接口装置与实时仿真器连接，进行数模混合实时仿真，对直流运行方式、直流控制策略、保护功能等各方面进行研究和验证，保证仿真系统能准确地模拟实际直流系统的各种功能和特性。

3.1.2.1 直流输电系统主回路仿真建模

直流输电系统的主回路建模涉及换流变压器、换流阀、线路、交直流滤波器、平波电抗器、交流系统等各方面的参数，这些参数的准确与否，是整个直流仿真系统的运行特性及电网的安全稳定仿真分析的基础和关键。直流输电系统主回路建模包括直流部分及交流部分，以特高压直流工程为例，其主回路接线图如图 3-2 所示。

图 3-2 所示为双极直流输电系统，每极由两个 12 脉动换流器串联。数模混合仿真中主回路建模涉及的主要设备和系统有交流滤波器、交流进线开关、换流变压器、换流阀、直流场开关刀闸、平波电抗器、直流滤波器、直流线路、接地极线路、交流系统。

本书以一回额定电压±800kV、直流输电容量 8000MW、直流额定电流 5000A 的特高压直流工程作为典型对象，阐述直流输电系统主回路的仿真建模原理及过程。

（1）交流系统仿真建模。

1）等值交流电源。对于单回直流数模混合仿真，交流电网仿真建模一般采用"恒压源＋等值阻抗"的等值交流电源形式（见图 3-3）。其中，交流电源的额定电压按照直流工程成套设计书进行设置，而等值阻抗 L 和 R 通过计算得出。一般成套设计书中会给出该换流站接入交流系统的最大短路电流和最小短路电流，对应交流电网的极限最大方式和最小方式。若交流系统的额定线电压有效值为 U_{ac}，短路电流为 I_{sc}，则可计算得出系统等值阻抗为

$$Z = \frac{U_{ac}}{\sqrt{3}I_{sc}} \tag{3-1}$$

仿真中一般对电阻和感抗按照 1∶10 的比例进行计算。即

$$\begin{aligned} Z &= \sqrt{R^2 + (\omega L)^2} \\ &= \sqrt{(0.1\omega L)^2 + (\omega L)^2} \end{aligned} \tag{3-2}$$

根据式（3-2）计算出 R 和 L 的值，完成仿真模型中等值电阻和电感参数的设置。

本节典型实例中的两端交流母线短路容量参见表 3-1，具体参数如下：

a. 整流侧交流系统：额定运行电压为 775kV；整流侧正常运行电压范围为 750～800kV；整流侧极端连续运行电压范围为 712.5～800kV；整流侧正常频率波动为±0.2Hz。

b. 逆变侧交流系统：500kV 额定运行电压为 525kV；逆变侧 500kV 正常运行电压范围为 500～550kV；逆变侧 500kV 极端连续运行电压范围为 475～550kV；逆变侧正常频率波动为±0.1Hz。

根据式（3-1）和式（3-2），计算得出两侧交流系统最大和最小方式下的等值阻抗，如表 3-2 所示。

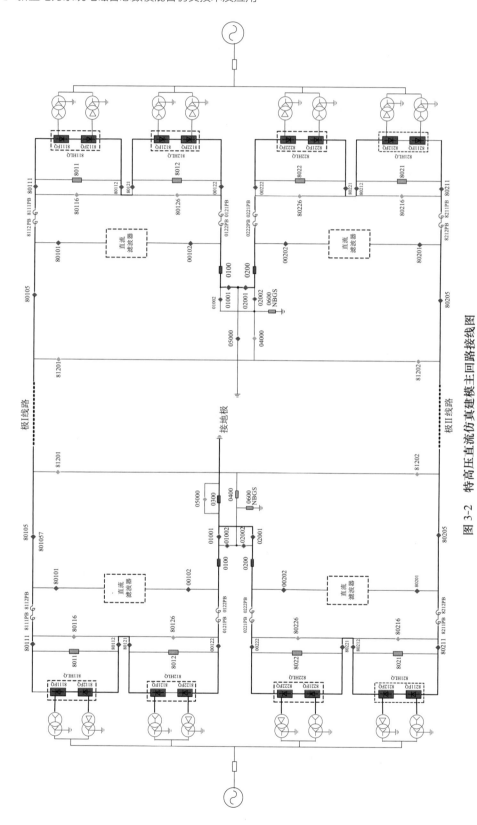

图 3-2　特高压直流仿真建模主回路接线图

图 3-3 单回直流的等值交流电源仿真建模

表 3-1	换 流 母 线 短 路 容 量	（kA）	
交流系统	整流侧	逆变侧	
最大短路电流	63	63	
最小短路电流	24.3	32.8	

表 3-2   交 流 系 统 等 值 阻 抗

交流系统	整流侧		逆变侧	
	$R(\Omega)$	$L(H)$	$R(\Omega)$	$L(H)$
最大短路电流时	0.71	0.0226	4.81	0.0153
最小短路电流时	1.84	0.0586	9.24	0.0294

2）换流站交流滤波器和无功补偿设备。直流输电系统运行时换流器需要消耗大量的无功功率，受到不同运行条件的影响，如直流电压、触发角等，其稳态无功消耗大约占直流输送功率的 40%～60%，通常换流站配置有交流滤波器、并联电容器组等无功补偿装置以补偿换流器消耗的无功功率，兼具滤除换流器产生的谐波的作用。同时直流控制保护系统配置无功功率控制功能，通过滤波器的投切实现不同直流运行功率水平下的无功功率匹配，从而控制与换流站相连的交流电网的特性。

仿真建模中涉及的换流站无功补偿设备一般包括交流滤波器及并联电容器，必要时可以按照实际工程配置高压/低压电抗器。

目前我国在运特高压直流输电工程一般滤波器配置为：针对特征谐波的单调谐/双调谐滤波器＋针对三次谐波的单调谐滤波器＋并联电容器（见图 3-4～图 3-6）。高压直流输

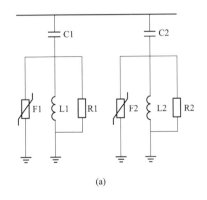

(a)

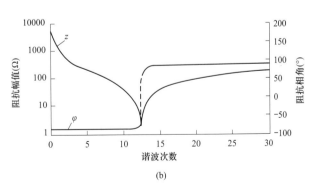

(b)

图 3-4 单调谐高通滤波器

（a）含两个分支的单调谐高通滤波器结构；（b）阻抗特性曲线

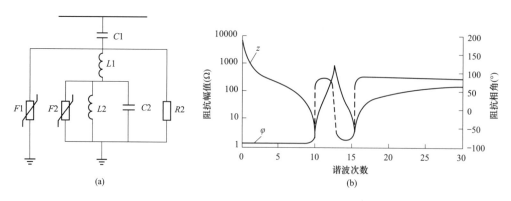

图 3-5　双调谐高通滤波器
（a）含双调谐高通滤波器结构；（b）阻抗特性曲线

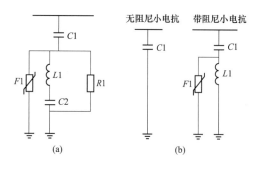

图 3-6　HP3 滤波器和并联电容器
（a）HP3 滤波器；（b）并联电容器

电系统的一组双调谐滤波器亦可由两个分支构成，每个分支对应一个调谐频率，如常见的 HP11/13 滤波器就是由 11 次和 13 次两个分支滤波器组合构成。图中 C1、R1、L1、C2、R2 和 L2 分别对应滤波器的电容器、电抗器和电阻器，F1 和 F2 为避雷器。并联电容器分为无阻尼小电抗的结构和带阻尼小电抗的结构。

对于交流滤波器和并联电容器，仿真建模时可按照设备设计书和参数，利用电容、电阻和电感元件，进行与设计书结构一致的映射建模。为简化仿真模型，小组滤波器的开关可不区分断路器和隔离开关，只用一个开关模型进行模拟即可。可根据仿真目的决定是否添加避雷器模型，如进行交流滤波器小组过电压计算时，则需根据设备设计书进行避雷器建模。本节典型实例中两端换流站的交流滤波和无功补偿配置参数列于表 3-3 和表 3-4。

表 3-3　　　　　　　　　　　整流站交流滤波器和电容器参数

元件	滤波器分组类型				分组容量（Mvar）
	BP11/BP13	HP24/36	HP3	SC	
$C_1(\mu F)$	0.79/0.82	1.603	1.6045	1.605	第一大组：1180 第二大组：1180 第三大组：1180 第四大组：1180 合计：4720
$L_1(mH)$	106.1/73.11	7.025	789.33	2	
$C_2(\mu F)$	—	11.92	12.8363		
$L_2(mH)$	—	0.9	—		
$R_1(k\Omega)$	12000/12000	100	1984		
每组容量（Mvar）	295	295	295	295	
组数	4 组	4 组	3 组	5 组	

表 3-4 逆变站交流滤波器和电容器参数

元件	滤波器分组类型		分组容量 (Mvar)
	HP12/24	SC	
$C_1(\mu F)$	3.774	3.549	第一大组：1200 第二大组：1200 第三大组：1200 第四大组：1220 合计：4820
$L_1(mH)$	8.172	2	
$C_2(\mu F)$	7.083		
$L_2(mH)$	5.587		
$R_1(k\Omega)$	270		
每组容量(Mvar)	310	290	
组数	9 组	7 组	

（2）直流系统仿真建模。直流系统一次部分需要详细建模的设备包括换流变压器、换流阀、平波电抗器、直流滤波器、直流线路、中性线冲击电容器、接地极线路以及断路器和隔离开关。

1）换流变压器。换流变压器阀侧与直流系统连接，因此换流变压器不仅承受交流电压，还需要承受直流电压，这是换流变压器与普通电力变压器结构上存在差异的根本原因。除此以外，换流变压器在绝缘设计、谐波损耗等方面也与普通交流变压器存在差异。为了满足直流降压运行模式的需求，以及补偿换流变压器交流侧电压的变化和调节换流器触发角，换流变压器运行时需要有载调压，且有载调压分接范围相对普通的交流电力变压器要大得多。特高压直流工程在现场实际采用的换流变压器一般为单相双绕组变压器，如图 3-7 所示。

图 3-7 为实际工程换流变压器结构示意图，由 YY 和 YD 接线方式的共六台单相双绕组变压器并联组成，一次侧接入换流母线 3/2 接线间隔，二次侧各与一组六脉动换流器相连。

单相双绕组变压器模型电路结构见图 3-8。

如果在仿真中完全按照实际工程结构进行建模，一个特高压直流输电工程需要使用 48 台换流变压器，对于接入多回直流的大电网仿真分析会消耗大量的计算资源。因此，针对不需要进行换流变压器相关保护校验的场景，为了优化仿真资源以及简化建模，一般会采用三相三绕组或者三相双绕组的换流变压器模型。当研究换流变压器中性点直流偏磁或者其他涉及换流

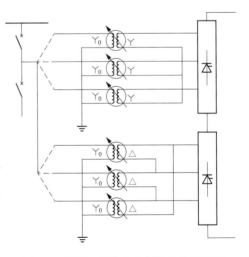

图 3-7 实际工程换流变压器结构示意图

变压器饱和特性的问题时，需采用带饱和特性曲线的换流变压器模型，且按照换流变压器厂家设计参数来整定饱和特性曲线。

换流变压器一次侧绕组包括连接交流系统的网侧绕组及调压绕组，调压是通过调节分接开关来改变一次侧绕组的匝数，从而达到改变二次侧交流电压的目的。由于直流系

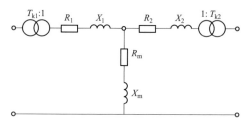

图 3-8 单相双绕组变压器模型电路结构

T_{k1}、T_{k2}—变压器绕组 1 和绕组 2 的标幺变比；

R_1、X_1—变压器绕组 1 的电阻和漏抗；

R_2、X_2—变压器绕组 2 的电阻和漏抗；

R_m、X_m—变压器励磁支路电阻和电抗

统有降压至 70%～80% 运行的要求，因此换流变压器网侧分接开关调节范围大（最大达到 30% 左右），且级数多，最多能达到 30 级以上，升压档位较少，降压档位较多，一般在 20 档及以上，从而保证降压运行能力。换流变压器的仿真模型要支持仿真过程中的分接开关调节操作，且分接开关设置在一次侧，需要按照设计书的最低档位、最高档位和档距极差设置模型中的分接开关参数。

换流变压器模型的主要参数如表 3-5 所示。

表 3-5　　　　　　　　　　　　换流变压器模型主要参数

符号	名称	单位
S_N	换流变压器额定容量	MVA
U_{1N}	换流变压器一次侧额定电压	kV
U_{2N}	换流变压器二次侧额定电压	kV
X	变压器漏抗（标幺值）	
W_{t1}	一次侧绕组接法（Y 或 △）	
W_{t2}	二次侧绕组接法（Y 或 △）	
T_{pos}	主抽头位置	
T_H	最高抽头位置	
T_L	最低抽头位置	
$T_{rang}\%$	抽头极差百分比（%）	
$T_{winding}$	主抽头调节位置（一次侧）	

本节典型实例的仿真参数如表 3-6 所示。

表 3-6　　　　　　　　　　　　换流变压器典型仿真参数

换流变压器参数		网侧	阀侧	
			Y	△
整流侧换流站	额定容量 S_N(MVA)	2473.8		
	分接开关为 0 时相电压额定值（kV）	441.67	100.99	174.92
	分接开关档位	+25/−3		
	档距级差	0.86%		
	漏抗（标幺值）	0.21		
逆变侧换流站	额定容量 S_N(MVA)	2305.2		
	分接开关为 0 时相电压额定值（kV）	294.45	94.12	163.02
	分接开关档位	+20/−6		
	档距级差	1.25%		
	漏抗（标幺值）	0.18		

表 3-7 中的仿真模型使用了三相三绕组变压器，因此额定容量设置为实际工程单台换流变压器容量的 6 倍，整流站为 2473.8MVA，逆变站为 2305.2MVA；对于换流变压器连接方式，星形连接和三角形连接方式需要按照实际系统设置；网侧电压、阀侧电压需要按照实际工程设计参数设置，需要注意的是星接换流变压器二次侧电压在设计书中一般为相电压，而角接换流变压器二次侧电压一般为线电压，在仿真建模时要正确整定；阀侧绕组漏抗需要按照实际工程设计参数正确设置，否则会影响系统稳态和暂态运行特性；换流变压器分接开关需要根据工程设计参数填写正确的档位信息，其中整流侧换流变压器分接开关档位额定分接为第 0 档、最正档位为第 25 档、最负档位为第 −3 档；逆变侧换流变压器分接开关档位额定分接为第 0 档、最正档位为第 20 档、最负档位为第 −6 档；主抽头位置设置于变压器一次侧，正最高档位对应二次侧电压最低值，负最低档位对应二次侧电压最高值。

2）换流阀。换流阀一般采用单阀模型进行搭建。单阀电路采用可控硅开关模型，并考虑缓冲电路的影响，其等值电路模型见图 3-9。

对于阀模型，比较重要的参数是导通电阻 R_{on}、关断电阻 R_{off}、最小关断时间 t_{off}、缓冲电阻和缓冲电容；换流阀建模还需要注意共阴极和共阳极的方向。

晶闸管的数字模型实际上是导通状态下为小电阻和关断状态下为大电阻的元件。接收触发脉冲时，两侧承受的交流电压为正时变为导通状态；没有触发脉冲时，根据交流电压和电流条件进入关断状态，反向电压期间电流持续为 0 时间满足最小关断时间，则确认进入关断状态。晶闸管仿真模型的 U-I 特性曲线如图 3-10 所示。

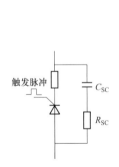

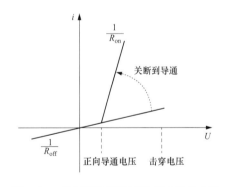

图 3-9 阀臂模型的电路结构 　　　　图 3-10 晶闸管仿真模型的 U-I 特性曲线

R_{SC}—缓冲电路电阻，Ω；C_{SC}—缓冲电路电容，μF

阀模型一定要考虑固有极限关断角，等效为最小关断时间，当阀电流过零后，关断角小于固有极限关断角则阀重新导通。电磁暂态仿真直接模拟阀的换相过程，直流是否换相失败由每个阀臂来检测和判断。根据阀臂电流、电压波形的瞬时值，检测前序导通阀的阀电流过零时刻 t_{c0} 和反向电压过零时刻 t_{u0}，若 $t_{u0}-t_{c0}<t_{off}$，t_{off} 为阀关断时间，判定该阀臂恢复阻断失败，无论当前是否有触发脉冲，若承受正向电压即导通，且标记该阀臂所在换流器发生了换相失败，直到下次阀电流再次过零且恢复阻断能力为止。

对于直流输电数模混合仿真,为了兼顾实时性,节约实时仿真器计算资源,仿真步长一般设置为50μs,而50μs对应的换流阀角度为0.9°。如果只是在每个仿真步长进行一次触发脉冲采样计算,当上一次采样结束后出现的触发脉冲将在下一个步长的采样时刻才能获得,这可能造成最大接近0.9°的触发误差。这种误差虽然会对仿真结果产生一定的离散性影响,但对于关断角不敏感的整流器,在实际仿真中可以基本忽略。但是在研究逆变器微观换相失败过程等对换流阀仿真准确性有严格精度要求的问题时,应该采用有插值算法的精确阀模型,以补偿采样颗粒度引起的触发偏差,最大限度保证仿真结果的准确性。

直流输电工程中采用的6脉动换流器为三相桥型模型,由6个阀臂构成,见图3-11。根据控制系统输入的触发脉冲序列,对阀进行依次触发。6脉动换流器模型能模拟换流器闭锁、丢失触发脉冲和阀间短路等换流器故障形态。

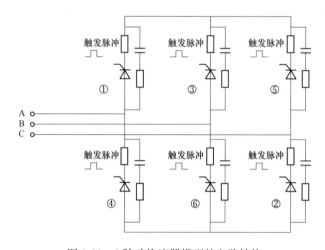

图 3-11　6脉动换流器模型的电路结构

在直流系统数模混合仿真中,触发脉冲由直流控制保护装置生成,并经过仿真接口装置转换为数字信号后输入对应的数字换流阀模型。光纤数字通信接口具有离散性,对于一个步长内交互信号的变化,是无法在数字实时仿真和控保装置之间传递的,因此触发脉冲数模接口通常采用时空上连续的电信号进行交互,即控保装置直接发出脉冲电信号给数模接口装置,接口装置中的快速处理器可以用1μs的速率实时采集从控保装置发出的持续电信号,从而获得触发脉冲变化的准确时刻,并传递给数字仿真系统,保证触发角的准确性。

本节实例中阀模型的典型参数如表3-7所示。

表 3-7　　　　　　　　　　　　　　阀 模 型 典 型 参 数

$R_{on}(\Omega)$	$R_{off}(\Omega)$	$t_{off}(\mu s)$	$R_{SC}(\Omega)$	$C_{SC}(\mu F)$
0.01	1.0×10^8	350	5000	0.05

3）平波电抗器。平波电抗器的作用为：①防止由直流线路和直流场产生的陡波冲击波进入阀厅，使换流阀免于遭受过电压应力而损坏；②平滑直流电流中的纹波，避免直流低功率传输时电流出现断续；③限制由电压快速变化所引起的电流变化率，降低换相失败概率。本节算例中每极平波电抗器电感值按 300mH 考虑，每极设 6 台平波电抗器，采用"对称布置于极母线与中性母线"安装方式，每台平波电抗器电感值为 50mH。在仿真中两侧换流站极 1 和极 2 分别在极母线和中性线上各配置一台 150mH 电感元件。平波电抗器建模时需要考虑品质因数，根据设备设计书中的品质因数，计算得到电感元件的电阻值并填入，以保证平波电抗器模拟的准确性。实际工程中平波电抗器两侧并联了避雷器，主要用于限制雷电过电压，如果仿真中需要详细计算平波电抗器两侧雷电过电压问题，则需要根据设备设计书配置与平波电抗器并联的避雷器模型。平波电抗器配置如表 3-8 所示。

表 3-8　　　　　　　　　　　　　平波电抗器配置

布置方式	电感值（mH）	额定电压（kV）	额定电流（A）
高压极母线	150	800	5000
中性线	150	0	5000

4）直流滤波器。目前高压直流输电工程一般在换流站每极直流母线和中性母线之间并联两组双调谐或三调谐无源滤波器。滤波器的中心调谐频率应针对谐波幅值较高的特征谐波，同时兼顾对等值干扰电流影响较大的高次谐波，从而达到较好的滤波效果。直流滤波器的电路结构与交流滤波器类似，常用的有：具有或不具有高通特性的单调谐、双调谐和三调谐三种滤波器，其中三调谐的电路结构及阻抗特性曲线如图 3-12 所示。

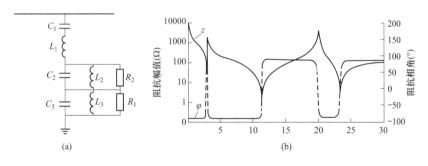

图 3-12　三调谐滤波器结构及阻抗特性曲线

（a）电路结构；（b）阻抗特性曲线

本节典型实例仿真建模中，每极装设 1 组无源直流滤波器，由 2 个双调谐支路并联（12/24 和 2/39 双调谐直流滤波器），共用一组隔离开关。如图 3-13 所示，具体参数如表 3-9 所示。

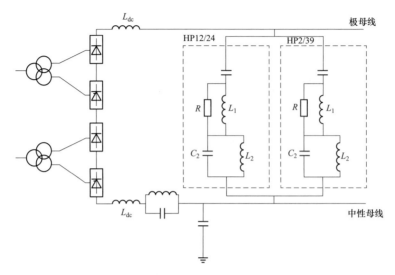

图 3-13　直流滤波器结构示意图

L_{dc}—平波电抗器

表 3-9　　　　　　　　　　换流站双调谐直流滤波器参数

元件	组合滤波器	
	支路 1(12/24)	支路 2(2/39)
总滤波器组数	4	4
调谐频率(Hz)	600/1200	100/1950
$C_1(\mu F)$	0.35	0.8
$L_1(mH)$	89.35	11.99
$C_2(\mu F)$	0.81	1.825
$L_2(mH)$	48.86	964.0
$R_1(\Omega)$	10000	5700
品质因数(电感)	100	100
电容的 $\tan\delta$	0.0002	0.0002

　　5) 直流线路和接地极线路建模。直流输电线路和接地极线路的电磁暂态模型可以采用集中参数的 π 型线路模型或者分布参数线路模型。

　　a. 集中参数线路模型。当线路长度很短，使得其上电磁波传播时间小于仿真计算步长时，或者仿真需求并不用特别精确地模拟线路暂态特性，那么在仿真计算中，可以采用集中参数的 π 型线路模型，详见本书 2.3.1 节。

　　b. 分布参数线路模型。在直流系统数模混合仿真中，为了准确模拟系统暂态特性及对两侧换流站进行解耦，均采用分布参数线路模型。

　　目前仿真中分布参数线路模型有贝杰龙模型和频率相关模型两种。

　　贝杰龙模型是一种相对简单、参数不随频率变化的固定常数线路模型，当仿真计算中只需要获得线路准确的稳态阻抗和导纳，而不需要考虑线路的暂态和谐波特性的情况下，可以采用此种分布参数模型。

频率相关线路模型使用曲线拟合线路的频率响应特性，这种时域模型表征了线路参数的完整频率相关性。若采用频率相关输电线路模型，需要线路杆塔几何结构和传输线的物理参数。

高压直流输电线路导线一般采用双极水平布置，两根地线在导线上方同样采用水平布置，如图 3-14 所示，杆塔和导线中比较重要的参数有：

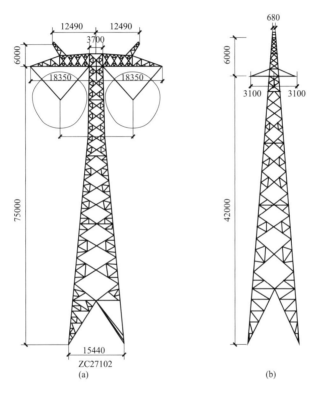

图 3-14　直流线路和接地极线路杆塔典型结构

（a）直流线路杆塔；（b）接地极线路杆塔

（a）导线悬挂高度：直流输电线路的平均对地距离。

（b）导线间水平距离：两回极线之间的水平平均距离，影响到双极之间的耦合强度。

（c）地线悬挂高度：地线对地的平均距离，部分仿真软件的需填参数是地线对导线的高度，建模时要注意。

（d）地线间水平距离：两回地线之间的水平平均距离。

（e）导线长度 l：输电线路的总长，导线和地线共用这一参数。

（f）导线电阻 R_s：导线的单位直流电阻，单位一般为 Ω/km。

（g）导线分裂数 n：一根导线的分裂数，实际工程根据电压等级和输送容量的不同，分裂数不尽相同，4 分裂到 8 分裂不等。

对于导线的外径、地线的外径、导线弧垂、地线弧垂、分裂间距等参数，这里不再赘述。直流线路电阻 R_1 的计算公式为

$$R_1 = \frac{R_s l}{n} \tag{3-3}$$

本节典型实例仿真建模中，根据工程设计参数，直流线路和接地极线路的杆塔和导线、地线参数见表 3-10。

表 3-10　　　　典型实例的直流线路和接地极线路的杆塔和导线、地线参数

项目		直流线路		接地极线路	
地线	型号	LBGJ-150-20AC		JLB20A/100（整流）	JLB20A/100（逆变）
	外径（mm）	15.75		11.4	13.00
	直流电阻（Ω/km）	0.5807		0.6741	0.6741
	水平距离（m）	25		—	—
	塔上平均悬挂高度（m）	60		22	29
导线	型号	6×JL1/G3A-1250/70	6×JL1/G2A-1250/70	JLRX/T-360/40（整流）	JNRLH60/G3A-500/65（逆变）
	外径（mm）	47.35	47.85	23.3	30.96
	直流电阻（20℃，Ω/km）	0.02291	0.02300	0.0774	0.05859
	分裂间距（mm）	500	500	450	500
	分裂数	6	6	2	2
	水平距离（m）	20	20	5.8～6.8	5～10
	塔上平均悬挂高度（m）	45	45	16.5	24
	大地平均电阻率（Ω·m）	500	500	1000	100～3000

其中，接地极线路的导线电阻计算除了要考虑分裂数，还要考虑接地极线路是两根平行架设，因此仿真模型中的实际电阻计算方式为

$$R_1 = \frac{R_s l}{2n} \tag{3-4}$$

6）中性线冲击电容器。冲击电容器在换流站的中性母线与大地之间装设，用于防止直流场入侵的陡波冲击。此外，装设该电容器的作用是为直流侧以 3 的倍次谐波为主要成分的电流提供低阻抗通道。由于换流变压器绕组等存在对地杂散电容，为直流谐波特别是较低次的直流谐波电流提供了通道，因此应针对这种谐波来确定中性点电容器的参数，一般来说，该电容器电容值的选择范围应为十几微法至数毫法，同时还应避免与接地极线路的电感在临界频率上产生并联谐振。

本节典型实例仿真建模中，中性线冲击电容器设置在每极中性线区域，整流站为 $16\mu F$，逆变站为 $15\mu F$。

7）直流场的断路器和隔离开关。实际直流换流站的断路器和开关数量较多，但并不是每个断路器或开关都需要在仿真建模中用开关元件进行模拟。为了保证仿真资源最有效的利用，在直流输电数模混合仿真中，开关元件的配置原则如下：只考虑决定直流场连接方式的重要断路器和开关，且在闭环仿真中均由直流控制保护系统提供开关指令；与断路器配套的隔离开关不考虑，如金属回线转换开关 MRTB 两侧的隔离开关、交流进线断路器的隔离开关等均不进行建模。综上，数模混合仿真需配置的开关元件包括：每个阀组均设置旁路断路器 BPS 和旁路开关 BPI，以及连接开关 AI 和 CI，每极均配置中性母线开关 NBS、线路隔离开关，两站均配置高速接地开关 NBGS，整流站配置 MRTB 和大地回线转换开关 GRTS；作为 NBS、MRTB 和 GRTS 的开关元件，应设定为具备拉断额定电流的能力。仿真建模中包含的断路器和开关如图 3-15 和表 3-11 所示。

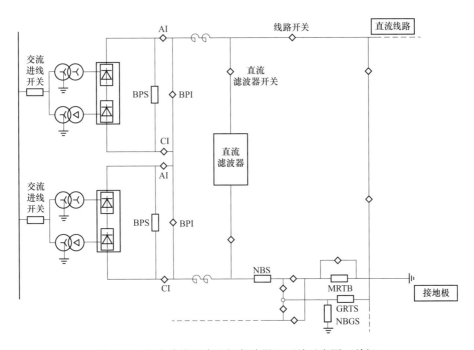

图 3-15　仿真建模的直流场断路器和开关示意图（单极）

表 3-11　　　　　　　　　　　　　**仿真建模中的断路器和开关**

区域	断路器	开关
交流	换流变压器进线开关	
交流滤波器	小组滤波器开关	
阀厅	旁路开关 BPS	旁路开关 BPI、AI、CI
极区		直流线路开关、直流滤波器开关
中性线区	中性线开关 NBS	
双极中性区	MRTB、GRTS、NBGS	接地极线路开关、金属回线开关、站内接地开关

3.1.2.2 直流输电二次接口系统仿真建模

在数字建模中，除了交直流一次系统需要建立仿真模型，还需要在仿真软件中建立模拟量和开关量信号交换的接口模型，为硬件连接定义输入输出通道，以实现仿真数据与接口装置之间的数据传输。

接口信号种类至少包括但不限于数字仿真模型向直流控制保护系统输出的信号，控制保护系统向数字仿真模型传递的用于控制的部分开关量（阀触发脉冲和分接开关升降指令）。

（1）数字仿真模型向直流控制保护系统输出的信号主要包括控制和保护程序中需要使用的模拟量和断路器、隔离开关分合位置状态信号，其中特高压直流仿真建模中需要用到的模拟量对应的测量位置如图 3-16 所示。数字模型向控制保护系统输出的模拟量（单特高压换流站）如表 3-12 所示。

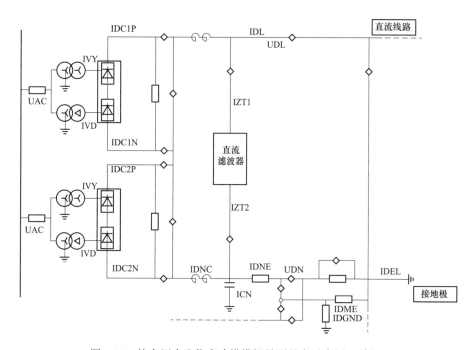

图 3-16 特高压直流仿真建模模拟量测量点示意图（单极）

表 3-12   数字模型向控制保护系统输出的模拟量（单特高压换流站）

区域	变量名	简称	通道数量	备注
交流场	换流母线电压	U_{ac}	12	每个 12 脉动换流变压器 1 组三相电压，共计 12 个通道
	YY 换流变压器阀侧电流	IVY	12	每个 YY 接线换流变压器 1 组三相电压，共计 12 个通道
	YD 换流变压器阀侧电流	IVD	12	每个 YD 接线换流变压器 1 组三相电压，共计 12 个通道

区域	变量名	简称	通道数量	备注
直流场	直流线路电压	UDL	2	每极1个，共计2个通道
	中性母线电压	UDN	2	每极1个，共计2个通道
	直流线路电流	IDL	2	每极1个，共计2个通道
	换流器高压侧电流	IDCP	4	每个换流器1个，共计4个通道
	换流器低压侧电流	IDCN	4	每个换流器1个，共计4个通道
	直流中性线电流	IDNC	2	每极1个，共计2个通道，直流滤波器靠换流器侧
	中性母线电流	IDNE	2	每极1个，共计2个通道，直流滤波器靠接地极侧
	直流滤波器高压侧电流	IZT1	2	每极1个，共计2个通道
	直流滤波器低压侧电流	IZT2	2	每极1个，共计2个通道
	中性线冲击电容器电流	ICN	2	每极1个，共计2个通道
	接地极线电流	IDEL	2	接地极线路为2回，分别为IDEL1和IDEL2
	金属回线引线电流	IDME	1	
	站内接地电流	IDGND	1	

以上模拟量均为瞬时值，仿真建模中测量瞬时值用的电压互感器和电流互感器一般使用仿真软件中自带模块库中的测量模块。

数字模型需要向控制保护系统输出的开关量包括以下两种：

1）换流变压器分接开关位置 Tap_position。一般将档位转换为2进制编码，通过6个开关量通道输出，从高位至低位对应十进制数分别为20、10、8、4、2、1；例如本节实例中整流站分接开关档位对应二次侧电压由最低到最高为+25档→-3档，则在数字模型中档位对应设置为1档→29档，其中26档对应额定档位0档，26档对应编码为100110。

2）断路器和隔离开关分合闸位置信号。包括每个12脉动换流单元对应一个交流开关，各小组交流滤波器对应一个交流开关，直流场 BPS、NBS、MRTB、GRTS 等断路器和隔离开关，具体见表3-11。

（2）控制保护系统向数字仿真模型传递的用于控制的部分开关量（阀触发脉冲和分接开关升降指令），信号如表3-13所示。

表3-13　　控制保护系统输入给数字模型的开关量信号（单特高压换流站）

变量名	符号	通道数量	备注
阀触发脉冲	FP	48	一个站共4组12脉动换流器
升换流变压器分接开关指令	Tap_up	4	每组12脉动换流变压器分接开关同步操作
降换流变压器分接开关指令	Tap_down	4	

除此以外，控制保护系统还向数字仿真模型传递的断路器和隔离开关分合指令信号，具体见表 3-11。

3.1.3 直流输电控制保护系统模型

高压直流输电系统控制保护包括直流控制保护系统、阀控系统、换流阀阀冷控制保护系统、换流变压器冷却器控制系统、站用电控制保护系统、直流线路故障测距装置、电流电压量及开关量接口装置等，高压直流输电系统一、二次设备结构示意图见图 3-17。在实际工程中，为了保证直流输电系统的稳定可靠运行，无论是特高压直流系统还是常规高压直流输电系统，其控制保护系统均采用多重化配置，包括每套控制保护系统对应的输入输出接口装置均独立配置；控制系统采用"一主一备"的冗余结构，两套控制系统互为备用。保护系统则采用"二取一"或"三取二"结构；对于在大电力系统中承担大功率输送的高压直流输电系统来说，稳定且可靠的运行是首要要求。

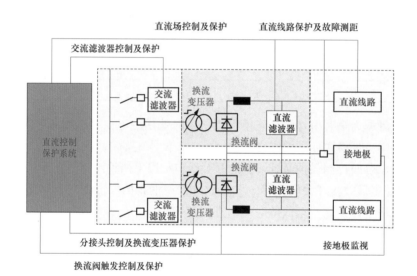

图 3-17　高压直流输电系统一、二次设备结构示意图

3.1.3.1　直流控制保护仿真系统的简化原则

对适用于大电网仿真系统的直流控制保护仿真系统来说，从经济性及适用性考虑，控制保护系统均无须多重化配置，仅需其控制特性、保护动作特性和实际直流工程控制保护特性保持一致，满足对大电网稳定性仿真研究要求。因此在确保一次设备部分，如交直流滤波器、换流变压器、换流阀、直流线路、接地极线路等参数与实际工程一致的条件下，对二次设备部分进行了最大化的简化，除为满足直流工程现场故障分析需求，针对每种技术路线控制保护仿真系统选择了一套仿真系统进行了单极的多重化配置，其余控制保护仿真系统均采用单套系统。对于阀控系统、换流阀阀冷控制保护系统、换流变压器冷却器控制系统、站用电控制保护系统、直流线路故障测距装置均不配置。电流

电压量及开关量接口装置仅采用高速数据线或光纤方式通过接口装置实现数字仿真系统与直流控制保护系统数据传输。

3.1.3.2 直流控制仿真系统分层结构

为确保直流控制保护仿真系统具有与实际工程控制保护系统一致的特性，直流控制保护仿真系统整体结构与实际直流工程控制保护保持了一致，各项控制保护功能及参数与实际工程相比保持不变。特高压及常规高压直流控制仿真系统分层结构示意图见图3-18，对于常规高压直流输电系统来说，在分层结构中仅包括极控制层，极控制层中的功能包括了双极控制层及换流器控制层的相关功能。

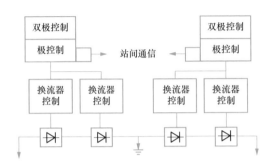

图 3-18 特高压直流控制仿真系统分层结构示意图

在接入实际直流控制保护装置的数模混合仿真中，由于换流器数字模型均为一个桥臂，仅用一个单阀进行模拟，因此一般不需要接入换流阀控制装置，仅需要极控系统或换流器控制系统将触发脉冲发送至换流器模拟即可。

极控或换流器控制级是控制直流输电一个极/换流单元的控制层次，用于控制换流器的触发相位。主要控制功能有：换流器触发相位控制、定电流控制、定关断角控制、直流电压控制；触发角、直流电压、直流电流最大值和最小值限制控制；换流器分接开关控制、无功功率控制、极/换流器层开关顺序控制以及实现换流器阀组的投/退顺序控制功能。

对于含有双极控制级的特高压直流控制保护来说，双极控制级是双极直流输电系统中同时控制两个极的控制层次。它用指令形式协调控制双极的运行，主要功能有：①根据系统控制级给定的功率指令，决定双极的功率定值；②功率传输方向的控制；③两极电流平衡控制；④换流站无功功率和交流母线电压控制等。

直流输电系统的其他辅助控制功能，如频率控制、稳定控制，都是在此基础上增设的。

（1）频率控制：检测相连交流系统频率变化，通过调节直流系统输送的功率促使交流系统频率恢复至正常范围。

（2）稳定控制：接受稳定控制装置信号提升/回降直流功率、接受稳定控制闭锁信号闭锁直流、将非正常停运信号送至稳定控制装置等。

3.1.3.3 直流控制仿真系统功能配置

直流控制保护仿真系统与实际直流工程控制保护系统相比，其控制功能配置是一致的，整流站基本控制配置主要有以下内容：

（1）最小触发角控制。在实际工程中晶闸管阀一般是由数十个乃至上百个晶闸管串联构成。如果在门极加上触发脉冲的时刻，施加在它们上面的正向电压太低，便会导致各晶闸管导通的同时性变差，对阀的均压不利。最小触发角控制就是为解决这一问题而设的。虽然在仿真系统中不存在晶闸管导通同时性变差问题，但是该控制方式涉及两站控制方式的转变，因此在仿真系统中保留该功能，控制特性与实际工程一致。

（2）直流电流控制（也称定电流控制）。直流电流控制是直流输电最基本的控制，它可以控制直流输电的稳态运行电流，并通过它来控制直流输送功率以及实现各种直流功率调制功能以改善交流系统的运行性能。

（3）直流电压控制（也称定电压控制）。按照电流裕度控制原则，整流站无须配备直流电压控制，但是为了防止在某些异常情况下，出现过高的直流电压，通常整流站仍配备有直流电压控制，主要目的是限制直流过电压。

（4）低压限流控制（VDCL）。低压限流控制是指在某些故障情况下，当发现直流电压低于某一值时，自动降低直流电流调节器的整定值，待直流电压恢复后，又自动恢复整定值的控制功能。

（5）直流功率控制（也称定功率控制）。高压直流输电系统往往需要按照预定计划输送功率。为了精确控制直流传输功率，通常采用的定功率控制方式是增加功率调节器。功率调节器不直接去控制换流器触发脉冲相位，而是以直流电流调节器为基础，通过改变其电流整定值的办法实现功率调节。

逆变站基本控制主要有以下内容：

（1）定关断角（γ角）控制。当换流器作逆变运行时，从被换相的阀电流过零算起，到该阀重新加上正向电压为止，这段时间所对应的电角度，称为关断角。关断角应该控制在一个合适的值。关断角增大，使逆变器消耗的无功功率增大。关断角减小，在运行过程中容易发生换相失败。多数直流工程的关断角定值都在 $16°\sim18°$。

（2）直流电流控制。根据电流裕度控制原则，逆变器也需装设电流调节器。不过，逆变器电流调节器的整定值比整流器小，因而在正常工况下，逆变器电流调节器不参与工作。只有当整流侧直流电压大幅度降低或逆变侧直流电压大幅度升高时，才会发生控制模式的转换，变为由整流器最小触发角控制起作用控制直流电压，逆变器定电流控制起作用控制直流电流。

（3）直流电压控制。定电压就是在直流系统实际运行过程中，对逆变侧的直流电压参考值进行控制，以确保整流侧的电压运行于额定值。

（4）低压限流控制。为了和整流侧低压限流特性相配合，保持电流裕度，逆变侧也需设置低压限流控制，且其电压、电流定值、时间常数都必须密切与整流侧配合。

对于特高压直流输电系统来说，还包括换流器阀组的在线投退控制，在特高压直流正常运行时，如果有一个换流单元发生故障，由控制系统的相关顺序控制来操作两侧的直流旁路开关和隔离开关，完成故障换流单元的隔离；同时，在发生故障的换流单元故障清除后，控制系统的顺序控制还应实现在另一个未发生故障的换流单元不停运的情况下，将清除了故障的换流单元投入运行。在上述所有的操作过程中，控制系统通过适当的控制流程，确保换流器阀组投退操作对交直流系统不会产生过大的扰动。

3.1.3.4 直流保护仿真系统功能配置

与实际直流工程保护系统相比，仿真系统中保护部分不包括交流部分，比如交流滤波器保护、换流变压器保护，仅包括换流器保护区域、极保护区域、双极保护区域以及直流线路保护区域的电气量保护。

（1）换流器保护区域。换流器保护区域主要的保护包括阀短路保护、换相失败保护、换流器差动保护、直流过流保护、交流过流保护、触发保护、电压应力保护、直流过电压保护、旁通断路器保护、旁通对过负荷保护等。换流器区域保护动作后，对于常规高压直流来说，将闭锁极，跳开换流变压器进线开关并隔离该极；对于双 12 脉动接线方式的特高压直流系统，跳开换流变压器进线开关并隔离该换流器。

（2）直流极保护区域。极保护区域主要的保护包括直流极母线差动保护、直流极差保护、直流滤波器差动保护、直流电抗器保护、线路开路试验监测、直流线路纵差保护、功率反向保护、直流谐波保护等。极区保护动作后，无论是常规单 12 脉动高压直流或双 12 脉动特高压直流，均闭锁极，跳开换流变压器的进线开关并隔离该极。

（3）直流输电线路保护区域。直流线路保护区域主要的保护包括直流线路行波保护、电压突变量保护、重启动逻辑、直流低电压保护。直流线路故障保护只在整流站有效。直流线路保护动作后，将向电流控制器发出"移相"指令，以使整流器进入完全逆变运行。通过这种控制方式确保整流站和逆变站都能向交流系统释放直流侧能量，防止整流器提供故障电流，有助于直流侧故障通道去游离。在一定的去游离时间之后，直流进行重起动，如果故障已经清除，重启动逻辑将监测直流电压的建立，并继续恢复传输功率。如果按照预先设定的重起动次数后直流线路仍然有故障，重起动逻辑保护将闭锁直流系统。

（4）直流双极保护区域。双极保护区域主要的保护包括直流中性母线差动保护、双极中性母线差动保护、站内接地过流保护、大地回线转换开关（GRTS）保护、金属回线转换开关（MRTB）保护、金属回线横差保护、金属回线纵差保护、金属回线接地故障保护、接地极线路断线保护、接地极线路过载保护、接地极线路不平衡监测等。

3.1.4 直流输电数模混合接口

完整的直流输电数模混合仿真系统需要有一个"中介"将实时数字仿真器和直流控制保护系统连接并实现数据实时互传，这个"中介"就是数模混合仿真接口装置。为了实现直流系统数模实时仿真，可以利用配置了 I/O 板卡的数模混合仿真接口装置，用于实时仿真器和直流控制保护装置的连接，包括与直流站控制屏柜、整流站极控制屏柜、整流站直流保护屏柜、逆变站极控制屏柜和逆变站直流保护屏柜的连接，从而实现直流二次控制保护的功能。

3.1.4.1　数模混合仿真接口类型

数模混合仿真接口根据传递媒介的不同，可分为电信号接口和光信号接口，电信号接口采用电缆为通信介质，光信号接口采用光纤为通信介质。

（1）电信号可分为开关量信号和模拟量信号（这里以接入直流控制保护装置的数模混合仿真系统为例）。

1）开关量信号。

a. 实时数字仿真器的开关量信号应经由电信号接口转换为 24V/11V/220V 直流信号后接入直流控制保护系统；直流控制保护系统的开出开关量 24V 直流信号经电信号接口模数转换后送入实时数字仿真器。

b. 直流工程换流阀的触发脉冲信号由直流控制保护系统送出，宜使用电信号接口（24V DC）经模数转换后送入实时数字仿真器，再送至数字阀模型。

2）模拟量信号。实时数字仿真器输出的模拟量可通过电信号接口，数模转换成小信号形式（一般为 $-10\sim+10$V），直接接入直流控制保护系统；也可根据需要，经功率放大器、远端模块箱体、合并单元处理后再接入直流控制保护系统。

（2）光信号接口可与直流控制保护系统直接相连，无需连接测量环节、合并单元或与现场一致的其他设备。传输数据的协议可参照高速串行通信协议。接口性能应满足以下两方面的要求：

1）直流控制保护系统输出至实时数字仿真器的数据与实时数字仿真器输出至直流控制保护系统的数据传输执行周期可不同，且应独立可调；一个完整数据帧的传输周期不宜大于仿真步长的 10%。

2）应满足数据传输同步性的要求。

3.1.4.2　接口数据采集、通信与处理

在数模混合实时仿真系统内部，所有信息都是以数字形式完成处理和传输的。而在真实的工程运行过程中，这些信息是连续变化的物理量。数模仿真中要接入实际控保系统进行仿真试验，将控制保护系统的逻辑和策略应用于实时仿真器中的数字电网模型，需要进行信号的转换和传送。

物理仿真系统中设备和信号的种类繁多，要把所有设备有效地连接在一起，必须解决不同设备之间的接口和通信问题。接口和通信部分有：I/O 接口（包括 A/D、D/A、DI、DO）、通信总线和计算机网络设备等。接入的信号要按总线要求转换成统一的格式。在物理仿真系统中应尽可能地采用网络通信方式。

在实时仿真器中通过对电力系统数字模型的运算，获得系统的电压、电流等各种状

态变量。这些状态变量通过仿真接口装置生成控制保护系统所需的测量变量，从而构成完整的闭环仿真生态。仿真接口装置是实现数模仿真系统的重要中间环节，它的动态特性、静态特性和时间延迟均对仿真系统的精度产生影响，应该有严格的技术指标要求。

（1）数据采集。将模拟信号经过处理器转换成控制器能识别的数字量，送入控制器，这就是数据采集。

（2）数据传输。数据通信的数据传输方式是指数据在信道上传送所采取的方式，按一次传输数据的多少可以分为串行传输和并行传输。

采用并行传输时，多个数据同时在通信设备间的多条通道上传送，并且每个数据位都有自己专用的传输通道。采用串行传输时，数据将按照顺序一位一位地在通道设备之间的一条通道上传输。串行传输与并行传输相比数据传输效率相对较低，但在远距离传输和位数较多情况下具备明显的优势。

（3）数据处理。数据处理可分为预处理和二次处理两种。预处理通常是剔除数据奇异项、去除数据趋势项、数据的数字滤波、数据的转换等。二次处理有各种数学运算，如微分、积分和傅里叶变换等。

数据处理的任务主要有以下几点：

1）对采集到的电信号做物理量解释。在数据采集系统中，被采集的物理量（电压、电流等）转换成电量，又经过信号放大、采样、量化和编码等环节之后，送入仿真系统中的控制保护系统。采集到的数据是物理意义上的电压信号，它虽然含有该物理量变化趋势的信息，由于没有明确的物理意义，不便于处理和使用，必须把它还原成原来对应的物理量。

2）消除数据中的干扰信号。在数据的采集、传输和转换过程中，由于系统内部和外部的干扰、噪声影响，或多或少会在所采集的数据中混入干扰信号，必须采用多种方法（如滤波等），最大限度的消除干扰，以保证数据采集系统的精度。

3）分析和计算数据的内在特征。通过对采集到的数据进行计算或变换（如求均值等），或在有关联的数据之间进行某些运算（如计算相关函数），从而得到能表征该数据内在特征的二次数据。

（4）接口主要问题。在实时仿真系统中设计数据采集、通信和处理子系统时，时延问题是需要特别关注的。信号的时延分为计算时延和采样传递时延两类。减小计算时延主要靠提高处理器的速度；而采样和传递时延是在设计数据采集和通信子系统时需要考虑和尽量解决的问题。

对于其他问题，如数据采集和传输的精度、数据格式的转换等，因问题比较明显，解决方案会相对简单。例如，标准的数据采集板都有量化的精度指标，只需选择相应的量化位数即可保证所需的精度。

3.1.4.3 直流输电数模混合接口方案

接入实际直流控制保护装置的数模实时仿真平台接口部分简图如图 3-19 所示。

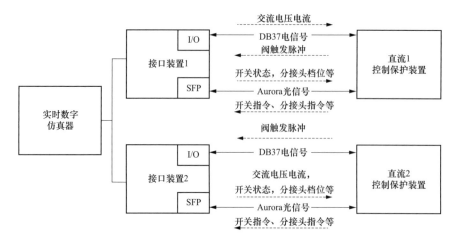

图 3-19 接入实际直流控制保护装置的数模实时仿真平台接口部分简图

实时仿真器上实时运行直流输电工程的仿真模型，并通过高速串行计算机扩展总线标准（peripheral component interconnect express，PCIE）通信适配卡可与多台实时仿真接口装置相连接，图中给出了两台接口装置作为示例，且分别连接了不同技术路线的直流控制保护装置。

接口装置 1 与直流 1 控制保护装置连接，将模型运行的交流电压、交流电流通过 I/O 接口转换为电信号传给控制保护装置，直流控制保护装置的脉冲信号同样以电信号的形式送入接口装置并转换后送入数字模型中对数字阀模型进行控制；接口装置通过小型可插式（small form pluggable，SFP）光协议将直流系统的模拟量以及开关状态、换流变压器档位等开关量传给控制保护装置，控制保护装置采集并计算后反馈控制指令信号，控制信号经接口装置给到数字模型的开关、变压器分接开关等模块上，最终实现完整的信号交互。

接口装置 2 根据所连接的直流 2 控制保护装置技术路线的差异，与接口装置 1 的配置存在区别，主要在于模型运行的交流电压、交流电流改为了通过 SFP 光协议进行传输，其余部分并无太多不同。

具体交换信号大类包括电压、电流模拟量，断路器、隔离开关开入指令，断路器、隔离开关分合位状态，分接开关档位，触发脉冲。

（1）电压、电流模拟量：根据实际系统对应的测点将电压、电流采集通过接口装置传输给控保装置；从主回路上采集的电压和电流通过相应的变比和对应的通道标识通过数模混合仿真接口装置传输给直流控保装置。

（2）断路器、隔离开关开入指令：控制保护装置将相应的断路器、隔离开关操作指令通过接口装置传输给数字模型。

（3）断路器、隔离开关分合位状态、分接开关档位：根据数字模型中断路器、隔离开关的实际分合状态通过接口装置传输给控制保护装置；从主回路上断路器、隔离开关的状态信号通过对应的通道标识经数模混合仿真接口装置传输给直流控制保护装置，分接开关档位通过解码器变为 8421 码，通过对应的通道标识经数模混合仿真接口装置传输给直流控制保护装置。

（4）触发脉冲：控制保护装置将阀的触发脉冲通过接口装置传输给数字模型；对于控制保护系统，两极的脉冲应分别送至对应阀组；双 12 脉动特高压直流工程每极的两个阀组脉冲应分别送至对应阀组；背靠背直流工程两侧脉冲应分别送至对应阀组。

需要注意的是，对于直流输电数模混合仿真来说，换流母线电压是最为重要的模拟量，直流控制保护系统通过交流电压进行锁相环计算以及生成触发脉冲等核心功能，而交流电压采样（无论是通过光纤还是通过电缆）与触发脉冲的电信号之间存在天然的非同步性。举个例子，如果控制保护系统根据其收到的整流侧交流电压按照 15° 的触发角产生触发脉冲，经过实时仿真接口装置后对数字模型中的阀进行直接触发，而由于之前说到的非同步性影响，接口装置存在的延时导致数字模型中收到触发脉冲时刻对应交流电压与控制保护系统收到的交流电压之间存在时间偏差，例如若整个回路存在 $167\mu s$ 的延时，则最终真实触发角变为了 18°，从而影响仿真的整体准确性。因此，当直流输电数模混合仿真系统闭环运转起来之后，一个重要的工作就是在直流控制保护系统中对交流电压进行相应的延时设置，以补偿非同步性引起的误差，直到数字模型中真实的触发角与控制保护系统想要实现的触发角达成一致。

3.1.5 直流输电系统数模混合仿真模型准确性验证

对于直流输电数模混合仿真模型，为确保其控制保护基本功能及响应特性与实际直流工程控制保护系统具有一致性，需要在基本控制保护功能和响应特性一致两方面进行试验验证。本节针对直流输电系统运行特点，结合直流工程现场调试试验项目，提出了针对基本控制保护功能和响应特性所需在数模混合仿真中进行的试验项目。

3.1.5.1 直流控制保护仿真系统功能性验证试验

对于直流输电系统数模混合仿真平台，考虑与实际直流输电工程控制保护系统在硬件结构上存在差别，如无实际直流工程的接口装置，需要通过控制和保护相关试验等功能性试验验证控制保护仿真装置的各项控制及保护功能是否动作正确。在控制系统基本功能验证试验上，应考虑大地回线/金属回线不同接线方式、电流控制/功率控制/双极功率控制不同控制方式及全压/降压不同的运行方式下，有功控制、无功控制、分接开关控制、阀组投/退、解闭锁顺序控制等基本控制功能与实际工程功能一致。不同区域发生故障时，本区域所配置的保护不会拒动，其他区域所配置的保护不会误动。需要对阀区保护、极区保护以及双极区域保护、直流线路保护进行全面验证。对交直流线路故障时控制系统的恢复响应特性，需进行直流线路故障及交流系统故障试验。

结合工程控制保护系统出厂试验和工程现场调试内容，数模混合仿真系统直流控制保护装置试验项目应当包括表 3-14 所示内容。

表 3-14 直流输电系统数模混合仿真模型功能性试验内容

序号	控制试验	保护试验
1	顺序控制与联锁试验	阀区保护试验
2	空载加压试验	极区保护试验
3	直流系统外特性	双极区保护试验
4	有功控制试验	直流线路保护试验
5	无功控制试验	交流系统故障试验
6	解闭锁顺序控制试验	—
7	分接开关控制试验	—
8	阀组投退试验	—
9	附加控制试验	—

3.1.5.2 直流控制保护仿真系统一致性验证试验

在确保直流控制保护仿真系统功能性试验满足要求的前提下，需对直流输电系统数模混合仿真模型与实际系统的一致性进行验证。一致性试验主要考虑直流控制系统的响应特性以及故障发生时直流控制系统的恢复特性。采用电流指令阶跃试验来验证直流控制系统的响应特性，交流系统瞬时故障及直流线路瞬时故障来验证直流的故障后恢复特性。以某特高压直流输电工程为例，针对同样的交流系统条件，在仿真模型上模拟与现场一致的运行工况，通过电流控制时电流阶跃试验、交流侧单相接地试验和直流侧单极接地试验进行一致性对比。

电流指令阶跃试验的响应时间及超调量是反映直流控制系统响应特性的关键参数。某实际直流工程电流指令阶跃试验波形与直流控制保护仿真系统电流指令阶跃试验波形对比图见图 3-20。

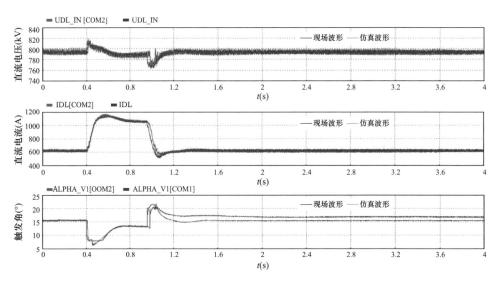

图 3-20 某实际直流工程电流指令阶跃试验波形与直流控制保护仿真系统电流指令阶跃试验波形对比图

对比电流指令阶跃试验实际工程波形与仿真波形，在响应时间及超调量两个对比参数上都有很好的一致性，从而证明直流控制保护仿真系统在响应特性上与实际工程所用控制保护系统具有一致性。

交流线路单相接地故障试验时，直流系统的恢复响应时间是反映直流控制系统响应特性的另一重要参数。某实际直流工程逆变侧某回交流线路 B 相进行人工接地故障试验波形与直流控制保护仿真系统交流系统 B 相接地故障试验波形对比图见图 3-21。

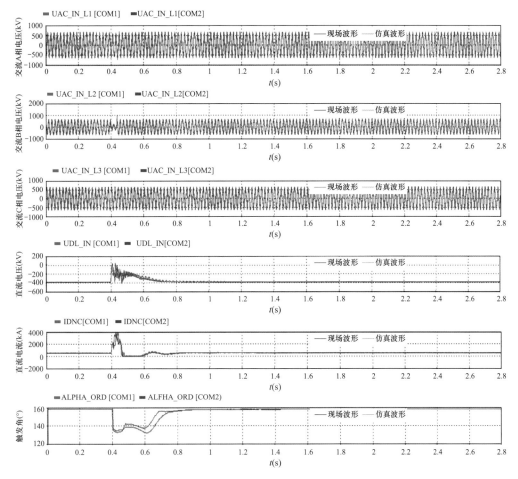

图 3-21　某实际直流工程逆变侧某回交流线路 B 相进行人工接地故障试验波形
与直流控制保护仿真系统交流系统 B 相接地故障对比图

直流线路接地故障时，直流系统的恢复响应时间是反映直流控制系统响应特性的另一重要指标。某实际直流工程靠近整流站侧直流线路进行人工接地故障试验波形与直流控制保护仿真系统靠近整流侧直流线路接地故障试验波形对比图见图 3-22。

对比交直流接地瞬时故障试验的实际工程波形与控制保护仿真系统波形，在故障过程中暂态电压和电流以及故障消除后直流系统的恢复响应时间两方面对比都有很好的一致性，从而证明直流控制保护仿真系统在控制特性及恢复特性上与实际工程所用控制保护系统具有一致性。

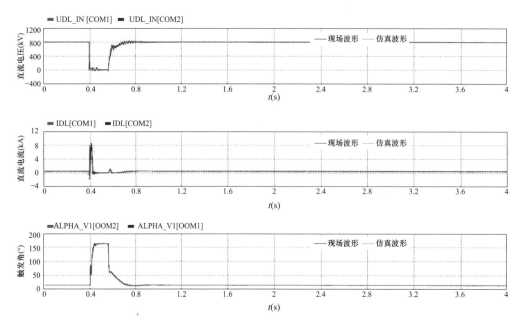

图 3-22 某实际直流工程靠近整流站侧直流线路进行人工接地故障试验波形与
直流控制保护仿真系统靠近整流侧直流线路接地故障试验波形对比图

通过对控制保护仿真系统进行的有功控制、无功控制、外特性试验、阀区保护试验、极区保护试验、直流线路故障试验等基本功能验证试验，以及电流阶跃试验、交流系统单相接地故障试验，直流线路接地故障试验等一致性验证试验，能够充分验证含实际直流控制保护装置的直流输电数模混合仿真系统的准确性。

3.2　MMC-VSC 直流输电系统数模混合仿真建模

2001 年，德国慕尼黑联邦国防大学提出了基于模块化多电平换流器（modular multilevel converter，MMC）的柔性直流输电系统电路拓扑。基于 MMC 的柔性直流输电作为新一代输电技术，是目前世界上可控性最高、适应性最好的输电技术，可用于大规模新能源高效接纳、大型城市和海岛等区域输电网络和高效输配电网络的构建。其优势在于：大大减少换流站数量；换流站可以单独传输功率，可灵活切换传输状态；拥有冗余，可靠性高，可以促进大规模新能源并网、海上孤岛供电、城市负荷中心供电和微电网供电等新技术的发展；多端柔性直流电网甚至可以将包含多个电压等级和各种电源接入，形成连接全球新能源基地至负荷中心的高效能源配置系统。

3.2.1　柔性直流输电系统简介

3.2.1.1　基本原理

基于 MMC 的柔性直流输电系统电路拓扑如图 3-23 所示。每个 MMC 由三相六桥臂构成，每个桥臂的结构如图 3-24（a）所示，由多个子模块（submodule，SM）与一个桥臂电感串联组成。MMC 常见的子模块类型有半桥型子模块、全桥型子模块和箝位双子模块，如图 3-24(b) 所示。MMC 正常运行过程中，通过控制子模块中的 IGBT，可以使每个子模块输出正电平、零电平（特殊情况下全桥模块还可以输出负电平），从而在交流侧输出阶梯波来逼近正弦波。

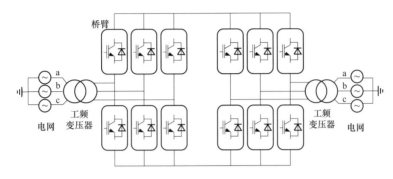

图 3-23　基于 MMC 的柔性直流输电系统电路拓扑图

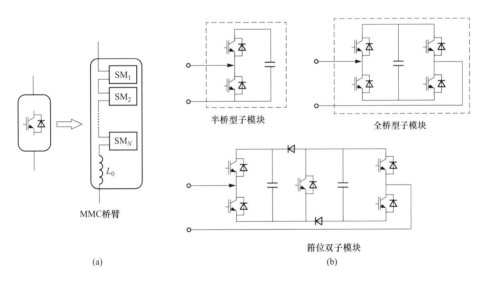

(a)　　　　　　　　　　　　　　　(b)

图 3-24　MMC 桥臂以及子模块的结构

（a）MMC 桥臂结构；（b）典型的 MMC 子模块

　　不同子模块类型的 MMC 建模思路是一致的，本文以半桥型 MMC 为例展开介绍，其电路拓扑如图 3-25 所示，由三相六桥臂组成。每个桥臂由 N 个串联的子模块和一个桥臂电感 L_0 串联而成。每个子模块包括两只 IGBT（T1，T2），两只反并联二极管（D1，D2）以及一个电容器（C_0）构成。当 T1 导通，T2 关断时，称子模块处于投入状态；当 T1 关断，T2 导通时，称子模块处于切除状态。为了提高 MMC 的可靠性，通常为每个桥臂设置一定数量的冗余子模块，记冗余子模块数为 N_{fN}，MMC 的冗余度为 $N_{fN}/(N-N_{fN})$。

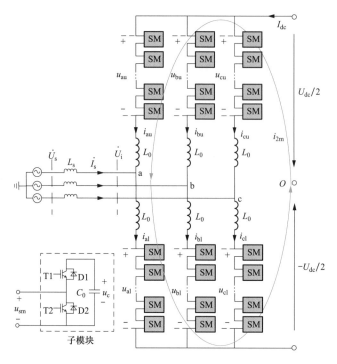

图 3-25　MMC 电路拓扑示意图

　　假设图 3-27 所示的 MMC 的视在功率为 S，交流电网的相电压为 $U_s\angle 0$，MMC 交流侧输出电压为 $U_i\angle\varphi$，网侧相电流为 $I_s\angle\varphi$，功率因数为 $\cos\varphi$，调制比为 m。当 MMC 正常稳态运行时，由于三相结构对称，以 A 相为例，假设上、下所有子模块均完全相同，电容电压均衡分布且为额定值 u_{smN}，则为了维持直流电压 U_{dc} 恒定，要求上、下桥臂投入的总模块数恒为 $(N-N_f)$，且满足 $U_{dc}=(N-N_f)u_{smN}=u_{au}+u_{al}$。通过将投入的了模块数在上、下桥臂之间进行分配从而实现对 MMC 交流侧输出电压的调节。上、下桥臂输出电压为

$$\begin{cases} u_{au}=\dfrac{U_{dc}}{2}-U_i\sin(\omega t+\varphi)=\dfrac{U_{dc}}{2}[1-m\sin(\omega t+\varphi)] \\ u_{al}=\dfrac{U_{dc}}{2}+U_i\sin(\omega t+\varphi)=\dfrac{U_{dc}}{2}[1+m\sin(\omega t+\varphi)] \end{cases}$$

(3-5)

　　直流母线电流 I_{dc} 在三相中平均分配，每相中的直流电流分量为 $I_{dc}/3$。由于上、下桥臂电感 L_0 相等，网侧相电流 $I_s\angle\varphi$ 在上、下两个桥臂间均分。上、下桥臂电流可以表示为

$$\begin{cases} i_{au}=\dfrac{I_{dc}}{3}-\dfrac{\sqrt{2}}{2}I_s\sin(\omega t+\varphi) \\ i_{al}=\dfrac{I_{dc}}{3}+\dfrac{\sqrt{2}}{2}I_s\sin(\omega t+\varphi) \end{cases}$$

(3-6)

　　电网发出的有功功率 P 和无功功率 Q 可以表示为

$$\begin{cases} P = S\cos\varphi = \dfrac{3U_\mathrm{s}U_\mathrm{i}\sin\varphi}{X} \\ Q = S\sin\varphi = \dfrac{3U_\mathrm{s}(U_\mathrm{s} - U_\mathrm{i}\cos\varphi)}{X} \end{cases} \tag{3-7}$$

其中，交流电网等效阻抗 $X = wL_\mathrm{s}$。因此，MMC 交流输出电压 $U_\mathrm{i}\angle\varphi$ 可以表示为

$$\begin{cases} U_\mathrm{i} = \sqrt{(PX)^2 + (3U_\mathrm{s}^2 - QX)^2}/(3U_\mathrm{s}) \\ \varphi = \arctan[PX/(3U_\mathrm{s}^2 - QX)] \end{cases} \tag{3-8}$$

在 MMC 实际运行过程中，由于在均压算法下子模块电容电压在额定值附近波动，使得 MMC 各相上、下桥臂的瞬时电压之和彼此不一致，从而在桥臂电感上产生压降，在三相桥臂间形成二倍频负序分量为主的环流 $i_{2\mathrm{m}}$，其幅值 $I_{2\mathrm{m}}$ 和相位 δ 可根据实际需要通过环流控制器进行调节[18]。

3.2.1.2 控制保护系统

柔性直流输电系统的控制保护系统采用的是多重化分层构架，如图 3-26 所示，包括操作员层、极控制保护系统、换流阀控制保护系统以及阀基控制保护系统，直流控制器

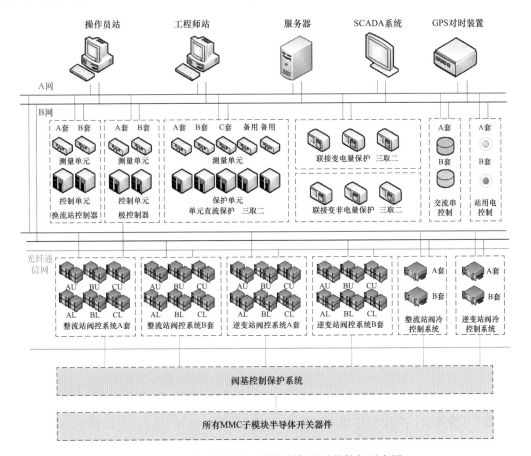

图 3-26 柔性直流输电系统控制保护系统构架示意图

均采用 AB 套双重化设计，直流保护系统采用 ABC 套三重化设计，按照"三取二"逻辑执行逻辑判断。

（1）操作员层。柔性直流输电换流站运行人员通过操作员站下达系统运行指令，并通过 SCADA 系统监控系统运行状态。维护人员通过工程师站维护和升级软件程序。

（2）极控制保护系统。柔性直流输电系统极控制保护系统主要包括测量系统、换流站控制器、极控制器、直流单元保护系统、连接变保护系统、交流串控制系统以及站用电控制系统。

通过测量单元采集柔性直流系统控制和保护装置所需要的各类变量，分别传送到操作员层和控制保护装置。换流站控制器负责协调不同极之间的控制器，向各极换流器传达电网控制指令，并控制交流串的运行状态。极控制系统中，对换流站极内的换流器、开关、充电电阻、变压器等运行等进行顺序控制，并对换流器的有功功率、无功功率、电压、电流等物理量的实时闭环控制，以满足系统控制的要求。

（3）阀控制保护系统。阀控制保护主要采用调制算法、均压算法实现换流阀（多个功率模块）的开关触发、保护、状态监测等功能。阀控制保护系统接收极控制保护系统下发的调制波，并实现环流抑制算法，通常采用最近电平逼近调制方法生成 MMC 各桥臂在每个控制周期的导通模块数。为保证桥臂所有子模块电容电压均衡，通常采用基于排序的均压算法，在充电阶段优先投入电压较低的子模块，放电阶段优先投入电压较高的子模块。在高压大功率柔性直流输电应用场合，MMC 每个桥臂的子模块数目庞大，以渝鄂背靠背柔性直流输电工程南通道整流侧换流器为例，每个桥臂的子模块为 540 个，需要在一个计算步长（通常为 $50\mu s$）内完成桥臂所有子模块电容电压排序，并根据均压算法确定每个子模块的投切指令。此外，阀控制保护系统需要实时监测所有子模块的状态，一旦出现异常能够迅速响应（响应时间通常为 $10\mu s$），正确处理故障。庞大的数据处理需求对微处理器的计算能力、算法设计以及通信速率提出了很高的要求，目前工程上通常需要采用现场可编程逻辑门阵列（field programmable gate array，FPGA）实现 MMC 的均压算法和子模块快速保护功能，采用高速光纤实现海量数据高速通信。

（4）阀基控制保护系统。阀基控制保护系统的对象是功率子模块，主要负责功率模块内部的 IGBT 触发控制、状态监测、保护，与阀控系统的通信以及功率模块冷却控制等功能。

3.2.2 柔性直流输电系统数模混合仿真模型架构

柔性直流输电系统数模混合实时仿真总体框架为一次部分采用数字模型，二次部分采用物理控制装置，数字模型和物理控制装置采用接口装置联接，其构建难点在于：

（1）大规模半导体开关器件仿真计算量庞大。柔性直流输电系统子模块以及半导体开关器件数量庞大，要实现精确实时仿真对模型构架、算法设计以及计算单元硬件设计有极高要求。半导体开关器件在电磁暂态仿真中通常需要根据器件开关状态切换电路的节点导纳矩阵，相比较恒导纳参数的元器件，计算收敛的迭代次数翻倍。在实时仿真中，如何解决大规模半导体开关器件带来的庞大计算量问题，是柔性直流输电系统数模混合实时仿真必须要考虑的难题。

(2) 控制保护系统结构和功能复杂。柔性直流输电的控制保护系统包括操作员级、三级控制保护系统以及二次测量系统。柔性直流输电系统必须精确地控制保护每一个子模块内的半导体开关器件、直流电容、断路器、晶闸管等器件。因此，在阀控制保护系统和阀基控制保护系统中要实现海量数据传输与处理，实现每个MMC桥臂以及子模块的控制与保护逻辑等复杂的功能，对柔性直流输电数模混合仿真系统的通信稳定性、数据处理能力提出了巨大的挑战。此外，这两部分系统所需的屏柜数量多，提高了仿真系统的造价和场地要求。

(3) 柔性直流输电系统仿真精度要求高。MMC子模块所用的IGBT和二极管等半导体开关器件的动作响应时间通常为几微秒，为了精确模拟MMC子模块在开关时刻的响应，必须采用纳秒级小步长进行仿真计算。相比于传统LCC-HVDC，柔性直流控保系统要在微秒级对每个子模块进行精确控制，工程上通常极控制系统和阀控制采用不大于50μs的计算步长，MMC子模块的控制步长为不大于10μs。

基于多步长仿真多仿真器联合仿真的柔性直流输电系统数模混合仿真模型可以解决上述难点，其总体构架如图3-27所示，包括一次系统、控保系统和接口部分三部分。交流场区一次电路、换流变压器、充电回路、换流阀桥臂一次等效电路、直流场一次电路以及其他一次设备通常采用50μs步长在CPU仿真器中运行。MMC子模块依托FPGA仿真器实时接收阀控系统的开关器件触发指令，采用纳秒级步长进行仿真计算。极控制保护装置通过基于FPGA的接口装置与CPU仿真器中运行的一次系统模型通信，通信

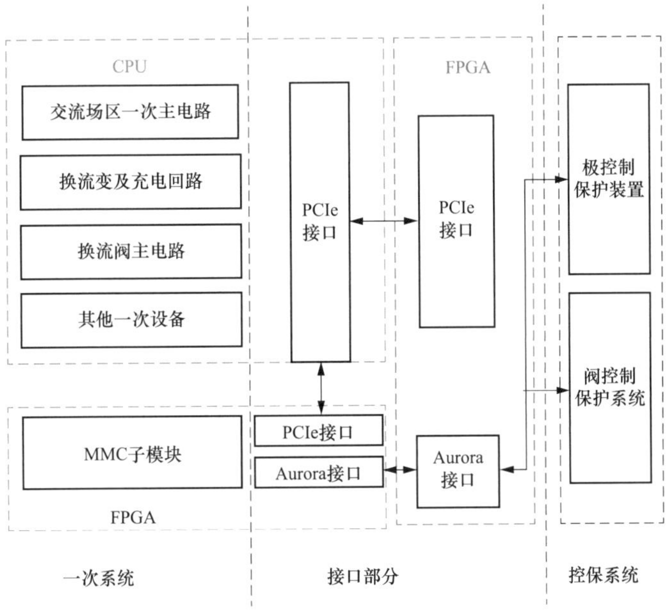

图3-27 柔性直流输电系统数模混合仿真模型总体构架

接口采用标准 PCIe 接口，通信周期为一个 CPU 仿真计算步长。基于 FPGA 的 MMC 子模块模型与一次系统模型的交互数据同样采用标准 PCIe 接口。阀控系统与基于 FPGA 的 MMC 子模块模型采用 Aurora 高速光纤接口协议通信，以几十微秒级步长与 MMC 子模块交互数据。

3.2.3 柔性直流输电一次系统模型

柔性直流输电一次系统是电能传输和变化的载体，从电能特性上以 MMC 为界可以分为交流侧系统和直流侧系统两大部分，典型的柔性直流换流站一次系统结构图如图 3-28 所示。在构建数模混合仿真模型的过程中，与电能传输、变换以及保护相关的关键一次设备均应详细建模，除此之外的其他设备，如接地开关，隔离开关、冷却设备可以根据研究需要或仿真资源限制进行简化。

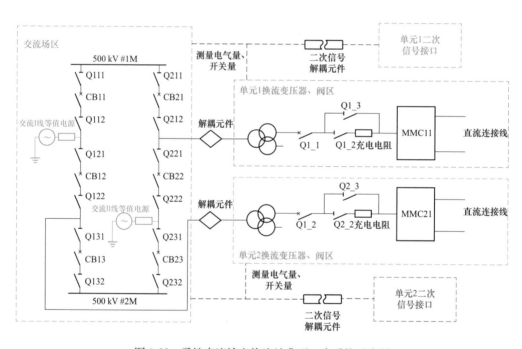

图 3-28　柔性直流输电换流站典型一次系统示意图

3.2.3.1 交流侧建模

柔性直流输电交流侧系统主要包括交流场区和换流变压器区。

交流场区是柔性直流输电系统与交流电网的纽带，建模时需要重点考虑接线方式、交流断路器、隔离开关、交流母线以及交流电网 5 个方面。仿真模型中交流场区的接线方式通常按照工程现场搭建，以满足仿真不同运行方式的要求，以图 3-28 为例，交流场区采用两个 3/2 接线并联的方式，通过两回交流进线接入两个 MMC 单元，通过控制中断路器（CB12、CB22）和边断路器（CB11、CB21、CB13、CB23）可以实现两个 MMC

分列运行和合环运行仿真。交流断路器模型忽略分合过程的灭弧过程，考虑到断路器分断时刻对暂态过程以及保护特性的影响，需要根据现场断路器参数设置开关容量以及合理的开关延时。隔离开关对系统暂稳态过程影响较小，当仿真资源有限的情况下可以忽略。对于交流母线，目前仿真中通常忽略杂散电容采用理想导线建模。对于交流电网模型，目前主要有含有短路阻抗的等值电源模型以及详细的交流电网模型。含有短路阻抗的等值电源模型将交流电网等效为电压源或受控电流源，为柔性直流系统提供交流电压或电流，适用于柔性直流输电系统成套设计以及本体特性研究。详细交流电网模型通常指包含发电机、不同电压等级变压器、输电线路、负荷以及无功补偿设备等的电网仿真模型，相比含有短路阻抗的等值电源模型，能更加精确地仿真交流电网的暂稳态特性，适用于柔性直流输电系统与交流电网耦合特性研究的应用场合。

换流变压器区是柔性直流输电系统交流功率传输通道，主要一次设备包括换流变压器、换流阀充电回路、避雷器以及变压器阀侧和网侧断路器。为了保证仿真模型的准确度，变压器的绕组接线方式、中性点接地方式以及充电回路电阻和开关的配置等，均与实际工程现场保持一致。

3.2.3.2 直流侧建模

柔性直流输电直流侧系统主要包括 MMC、直流断路器、平波电抗器、直流线路、直流充电电阻以及避雷器等设备。MMC 作为柔性直流输电系统交直流电能变换的核心装备，是仿真建模的关键部分。直流断路器、平波电抗器、直流线路以及直流充电电阻通常用于柔性直流电网或基于架空线路的柔性直流远距离输电系统的仿真建模中。鉴于平波电抗器、直流线路、直流充电电阻以及避雷器等设备的仿真建模在其他章节有所涉及，本节重点介绍 MMC 和直流断路器的建模方法。

（1）MMC 仿真建模。基于不同子模块类型的 MMC 拓扑如图 3-26 和图 3-27 所示。基于半桥型和全桥型子模块的 MMC 是目前工程应用的主流拓扑，这两类 MMC 的建模原理和实现方法类似。本书以半桥型 MMC 为例展开介绍。

目前，MMC 的电磁暂态仿真建模方法主要可以分为详细子模块模型、子模块平均值模型、桥臂平均值模型、动态相量模型以及解析模型。上述方法的建模思路、关注的动态过程以及计算效率如表 3-15 所示。MMC 详细子模块模型通过搭建基于半导体开关器件的子模块模型，能够准确地仿真器件级的动态过程。然而，半桥型 MMC 子模块至少需要 3 个电气节点，如图 3-29 所示，以国内某工程单换流器为例，每个桥臂 540 个子模块，6 个桥臂至少包含 9720 个电气节点。如此多节点的仿真模型对任何一款电磁暂态仿真工具的仿真速度都提出了巨大的挑战，在实时仿真中情况更甚。子模块平均值模型通过对子模块的戴维南等值能够准确描述桥臂内部所有子模块平均电压的响应特性以及桥臂环流特性。桥臂平均值模型、动态相量模型以及解析模型更加关注系统级的响应特性，不能反映桥臂环流特性，无法开展阀控环流抑制策略的相关研究。

表 3-15   **MMC 电磁暂态建模方法总结**

	建模思路	关注的动态过程	效率
详细开关器件模型	基于半导体开关器件搭建子模块详细模型	子模块内部开关器件级的动态	很低
子模块平均值模型	对桥臂子模块进行戴维南等值建模	MMC 与交流电网的系统级动态；桥臂内部动态	效率一般
桥臂平均值模型	对桥臂整体进行戴维南等值建模	MMC 与交流电网的系统级动态；桥臂内认为电容电压平衡	很高
动态相量模型	根据状态空间动态相量方程建模	常规系统级动态；不能仿真直流故障	非常高
解析模型	根据稳态方程或连续型动态方程建模	系统级动态和稳态以及系统级参数设计	最高

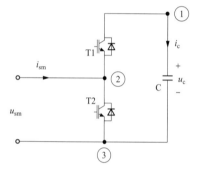

图 3-29 半桥型 MMC 的电气节点图

在柔性直流输电系统实时仿真中，需要关注桥臂内部动态过程。因此，通常采用子模块平均值模型和详细开关器件搭建 MMC 模型。但是，二者的适用范围有所不同，基于子模块平均值模型的 MMC 通常用于柔性直流输电系统与交流系统耦合特性研究，基于详细开关器件的 MMC 更加贴近工程实际，可用于柔性直流输电系统成套设计以及控制保护系统装置测试等领域。基于子模块平均值模型和基于详细开关器件的 MMC 实时仿真建模方法如下。

1）子模块平均值 MMC 模型。以半桥型子模块为例，如图 3-29 所示，电容值为 C，流入电容电流记为 $i_c(t)$，电容电压记为 $u_c(t)$，

由图 3-30 可知，电容的微分方程为

$$i_c(t) = C \frac{\mathrm{d}u_c(t)}{\mathrm{d}t} \tag{3-9}$$

变换为关于电容电压的差分方程为

$$u_c(t) = i_c(t) \frac{\Delta t}{2C} + i_c(t - \Delta t) \frac{\Delta t}{2C} + u_c(t - \Delta t) \tag{3-10}$$

其中，Δt 为计算步长。将上式分为两个部分，电容视为电压源 U_c 和电阻 R_c 串联，其中电压源的电压值与上一个仿真步长的信息有关，即

$$u_c(t) = i_c(t)R_c + U_c \tag{3-11}$$

其中，

$$R_c(t) = \frac{\Delta t}{2C} \tag{3-12}$$

$$U_c = i_c(t - \Delta t) \frac{\Delta t}{2C} + u_c(t - \Delta t) \tag{3-13}$$

因此，半桥型子模块的新结构如图 3-30 所示，含有反并联二极管的两只 IGBT 分别

用电阻 R_1 和 R_2 表示，其中 R_1 和 R_2 的值与开关器件的开通关断状态有关，通常开关器件处于开通状态时等效电阻为 $10^{-3}\,\Omega$，关断状态时为 $10^6\,\Omega$。

半桥型 MMC 的戴维南等效电路如图 3-31 所示。

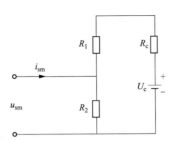

图 3-30 半桥型 MMC 的电压源
等效示意图

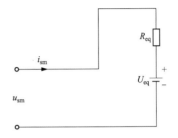

图 3-31 半桥型 MMC 的戴维南
等效电路

子模块戴维南等效电压 U_{eq} 和等效电阻 R_{eq} 分别为

$$U_{eq}(t) = \frac{R_2}{R_1 + R_2 + R_c} U_c \tag{3-14}$$

$$R_{eq}(t) = R_2 \left(1 - \frac{R_2}{R_1 + R_2 + R_c} \right) \tag{3-15}$$

因此，MMC 单个桥臂所有子模块的等效戴维南电路如图 3-32 所示，每个桥臂的电气节点数减小到了 2 个，极大地降低了 MMC 运算量。

该模型在每个计算步长中通过计算桥臂电流对导通子模块的充放电特性，结合当前的导通模块数，通过桥臂能量变化折算出整个桥臂戴维南等效电压和等效电阻值，能够精确反映每个子模块的特性以及桥臂的暂稳态特性，但无法准确反映桥臂零状态充电以及闭锁后桥臂续流特性。

柔性直流输电数模混合仿真模型中，MMC 模型需要和极控装置连接实现全过程仿真，采用受控电压源与二极管串联的阀桥臂模型能够实现 MMC 的充电功能和闭锁后桥臂续流特性，如图 3-33 所示，左支路为充电支路，右支路为放电支路。

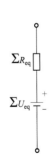

图 3-32 半桥型 MMC 桥臂所有
子模块的戴维南等效电路模型

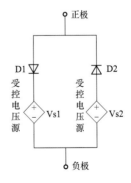

图 3-33 具有充电功能 MMC 单个
桥臂等效电路示意图

其中，充电支路受控电压源输入电压 U_{s1} 和放电支路受控电压源输入电压 U_{s2} 的计算公式为

$$U_{s1} = (N_{in} + N_{blk})(U_{eq\_ave} + R_{eq\_ave}i) \tag{3-16}$$

$$U_{s2} = N_{in}(U_{eq\_ave} + R_{eq\_ave}i) \tag{3-17}$$

式中：U_{eq_ave} 为子模块平均电容电压；R_{eq_ave} 为子模块电容等效电阻；i 为桥臂电流；N_{in} 为桥臂导通模块数；N_{blk} 为桥臂闭锁模块数。

2）基于详细开关器件的 MMC 模型。基于详细开关器件的 MMC 模型是包括 MMC 子模块模型以及 MMC 桥臂模型的多速率仿真。由于 MMC 子模块数量庞大，要实现实时计算，必须通过使用基于 FPGA 的外部设备在高速时钟下（即 5ns 或 10ns）采用小步长 T_{FPGA}（通常为 500ns）并行仿真 MMC 子模块。MMC 桥臂等效模型如图 3-34（a）所示，在并行计算机的 CPU 上进行解算，步长 T_{CPU} 通常为 $50\mu s$。

MMC 桥臂模型的左支路与二极管串联的受控电压源 Vs1 输出的电压为

$$U_{Vs1} = \sum_{i=0}^{N_{in}} u_{sm\_insert\_i} + \sum_{j=0}^{N_{block}} u_{sm\_block\_j} \tag{3-18}$$

右支路与二极管串联的受控电压源 Vs2 输出的电压为

$$U_{Vs2} = \sum_{i=0}^{N_{in}} u_{sm\_insert\_i} \tag{3-19}$$

式中：$u_{sm\_insert\_i}$ 为处于投入状态的子模块输出电压；$u_{sm\_block\_j}$ 为处于闭锁状态的子模块输出电压；N_{in} 为投入状态的子模块数；N_{block} 为处于闭锁状态的子模块数。

MMC 子模块采用全桥型拓扑，如图 3-34（b）所示，包含四只半导体开关器件、子模块电容及并联均压电阻和一个旁路开关。当子模块为半桥型时，将 g3 管闭锁，g4 管导通，通过控制 g1 管和 g2 管的导通和关断调制子模块输出电压 u_{sm}。当子模块发生故障时，闭合旁路开关 K1 将子模块旁路且 $u_{sm}=0$。

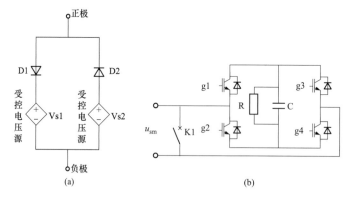

图 3-34　MMC 桥臂等效仿真模型以及子模块拓扑

（a）MMC 桥臂等效电路模型；（b）子模块拓扑

基于详细开关器件的 MMC 小步长模型的硬件架构如图 3-35 所示。CPU 和 FPGA

通过标准 PCIe 协议进行数据交换，通信周期为一个 CPU 计算步长。阀体电流从 CPU 系统模型发送到 FPGA 中的阀体模型，而等效的阀体电压信号 U_{Vs1} 和 U_{Vs2} 则从 FPGA 送回 CPU。阀体电流从大采样步长系统发到一个小采样步长系统。由于桥臂电感的存在，桥臂电流的数值是逐渐变化的，则桥臂电流的瞬时值在同步时刻被送去 FPGA 且在一个 CPU 步长内保持定值直到下一个同步时刻到来。

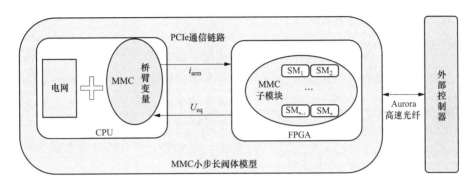

图 3-35　基于 FPGA+CPU 的多速率并行计算 MMC 阀体的架构

对于下一个同步瞬间的电容电压，是使用 Forward Euler 公式计算在小步长 T_{FPGA} 下，在剩下的一个 CPU 步长内，电容充电电流维持恒定。在式（3-20）中，r 是 T_{CPU} 相对于 T_{FPGA} 的积分比，即每个 CPU 步长中包含着大量 FPGA 步长。相比较在 CPU 中的计算，在 FPGA 中计算电容电压允许开关状态的计算应用在更小的采样时间步长下。因此，小于 CPU 步长的开关切换时间也被考虑在解算当中。而且电容电压在 CPU 步长内的缓慢变化引起的放电电流也被考虑到解算当中。故在 FPGA 的仿真结果比 CPU 中拥有更高的精度。

$$
\begin{aligned}
U_{\mathrm{c}}(t+T_{\mathrm{CPU}}) &= U_{\mathrm{c}}(t+rT_{\mathrm{FPGA}}) \\
&= U_{\mathrm{c}}(t) + \frac{T_{\mathrm{FPGA}}}{C} \sum_{j=0}^{r-1} \left[k(t+\mathrm{j}T_{\mathrm{FPGA}})i(t) - \frac{U_{\mathrm{c}}(t+\mathrm{j}T_{\mathrm{FPGA}})}{R_{\mathrm{disc}}} \right]
\end{aligned}
$$

$$(3\text{-}20)$$

$$
U_{\mathrm{c}}(t+T_{\mathrm{CPU}}) = U_{\mathrm{c}}(t) + \frac{T_{\mathrm{CPU}}}{C} \left[k(t)i(t) - \frac{\sum_{j=0}^{r-1} U_{\mathrm{c}}(t+\mathrm{j}T_{\mathrm{FPGA}})}{rR_{\mathrm{disc}}} \right] \qquad (3\text{-}21)
$$

如果阀控信号的频率降低到 T_{CPU}，相当于公式（3-20）简化到式（3-21）。如果放电电流的变化在 CPU 时间步长内可以忽略不计，得出的结果与用 Forward Euler 方法在 CPU 步长的结果一致。

等效的 MMC 阀体电压从小步长采样系统送入大步长采样系统。由于开关状态可能会在 CPU 步长中间改变，在 CPU 步长中的电容电压可能会出现阶跃变化的特征。为了提高精度，采用在 FPGA 中计算一个 CPU 步长的电容电压均值发送到 CPU 模型中，如图 3-36 所示。

（2）直流断路器建模。直流断路器集成了电力电子开关、快速机械开关、变压器、

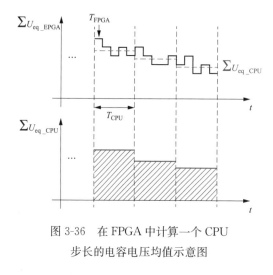

图 3-36　在 FPGA 中计算一个 CPU
步长的电容电压均值示意图

避雷器、控制保护等众多设备。直流电网仿真中，采用 IGBT、二极管、可控开关、变压器、避雷器等元件模型，按照直流断路器的拓扑结构，可构建混合式、负压耦合式以及机械式等不同技术路线的直流断路器模型。唯一不同的是，实际直流断路器设备中，受单个电力电子开关耐压和通流水平限制，一个支路由若干个电力电子开关串并联组成。仿真建模中，为了提高计算效率，由若干个电力电子开关串并联组成的开关仅采用 1 个电力电子开关模拟，电力电子开关的导通电阻、正向压降

等参数则根据开关实际串并联数量折算而成。

　　以混合式直流断路器拓扑为例，主要由主支路、转移支路和耗能支路三个部分组成，如图 3-37 所示。主支路包括快速机械开关和少量器件串联的电力电子开关，承受线路电流，运行损耗低。转移支路由多个电力电子开关子单元串联而成，包括大规模二极管阀组、IGBT 阀组，构成桥式整流拓扑结构，实现故障电流的双向分断。耗能支路由多个避雷器串并联组成，抑制开断过电压，吸收系统故障能量。另外直流断路器主支路、转移支路需要配置供能系统实现对其进行供能，还需要配置控制保护系统。

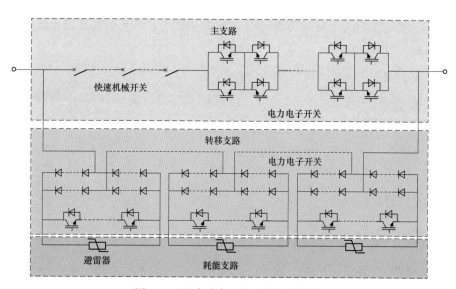

图 3-37　混合式高压直流断路器拓扑

　　直流断路器的主支路电力电子开关通常采用矩阵式直串式结构，具有拓扑简单、节省器件、易于安装维护等优点，由若干 IGBT 正反向串联构成，并由 IGBT 和二极管实

现双向通流，如图 3-38 所示。每个方向上 IGBT 的串联数由断态下电压耐受要求决定，IGBT 同向并联数量由通态下电流耐受要求决定。

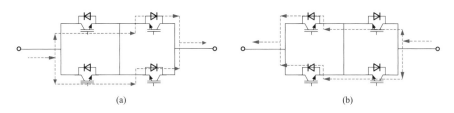

图 3-38　主支路电力电子开关工作原理

（a）电流方向从左至右；（b）电流方向从右至左

　　转移支路主要用于在断路器分、合过程中转移直流电流，由大规模大功率半导体组件串、并联构成，依靠半导体组件实现直流系统电流的开断和关合，通过半导体组大规模串联实现直流断路器分断过电压的耐受。转移支路电力电子开关通常分为若干串联的子单元，每个子单元与一段耗能支路 MOV 并联，以实现均压和过电压限制。转移支路电力电子开关子单元通常采用 H 桥结构实现双向通流，H 桥结构子单元的拓扑如图 3-39 示。IGBT 串并联连接后整体置于 H 桥内部，IGBT 的串并联数量由子单元耐压和通流要求决定，每个 IGBT 和二极管配置有 RCD 均压电路。

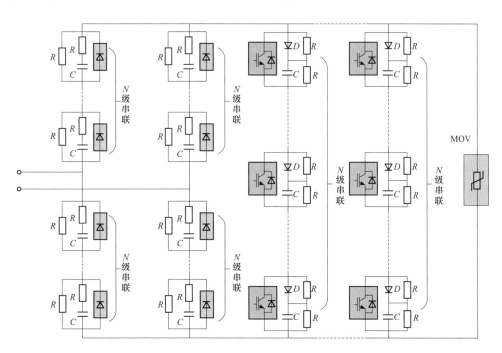

图 3-39　H 桥结构子单元拓扑

　　在仿真模型中，主支路采用一个快速机械开关与一组矩阵式电力电子开关串联而成，转移支路采用一个 H 桥子单元等效，其中 H 桥内部每个桥臂均保留一个二极管和 IGBT

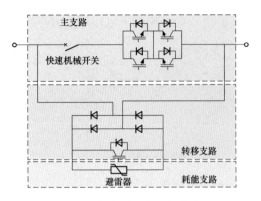

图 3-40　仿真模型中混合式高压
直流断路器的等效拓扑

单元，如图 3-40 所示。快速机械开关的导通关断电阻以及电力电子开关的导通电阻、正向压降等参数均根据实际串并联数目折算，耗能支路 MOV 的容量按照总耗能容量折算。

3.2.4　直流输电控制保护系统模型

3.2.4.1　控制保护系统的简化原则

实际柔性直流输电系统的控制保护系统如图 3-27 所示，采用分区分级控制与保护。换流阀的控制保护系统配置 A/B 两套系统互为备用，极控制系统配置 A/B 两套系统互为备用，直流安控系统配置 A/B 两套系统互为备用。交流场区、直流场区、换流变压器区、以及换流阀区冷却系统等，每个区域均配置了 A/B/C 三套保护系统，每套保护的测量回路是独立的，采用"三取二"的动作策略。互为备用的控制保护系统中，硬件结构和软件算法是相同的。

对于柔性直流输电数模混合仿真模型中使用的实际控制保护装置而言，无需考虑控制保护系统运行的冗余、测量回路的独立性以及与直流系统运行特性不直接相关的部分。因此，可以在确保与现场控制保护装置的动作特性一致的前提下，借鉴常规直流数模混合仿真模型的控制保护装置简化原则对柔性直流输电系统控制保护装置进行简化。具体简化原则与常规直流基本相同，控制保护系统均保留一套，去除换流阀冷却控制系统，仅保留与柔性直流输电系统运行特性相关的控制保护功能，简化现场测量回路中的电流互感器、电压互感器等测量装置。

控制保护系统配置套数的减少并不意味着系统功能大量缩减，所建数模混合仿真系统的整体结构与实际控制保护系统仍保持一致，包括交流场区控制保护、换流变压器及充电回路控制保护、换流阀区域控制保护、直流场区控制保护。此外，接入实际柔性直流控制保护装置的仿真系统中，所有控制保护主机的软件均来自实际工程，仅对其中无需在实验室进行试验验证的部分进行了简化。

从控制保护系统的功能上来说，简化后的柔性直流控制保护仿真系统与实际工程用控制保护系统在系统动态响应特性上是完全一致的，可以满足柔性直流输电系统特性的研究需要。

3.2.4.2　控制保护系统的实现

根据上小节所述控制保护系统简化原则，本节主要介绍含极控和阀控装置的柔性直流输电系统数模混合仿真控制保护系统的实现方案，如图 3-41 所示。极控制保护装置通过基于 FPGA 的接口装置与 CPU 仿真器中一次系统主电路以及二次测量信号的数字模型交互数据；阀控物理装置通过慢速光纤与极控装置通信，通过 AURORA 高速光纤与基于 FPGA 的 MMC 子模块阀体数字模型通信。该方案具有能够高度还原工程现场控制保护系统特性的优点,目前被广泛应用于柔性直流输电成套设计的实时仿真系统。但由于高压大功率柔性直流输电系统子模块数目庞大,简化后阀控物理装置仍然是一套屏柜数目多、占地面积大、造价十分昂贵的系统,后期维护相对复杂。

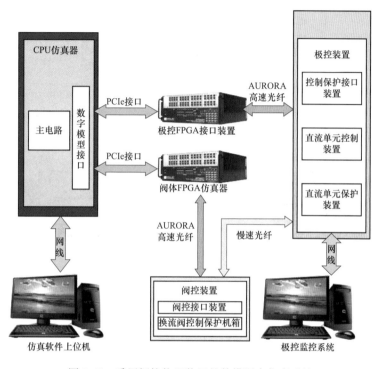

图 3-41　采用阀控物理装置的数模混合仿真系统

　　鉴于采用物理阀控装置的实现方案较为复杂,本节提出了采用实际阀控软件生成的数字阀控系统的实现方案,如图 3-42 所示。阀控制系统部分采用数字阀控系统代替实际阀控物理装置。其中,实际阀控装置中 CPU 主控机箱负责的导通子模块数生成、环流抑制功能、直流电流波动抑制功能以及各类保护功能,在该方案中由数字阀控的 CPU 部分实现。实际阀控装置中 FPGA 主控机箱负责的均压排序以及子模块开关信号生成功能,在该方案中由数字阀控 FPGA 部分实现。此外,在采用物理阀控装置的实现方案中极控制保护装置与阀控制保护装置之间的交互数据的传输路径,在采用数字阀控系统的实现方案中调整为极控制保护装置,首先通过 Aurora 高速光纤将数据传输到极控 FPGA 接口装置中,然后再通过 PCIe 接口传输到 CPU 仿真器的数字阀控 CPU 部分。

　　数字阀控的 CPU 部分调用由实际阀控装置中 CPU 主控机箱软件程序生成的可执行文件。数字阀控的 FPGA 部分的硬件平台为基于 FPGA 内核的仿真器,通过 PCIe 接口与 CPU 仿真器相连,从而实现与数字阀控 CPU 部分交互数据;数字阀控和基于 FPGA 阀体数字模型之间采用 Aurora 高速光纤通信,通信周期与阀控装置和阀基控制系统的通信周期保持一致。

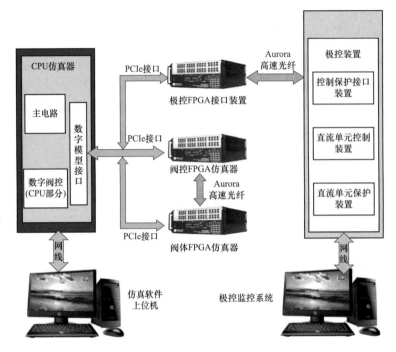

图 3-42　采用数字阀控系统的数模混合仿真系统

在柔性直流数模混合仿真模型中，通过有功阶跃试验对采用物理阀控装置和数字阀控两种方案的动态响应特性进行比对，如图 3-43 所示。当柔性直流输电系统的有功功率由 100MW 阶跃到 150MW，1s 后阶跃回 100MW 时，两种方案下有功功率、直流电压和直流电流的动态响应特性高度吻合。从上述波形可以看出，采用实际阀控软件生成的数字阀控系统与实际阀控物理装置在系统的动态响应上具有良好的一致性。

3.2.5　柔性直流输电数模混合仿真接口技术

柔性直流输电系统数模混合仿真模型中主要采用了三种数模接口技术：标准的 PCIe 接口技术、基于 Aurora 协议的高速光纤通信技术以及基于 60044-8 协议的低速光纤通信技术。

标准的 PCIe 接口技术主要用于连接 CPU 仿真器与基于 FPGA 的接口装置，通信协议、通信周期以及信号配置方法与常规直流相同。

对于采用物理阀控装置的技术方案，阀控物理装置与数字阀体 FPGA 仿真器之间采用 Aurora 8b10b 协议，通信周期为 $10\mu s$（与实际工程相同），单根光纤最大容纳 201 个 32bit 的二进制数，通信协议如表 3-16 和表 3-17 所示。单个 MMC 共需要 12 根光纤。对于采用数字阀控的技术方案，数字阀控 FPGA 部分与数字阀体 FPGA 仿真器之间也采用 Aurora 8b10b 协议，如表 3-18 和表 3-19 所示，通信周期为 $50\mu s$（CPU 仿真器的计算周期），单根光纤可最大容纳 879 个 32bit 二进制数据。单个 MMC 需要 2 根光纤。

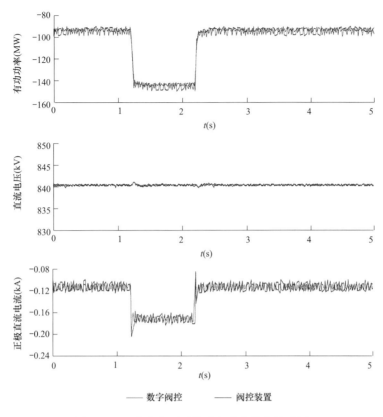

图 3-43　两种方案下系统动态响应仿真波形图

表 3-16　　　　　　　数字阀体 FPGA 仿真器发送到阀控物理装置通信协议

名称	位宽（bit）	功能	备注
Head♯1	32	帧头♯1	
v_branch	6×16	桥臂电压	传输量
i_branch	6×16	桥臂电流	传输量
Head♯2	32	帧头♯2	
sm_voltage	256×16	子模块电压	传输量
Head♯3	32	帧头♯3	
sm_state	256×8	子模块状态	传输量

表 3-17　　　　　　　阀控物理装置发送到数字阀体 FPGA 仿真器通信协议

名称	位宽（bit）	功能	备注
Head♯1	32	帧头♯1	
sm_order	256×8	子模块开关命令	传输量

表 3-18 数字阀体 FPGA 仿真器发送到数字阀控系统通信协议

名称	位宽（bit）	功能	备注
Head♯1	32	帧头♯1	0xFFFFFFFF
sm_voltage	3×540×16	子模块电压	传输量
sm_state	3×540×4	子模块状态	传输量

表 3-19 数字阀控系统发送到数字阀体 FPGA 仿真器通信协议

名称	位宽（bit）	功能	备注
Head♯1	32	帧头♯1	0xFFFFFFFF
sm_order	3×540×8	子模块开关命令	传输量

极控制保护装置与基于 FPGA 的极控接口装置之间采用的 AURORA 8b10b 协议，通信周期为 $50\mu s$（CPU 仿真器的计算周期），单根光纤可最大容纳 130 个 32bit 二进制数据，上下行通信协议如表 3-20 所示。每帧有效数据部分为 128 个 32bit，其中前 100 个为模拟量，后 28 个为数字量。

表 3-20 极控制保护装置与基于 FPGA 的极控接口装置通信协议

名称	位宽（bit）	功能	备注
Head	32	帧头	0xAAAAAAAA
Data	128×32	有效数据	传输量
CRC	32	校验位	

极控制保护装置与阀控制保护装置间采用基于 IEC60044-8 标准协议的慢速光纤通信技术。该协议的数据帧采用 IEC 60870-5-1 的 FT3 格式。通用帧的标准传输速度为 10Mbit/s（数据时钟），采用曼彻斯特编码，首先传输 MSB（最高位）。传输的数据主要包括换流阀解闭锁指令、交直流充电指令、桥臂参考电压等信息。

与常规直流数模混合仿真系统不同，柔性直流输电数模混合仿真系统中同时接入了多台基于 FPGA 的接口设备和仿真器，通信速率快且数据量大。如果各个设备之间的数据通信不同步，将产生多时钟域导致系统控制失效。实际的柔性直流输电系统的控制保护系统是一个同步系统，同步源为极控装置。对于柔性直流输电数模混合仿真系统，设计了硬件同步和软件同步两种方式。以供用户使用。硬件同步是通过光纤或音频同步线以主从时钟的形式将所有基于 FPGA 的接口设备和仿真器串联连接，以一台设备的时钟为主时钟，其他设备的时间源直接从主时钟上获取同步源。软件同步是所有基于 FPGA 的接口设备和仿真器通过 PCIE 串行通信线从仿真 CPU 主机上获取时间源。

3.2.6 模型解耦与任务映射

柔性直流输电系统实时仿真通常需要通过合理的解耦，将一次主电路划分成若干计算任务块，以确保仿真的实时性。一般按照不同的场区以及不同功能划分任务，将同类任务映射到同一个计算核中。

例如，对于典型的双单元背靠背柔性直流输电系统模型而言，如图 3-30 所示，共分为 10 类任务，分别为 2 个交流场区任务、4 个换流变压器区任务、2 个换流器区任务以及 2 个二次信号接口区任务。首先从功能的角度，采用二次信号解耦元件将一次系统与二次测量信号解耦为两类任务。对于一次系统而言，考虑到单个任务所需的计算资源，采用一次电路解耦元件将交流场区与换流变压器区以及换流阀区解耦，解耦原理详见第 6 章。换流变压器区与换流器区不解耦。仿真时将不同的任务分别映射到不同的 CPU 核，以满足实时仿真的要求。

3.2.7 柔性直流输电系统数模混合仿真模型准确性验证

对于柔性直流输电系统数模混合仿真平台，需要从稳态性能和暂态性能两方面通过全面的功能性试验验证一次系统模型和控制保护装置的各项控制及保护功能动作是否正确，是否满足工程的控制保护动作的技术规范，以及动态响应是否满足准确度要求。

结合控制保护装置出厂试验和现场调试内容，实验室柔性直流输电系统数模混合仿真平台功能性试验项目应当包括表 3-21 所示内容。

表 3-21　　　　柔性直流输电系统数模混合仿真模型功能性试验内容

序号	控制试验	保护试验
1	充电试验	最后断路器试验
2	空载加压试验	交流系统故障穿越试验
3	起/停试验	模拟直流过电压保护跳闸试验
4	功率升降/暂停试验	模拟桥臂过流保护跳闸试验
5	有功/无功阶跃试验	故障子模块数越限保护试验
6	直流/交流电压阶跃试验	子模块过压保护试验
7	无功控制模式切换试验	—
8	分接头试验	—
9	双单元控制试验	

在柔性直流模型的准确度验证方面，阀模型的验证参数主要以桥臂子模块平均电压、桥臂电流以及直流电压为主，柔性直流系统模型精确度验证参数主要为直流线路电压、线路电流，并网点交流电压、交流电流、有功功率、无功功率。柔性直流阀模型和系统模型的验证标准均为现场试验波形，如表 3-22 所示。柔性直流仿真模型准确度的稳态和暂态特性验证参数量化指标如表 3-23 所示。

表 3-22 柔性直流仿真模型验证原则

模型类型	阀模型	直流系统模型
验证参数	桥臂子模块平均电压，桥臂电流，直流电压	直流线路电压、线路电流，并网点交流电压、交流电流有功功率、无功功率
验证标准	现场试验波形	现场试验波形
验证工况	不同功率水平与现场试验一致的稳态、暂态工况	不同功率水平与现场试验一致的稳态、暂态工况
稳态评价指标	验证参数的相对误差	
暂态评价指标	验证参数的百毫秒级响应趋势	

表 3-23 柔性直流仿真模型准确度评价指标

	验证参数	稳态精确度	暂态精确度
阀模型	桥臂子模块平均电压（$\Delta U_{sm}/U_{sm\_real}$）	≤5%	百毫秒级响应趋势与现场波形一致
	桥臂电流（$\Delta I_{arm}/I_{arm\_real}$）	≤5%	
	直流电压（$\Delta U_{dc}/U_{dc\_real}$）	≤5%	
系统模型	直流线路电压（$\Delta U_{dcline}/U_{dcline\_real}$）	≤5%	
	直流线路电流（$\Delta I_{dcline}/I_{dcline\_real}$）	≤5%	
	并网点交流电压（$\Delta U_{ac}/U_{ac\_real}$）	≤5%	
	并网点有功功率（$\Delta P/P_{real}$）	≤5%	
	并网点无功功率（$\Delta Q/Q_{real}$）	≤5%	

以某背靠背柔性直流输电工程为例，为验证其柔性直流输电系统数模混合仿真模型与实际系统的一致性，针对同样的系统运行条件，在仿真模型上模拟与现场一样的运行工况，并将仿真波形与现场实测波形进行对比分析。

选用工程调试阶段动态性能试验中功率反送，有功功率指令阶跃试验为对比标准。试验工况如下：直流系统输送功率为−100MW，直流系统运行方式为功率反送，采用单单元控制方式，整流侧采用定直流电压控制，逆变侧采用定有功功率控制，两侧无功控制模式均为定交流电压控制。待系统稳定后，施加持续时间为1s，幅值为30MW的阶跃指令。

将仿真试验系统工况调整为与现场动态试验前一致，并施加同样的阶跃指令。图3-44为稳态桥臂电流的波形比对，图3-45和图3-46为换流站有功功率、直流侧电压电流以及控制器相关变量的波形对比，其中红色曲线为现场波形，蓝色曲线为仿真波形。

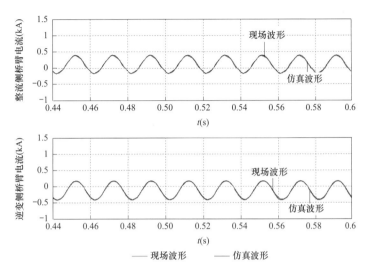

图 3-44　换流站稳态桥臂电流波形对比

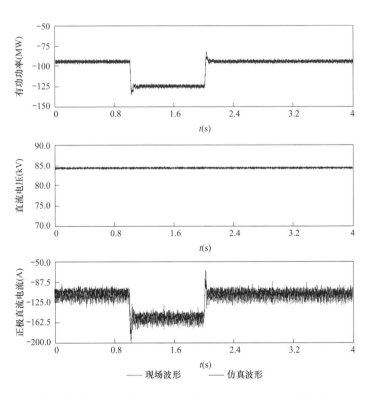

图 3-45　换流站有功功率、直流侧电压和电流波形对比

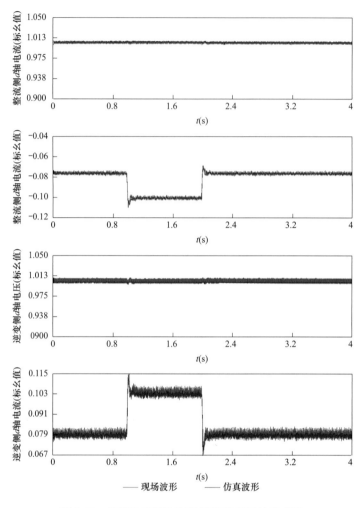

图 3-46 换流站两侧 MMC 控制器变量波形对比

从图 3-45 中可以看出，稳态时仿真波形与现场试验波形高度吻合，直流电压均为 84kV，直流电流为 117A，有功功率为 98 MW。动态变化时，仿真模型与现场试验波形的响应时间、变化趋势十分吻合，动态响应的波动幅值略有差别。当有功功率向下阶跃时，现场试验的有功功率冲击最大为−80.1MW，直流电流冲击最大为−83.3A，仿真模型的有功功率冲击最大为−88.8MW，直流电流冲击最大为−94.8A，动态响应冲击的幅值存在约 10% 的偏差。图 3-46 所示的 MMC 两侧控制器的交流电压和电流 d 轴分量在稳态以及动态变化时响应时间、变化趋势具有高度一致性，动态响应的波动幅值略有差别。主要原因是仿真模型并不考虑回路各处的杂散电容、杂散电感等无规律性的参数。

4 大规模新能源电磁暂态仿真建模

与常规电源相比,新能源发电单机容量小、数量多、布点分散,而且具有显著的间歇性、波动性、随机性特征。随着新能源大规模开发、高比例并网,以及电力电子设备的大量应用,电力系统的技术基础、控制基础和运行机理将发生深刻变化,电力电量平衡、安全稳定控制等将面临前所未有的挑战,亟须通过仿真手段深入研究新型电力系统,发现并解决大规模新能源接入电网为电网规划及安全稳定运行带来的困难和问题。需要建立适用于电磁暂态数模混合实时仿真的大规模新能源电磁暂态仿真模型,并以此为基础,开展大规模新能源接入大电网的特性研究及协调控制策略的精确仿真分析研究。

新能源机组电磁暂态仿真模型主要包括典型机组结构化仿真模型、接入实际控制装置的数模混合仿真模型及含数字封装控制器的数字仿真模型,其中典型机组结构化模型是大规模新能源接入大电网电磁暂态仿真中最适用的模型,数模混合模型主要用于校核数字模型的准确性,含数字封装控制器的仿真模型主要用于多新能源场站或机组的精准仿真场景。本章首先介绍新能源机组建模方法,之后阐述了结合新能源多机聚合及汇集线等值的新能源场站等值及电磁暂态建模方法,最后说明了大规模新能源建模准确性和正确性的校核方法。

4.1 新能源单机建模

4.1.1 新能源典型机组结构化电磁暂态仿真建模

大规模新能源电磁暂态仿真所涉及的新能源机组类型、参数及控制策略各异,为满足大规模新能源仿真的稳定性及高效性需求,需要建立新能源典型机组结构化模型,使其能够通过修改该模型的主回路参数及控制策略,来准确模拟不同类型及参数新能源机组的运行特性。下面分别介绍双馈式风力发电机组、直驱永磁式风力发电机组及光伏发电单元的典型机组结构化模型建模方法。

4.1.1.1 双馈式风力发电机组建模

双馈式风力发电机组(以下简称"双馈风机")结构如图 4-1 所示。其中发电机部分采用绕线式感应电机,感应电机的定子绕组直接与系统相连,转子绕组通过背靠背的变流器与系统相连。双馈风机典型参数模型由风力机及主控制器模型、轴系模型、异步感应发电机模型、网侧/机侧变流器及控制器模型、Chopper 保护模型及低电压/高电压穿越控制模型等组成。由于电磁暂态仿真时间尺度较小，因此可认为暂态过程中风速恒定不变，即风速模型按恒风速考虑。

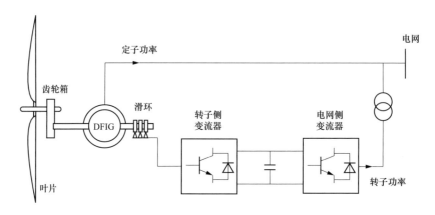

图 4-1 双馈风力发电机组结构示意图

（1）风力机及主控制器模型。由于电力系统电磁暂态研究中主要关注风电机组的电气特性，而风力机作为风电机组中的动力系统，其捕获风能的过程是一个涉及空气动力学和流体力学的复杂过程，建立详细模型过程复杂、工作量大，因此，对于风力机模型，通常采用简化的建模方法。

风力机模型一方面体现了风速与其输出的机械功率间的关系，另一方面也表征了桨距角与风力机机械功率间的关系。风力机捕获的风能为

$$P_{\mathrm{w}} = \frac{1}{2}\rho A C_{\mathrm{p}}(\beta,\lambda)v_{\mathrm{eq}}^3 \tag{4-1}$$

$$\begin{cases} C_{\mathrm{p}} = 0.22\left(\dfrac{116}{\theta} - 0.4\beta - 5\right)\mathrm{e}^{-\frac{12.5}{\theta}} \\ \theta = \dfrac{1}{\dfrac{1}{\lambda + 0.08\beta} - \dfrac{0.035}{\beta^3 + 1}} \\ \lambda = \dfrac{R\omega_{\mathrm{m}}}{v_{\mathrm{eq}}} \end{cases} \tag{4-2}$$

式中：P_{w} 为风力机捕获的风功率，W；ρ 为空气密度，kg/m³；A 为风轮叶片单位时间扫过的面积，m²；v_{eq} 为等效风速，m/s；C_{p} 为风能利用系数，根据贝兹理论，C_{p} 最大值为 0.593；β 为桨距角，rad；λ 为叶尖速比，1；R 为风力机叶片半径，m；ω_{m} 为叶片尖端部线速度，rad/s；θ 为计算中间变量。

由式（4-2）可知，对于每个给定桨距角 β，有唯一的最优叶尖速比 λ_{opt}，使得风力机在该运行工况下能够得到最优的风能利用系数 C_{p}，即达到最大的捕获风能效率，三者的关系如图 4-2 所示。

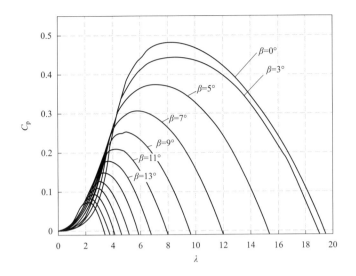

图 4-2 风能利用系数 C_p 与桨距角 β 及叶尖速比 λ 的关系曲线

风轮机通过捕获风能获得的机械转矩 T_m 为

$$T_m = \frac{P_m}{\omega_m} \qquad (4-3)$$

风力机主控制器包括桨距角控制及最优功率控制两部分。由图 4-2 可知，$\beta=0$ 时，风能利用系数 C_p 可达到最大值。因此，桨距角控制的目标是当风速不超过额定风速时，保持桨距角为 0，使风机捕获功率最大；当风速超过额定风速时，通过增大桨距角限制所捕获风能不超过机组的额定功率。控制器的输入为功率测量值 P_{meas} 和参考值 P_{ref} 的差值，输出为桨距角参考值 β_{ref}，控制框图如图 4-3 所示。

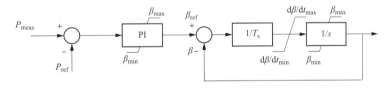

图 4-3 桨距角控制逻辑框图

T_s—变桨控制系统惯性时间常数；β_{max}、β_{min}—桨距角限值；$d\beta/dt_{max}$、$d\beta/dt_{min}$—桨距角变化速率限值

最优功率控制的目标为，在风速低于或等于额定风速时，在桨距角固定为 0 情况下，通过变速运行获取最大风能利用系数 C_p，从而最大限度捕获风能；在风速超过额定风速时，控制转子转速不超过最大值。由于测风仪测得的风速难以反映叶片感受的风速，通常将转子转速作为控制器输入信号，转速参考值根据风机实际转速—功率曲线获得，控制器输出为有功功率参考值。控制框图如图 4-4 所示。

（2）轴系模型。双馈风机的轴系包括风力机、低速传动轴、齿轮箱、高速传动轴及发电机五部分。通常将其轴系按两质量块模型考虑，即风力机及低速传动轴视为一单质量块，齿轮箱、高速传动轴及发电机视为另一质量块。轴系两质量块模型如式（4-4）所示。

$$
\begin{cases}
2H_{\text{tur}} \dfrac{\mathrm{d}\omega_{\text{r}}}{\mathrm{d}t} = T_{\text{tur}} - K_{\text{s}}\theta_{\text{s}} - D_{\text{tur}}\omega_{\text{r}} \\[2mm]
2H_{\text{gen}} \dfrac{\mathrm{d}\omega_{\text{gen}}}{\mathrm{d}t} = K_{\text{s}}\theta_{\text{s}} - T_{\text{e}} - D_{\text{gen}}\omega_{\text{gen}} \\[2mm]
\dfrac{\mathrm{d}\theta_{\text{s}}}{\mathrm{d}t} = \omega_{\text{s}}(\omega_{\text{r}} - \omega_{\text{gen}})
\end{cases} \tag{4-4}
$$

式中：H_{tur}、H_{gen} 为风力机和发电机的惯性时间常数，s；K_{s} 为轴系的刚度系数，kg·m²/s²；θ_{s} 为两质量块的相对角位移，rad；D_{tur}、D_{gen} 为风力机和发电机的轴阻尼系数，N·m/rad；T_{tur} 为发电机的机械转矩，N·m；T_{e} 为发电机的电磁转矩，N·m；ω_{r}、ω_{gen} 为风力机和发电机的机械转速，rad/s；ω_{s} 为同步转速，rad/s。

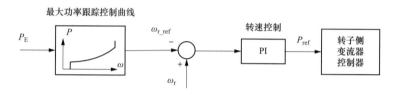

图 4-4　最优功率控制逻辑框图

（3）异步感应发电机模型。双馈风电机组采用绕线型异步感应发电机，通过控制转子励磁电流的频率实现双馈风电机组变速恒频运行，通过变流器控制实现风电机组有功功率和无功功率的解耦。双馈风电机组通过与转子及电网直接相连的变流器控制给转子绕组提供励磁电压，在该励磁电压作用下，转子绕组中产生低频励磁电流，最终形成低频旋转磁场，该磁场转速 n_2 和转子转速 n_{r} 叠加形成的空间旋转磁场转速等于同步转速 n_1，即 $n_1 = n_2 + n_{\text{r}}$，进而在电机定子绕组中感应出频率为 f_1 的机端电压，因此电网频率及转子电流频率应满足的关系为

$$
f_2 = \frac{(N_{\text{ps}} + N_{\text{pr}})n_2}{60} = \frac{(N_{\text{ps}} + N_{\text{pr}})n_1}{60} \cdot \frac{n_1 - n_{\text{r}}}{n_1} = f_1 s \tag{4-5}
$$

$$
s = (n_1 - n_{\text{r}})/n_1
$$

式中：f_1 为电网频率，Hz；f_2 为转子电流频率，Hz；N_{ps}、N_{pr} 为定、转子极对数；s 为转差率。

对于发电机建模，通常进行如下假设，将其视为理想电机：①忽略定子、转子铁芯磁阻，忽略涡流损耗和磁滞损耗，忽略漏磁影响；②气隙磁场均匀成正弦分布；③发电机端电压三相对称；④数学模型采用电动机惯例；⑤不考虑磁饱和；⑥绕组磁链和电流呈线性关系。

基于以上假设，可建立异步感应发电机模型。三相静止坐标系下的发电机模型为时变系数微分方程组，求解较复杂，因此通常采用坐标系变换矩阵，将三相静止坐标系下描述异步发电机电压、电流及磁链等变量的时变系数微分方程变换为两相同步旋转坐标系下易于求解的常系数微分方程组，从而得到两相旋转坐标系下的双馈风机数学模型。

两相旋转 dq 坐标系下发电机数学模型如下。

限于篇幅，三相静止坐标系下发电机数学模型及其推导过程在本书中未作介绍。

定、转子电压方程为

$$
\begin{cases}
u_{sd} = \dfrac{\mathrm{d}\Psi_{sd}}{\mathrm{d}t} - \omega_s \Psi_{sq} + R_s i_{sd} \\[2mm]
u_{sq} = \dfrac{\mathrm{d}\Psi_{sq}}{\mathrm{d}t} + \omega_s \Psi_{sd} + R_s i_{sq} \\[2mm]
u_{rd} = \dfrac{\mathrm{d}\Psi_{rd}}{\mathrm{d}t} - s\omega_r \Psi_{rq} + R_r i_{rd} \\[2mm]
u_{rq} = \dfrac{\mathrm{d}\Psi_{rq}}{\mathrm{d}t} + s\omega_r \Psi_{rd} + R_r i_{rq}
\end{cases}
\tag{4-6}
$$

定、转子磁链方程为

$$
\begin{cases}
\Psi_{sd} = L_s i_{sd} + L_m i_{rd} \\
\Psi_{sq} = L_s i_{sq} + L_m i_{rq} \\
\Psi_{rd} = L_r i_{rd} + L_m i_{sd} \\
\Psi_{rq} = L_r i_{rq} + L_m i_{sq}
\end{cases}
\tag{4-7}
$$

定、转子有功、无功功率方程为

$$
\begin{cases}
P_s = \dfrac{3}{2}(u_{sd} i_{sd} + u_{sq} i_{sq}) \\[2mm]
Q_s = \dfrac{3}{2}(u_{sq} i_{sd} - u_{sd} i_{sq}) \\[2mm]
P_r = \dfrac{3}{2}(u_{rd} i_{rd} + u_{rq} i_{rq}) \\[2mm]
Q_r = \dfrac{3}{2}(u_{rq} i_{rd} - u_{rd} i_{rq})
\end{cases}
\tag{4-8}
$$

双馈风电机组输出总电磁功率 P_E 为定子电磁功率 P_s 及转子电磁功率 P_r 之和，即

$$P_E = P_s + P_r \tag{4-9}$$

另外，忽略双馈风电机组阻尼的影响，机组满足转子运动方程：

$$J_D \omega_r \frac{\mathrm{d}\omega_r}{\mathrm{d}t} = P_w - P_E \tag{4-10}$$

式中：u_{sd}、u_{sq} 为风机定子 d、q 轴电压，V；u_{rd}、u_{rq} 为转子 d、q 轴电压，V；Ψ_{sd}、Ψ_{sq} 为定子 d、q 轴磁链，Wb；Ψ_{rd}、Ψ_{rq} 为转子 d、q 轴磁链，Wb；s 为转差率；R_s、R_r 为定子和转子绕组电阻，Ω；i_{sd}、i_{sq} 为定子 d、q 轴电流，A；i_{rd}、i_{rq} 为转子 d、q 轴电流，A；L_s、L_r 为定子、转子绕组自感，H；J_D 为机组总转动惯量；L_m 为定子、转子绕组间互感；ω_s、ω_r 为定子、转子电磁转速。

（4）变流器模型。变流器典型模型主要包括详细拓扑模型、开关函数模型及平均值模型。

1）详细拓扑模型。详细拓扑模型是在对电力电子开关器件独立建模的基础上，利用

变流器实际的拓扑连接关系对其建模。利用详细模型对变流器进行建模时，需要先对每个电力电子开关器件［包括二极管、绝缘栅双极型晶体管（IGBT）等］进行单独建模，在此基础上按照各种变流器的实际拓扑电路结构组合完成装置建模。该模型计及了所有开关的动作状态，各开关状态仅由其自身的电压电流和控制信号决定。开关器件模型通常按建模详细程度分为器件级和系统级：器件级模型可以精确地反映器件本身物理特性和参数对其工作特性和开关过程的影响，但是比较复杂，模型参数不易获得，适用于功率器件的设计和研究；系统级模型采用较简单的等效电路表征电力电子开关器件的端点变量，常用理想开关模型和双电阻模型。对于电力系统暂态仿真而言，系统级模型能够满足大多数情况下的仿真要求。以双电阻模型为例，其模型示意图如图 4-5 所示，其中 IGBT 开关闭合时采用小电阻 R_{on} 来表示，模拟短路状态，IGBT 开关打开时采用大电阻 R_{off} 来表示，模拟开路状态。

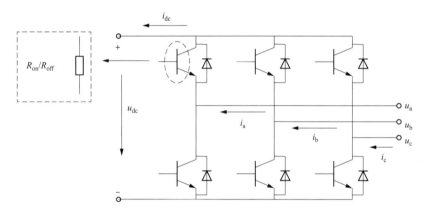

图 4-5　变流器详细拓扑模型示意图（双电阻模型）

2）开关函数模型。开关函数模型根据变流器的物理特性和主电路拓扑结构，列出其基本方程，引入开关函数，通过求解电路约束方程，实现变流器建模。以图 4-5 中变流器为例，在同一时刻，假定逆变器每相中只有一个开关器件导通，定义三相桥臂开关函数 S_k（k 取 a，b，c），当上桥臂开关闭合时取值为 1，断开时取值为 0，此时三相电压型脉宽调制（PWM）逆变器的拓扑结构变为如图 4-6 所示的形式。

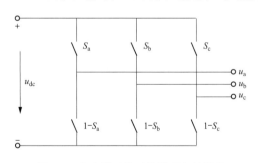

图 4-6　变流器开关函数模型拓扑结构

根据该电路拓扑结构得到逆变器交流侧线电压与直流电压 u_{dc} 的关系为

$$\begin{bmatrix} u_{ab} \\ u_{bc} \\ u_{ca} \end{bmatrix} = \begin{bmatrix} S_a - S_b \\ S_b - S_c \\ S_c - S_a \end{bmatrix} u_{dc} \tag{4-11}$$

式中：u_{ab} 为变流器 A 相和 B 相之间的线电压，数值上等于 $u_a - u_b$，其他与此相似。利用拓扑建模法进行建模时，通常忽略电力电子开关器件的导通和关断过程，视为理想情况处理，不计功率损耗，假设交流三相平衡，则变流器直流侧输入电流 i_{dc} 可以通过能量守恒计算得到，即

$$i_{dc} = \frac{P_{ac}}{u_{dc}} = \frac{u_{ab}i_a - u_{bc}i_c}{u_{dc}} \tag{4-12}$$

式中：P_{ac} 为交流侧功率。

结合式（4-11）、式（4-12）和图 4-6 所示的基于输出建模法的逆变器模型结构图，就可以实现变流器的开关函数模型建模，如图 4-7 所示，其中的虚线框表示 1 个多端口网络，该多端口网络由 2 个可控电压源和 1 个可控电流源组成，由开关函数模型对应的数学计算模块输出决定其参数，另外还包含 1 个电压测量环节和 2 个电流测量环节，作为开关函数模型对应的数学计算模块的输入。

开关函数模型采用输出建模法对变流器进行建模，将其作为黑箱考虑，此时不再具有开关器件的实际物理意义，也就不能使用

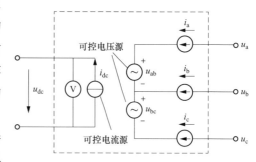

图 4-7　变流器开关函数模型示意图

开关函数模型进行内部开关的电压电流特性分析。利用开关函数模型进行建模时，可以保留变流器原有的 PWM 环节，也可以根据仿真需要考虑对正弦脉宽调制（SPWM）模块进行化简。

（5）平均值模型。平均值模型是通过变量的平均积分运算，用变量在一个开关周期内的平均值代替其实际值。平均值模型运算的定义为

$$\langle x(t) \rangle = \frac{1}{T_s} \int_t^{t+T_s} x(\tau) \mathrm{d}\tau \tag{4-13}$$

式中：T_s 为开关周期；$\langle x(t) \rangle$ 为变量 $x(t)$ 在开关周期 T_s 内的平均值。

对于图 4-5 所示变流器，假设 S_{ap}、S_{bp}、S_{cp} 表示上半桥中 a、b、c 相开关器件状态，S_{an}、S_{bn}、S_{cn} 表示下半桥中 a、b、c 相开关器件状态，由上节可知，三相桥臂相开关函数 S_i 满足

$$S_i = S_{ip} = 1 - S_{in}, i \in \{a,b,c\} \tag{4-14}$$

由变流器拓扑可得交流侧三相线电压与直流电压关系满足式（4-11），交流侧三相电流与直流侧电流满足

$$i_{dc} = \begin{bmatrix} S_a S_b S_c \end{bmatrix} \begin{bmatrix} i_a \\ i_b \\ i_c \end{bmatrix} \tag{4-15}$$

定义矢量

$$u_1 = \begin{bmatrix} u_{ab} \\ u_{bc} \\ u_{ca} \end{bmatrix} = \begin{bmatrix} u_a - u_b \\ u_b - u_c \\ u_c - u_a \end{bmatrix}, i_p = \begin{bmatrix} i_a \\ i_b \\ i_c \end{bmatrix}$$

$$S_p = \begin{bmatrix} S_a \\ S_b \\ S_c \end{bmatrix} \quad S_1 = \begin{bmatrix} S_{ab} \\ S_{bc} \\ S_{ca} \end{bmatrix} = \begin{bmatrix} S_a - S_b \\ S_b - S_c \\ S_c - S_a \end{bmatrix} \tag{4-16}$$

则式（4-11）和式（4-15）可整理为

$$\begin{cases} v_1 = S_1 v_{dc} \\ i_{dc} = S_p^T i_p \end{cases} \tag{4-17}$$

定义线间占空比为

$$\begin{cases} d_{ab} = \langle s_{ab}(t) \rangle_{T_s} = \dfrac{1}{T_s} \displaystyle\int_t^{t+T_s} s_{ab}(\tau) d\tau = d_a - d_b \\ d_{bc} = \langle s_{bc}(t) \rangle_{T_s} = \dfrac{1}{T_s} \displaystyle\int_t^{t+T_s} s_{bc}(\tau) d\tau = d_b - d_c \\ d_{ca} = \langle s_{ca}(t) \rangle_{T_s} = \dfrac{1}{T_s} \displaystyle\int_t^{t+T_s} s_{ca}(\tau) d\tau = d_c - d_a \end{cases} \tag{4-18}$$

i 相上开关的占空比为

$$d_{ip} = \langle s_{ip}(t) \rangle_{T_s} = \frac{1}{T_s} \int_t^{t+T_s} s_{ip}(\tau) d\tau, i \in \{a,b,c\} \tag{4-19}$$

i 相的占空比为

$$d_i = d_{ip} = 1 - d_{in}, i \in \{a,b,c\} \tag{4-20}$$

定义矢量

$$d_1 = \begin{bmatrix} d_{ab} \\ d_{bc} \\ d_{ca} \end{bmatrix} d_p = \begin{bmatrix} d_a \\ d_b \\ d_c \end{bmatrix} \tag{4-21}$$

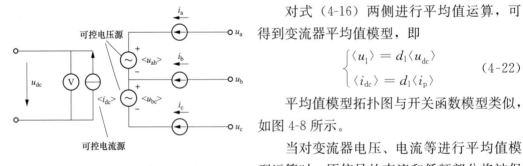

图 4-8 变流器平均值模型示意图

对式（4-16）两侧进行平均值运算，可得到变流器平均值模型，即

$$\begin{cases} \langle u_1 \rangle = d_1 \langle u_{dc} \rangle \\ \langle i_{dc} \rangle = d_1 \langle i_p \rangle \end{cases} \tag{4-22}$$

平均值模型拓扑图与开关函数模型类似，如图 4-8 所示。

当对变流器电压、电流等进行平均值模型运算时，原信号的直流和低频部分将被保留，而忽略了高频分量，因此，平均值模型仅适用于系统动态仿真及无需考虑高频分量的暂态仿真。

另外，在仿真中，控制系统对变流器的控制主要包含以下环节：控制系统生成调制信号，调制信号经过 PWM 模块调制产生开关信号，开关信号接入变流器。根据经验，采样频率至少要 10 倍于载波频率才能满足仿真精度要求，所以 PWM 模块中的载波频率直接限制了整个系统的仿真步长。在采用详细模型和开关函数模型进行仿真时，系统中存在 PWM 模块，使得仿真步长受限于 PWM 发生器的载波频率；而采用平均值模型进行仿真时，由于不含有 PWM 模块，则不受载波频率限制，可以采用较大的步长来对整个系统进行仿真，只需要保证该步长满足系统最小时间常数的要求。

（6）变流器控制器模型。双馈风机转子侧变流器控制采用定子电压定向矢量控制，将机组定子电压矢量与同步旋转参考坐标系 d 轴重合，即 $u_{sd}=U_s$，$u_{sq}=0$。定子端电压远远大于定子电阻上压降，因此忽略定子电阻压降，联立式（4-6）和式（4-8），可得转子外加电压控制转子电流下控制方程为

$$
\begin{cases}
u_{rd} = R_r i_{rd} + L_r \dfrac{\mathrm{d}i_{rd}}{\mathrm{d}t} - s\omega_s L_r i_{rq} + s\dfrac{L_m}{L_s}u_s \\[2mm]
u_{rq} = R_r i_{rq} + L_r \dfrac{\mathrm{d}i_{rq}}{\mathrm{d}t} + s\omega_s L_r i_{rd}
\end{cases}
\tag{4-23}
$$

由式（4-23）可知，转子电压矢量 u_{rd}、u_{rq} 是耦合的，基于定子电压定向矢量控制的转子电流 i_{rd}、i_{rq} 是解耦的。因此，通过引入前馈环节 $\left(-s\omega_s L_r i_{rq} + s\dfrac{L_m}{L_s}u_s\right)$ 及 $(s\omega_s L_r i_{rd})$，可实现 u_{rd} 及 u_{rq} 的解耦。转子侧变流器控制框图如图 4-9 所示（图中下角为 ref 的参数为对应参数的参考值）。

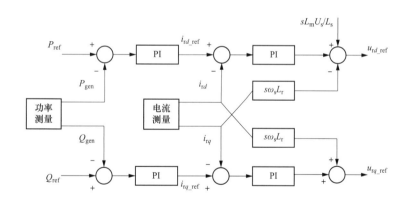

图 4-9　双馈机组转子侧变流器控制框图

P_{ref}—有功功率参考值；Q_{ref}—无功功率参考值；P_{gen}—风机有功功率；Q_{gen}—风机无功功率

网侧变流器采用电网侧电压定向矢量控制方法，控制变流器直流电容电压稳定在参考值，并按照给定的无功参考值发出无功功率。通过电压外环及电流内环控制直流电压/直流功率恒定及无功功率恒定。网侧变流器控制框图如图 4-10 所示。

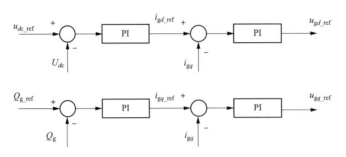

图 4-10　双馈机组网侧变流器控制框图

u_{dc_ref}—直流电压参考值；U_{dc}—直流电压实际值；Q_{g_ref}—网侧变流器无功参考值；

Q_g—网侧变流器无功实际值；u_{gd_ref}—网侧 d 轴电压参考值；u_{gq_ref}—网侧 q 轴电压参考值；

i_{gd_ref}—网侧变流器 d 轴电流参考值；i_{gq_ref}—网侧变流器 q 轴电流参考值；

i_{gd}—网侧变流器 d 轴电流实际值；i_{gq}—网侧变流器 q 轴电流实际值

（7）Chopper 保护电路。Chopper 保护电路在直流过电压期间投入，通过建立能量泄放通路，从而保护变流器在电网电压故障期间免受过电压、过电流的损伤。保护电路由 IGBT 和与其串联的电阻构成，电路拓扑如图 4-11 所示。

当直流电压上升至阈值时，Chopper 电路会自动投入，消耗掉多余的功率，功率计算如式（4-12）所示，其中 P_{cp} 为 Chopper 电阻消耗的功率，U_{dc} 为直流电压，R 为 Chopper 电路电阻。

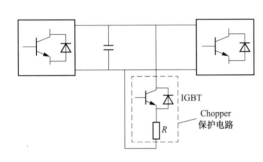

图 4-11　Chopper 保护电路图

$$P_{cp} = \frac{U_{dc}^2}{R} \tag{4-24}$$

（8）低电压/高电压穿越控制模型。双馈风机低电压/高电压穿越控制的目的是使风机在故障期间躲过保护动作时间，不脱离电网而继续维持运行，在故障清除后恢复正常运行，从而减少风电机组在故障时反复并网次数，减少对电网的冲击，主要包括低电压穿越期间有功功率限制及低/高电压穿越期间无功功率优先控制等功能。

低电压穿越期间限制有功功率的目的主要包括：①避免故障期间转子变流器不必要的闭锁，提高风机故障穿越的能力；②降低交流电压和有功功率的快速恢复对电力系统及风机的影响。低电压穿越有功功率限制框图如图 4-12 所示。其中低电压功率限制模块会根据交流电压水平及功率限制曲线限制有功功率参考值 P_{e_ref} 至有功功率参考值限值 $P_{e\_ref}^*$，可有效降低故障恢复时有功功率的冲击。lvpl 是低电压穿越期间及恢复期间有

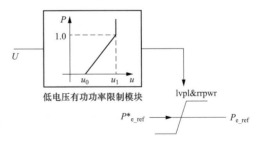

图 4-12　低电压穿越有功功率限制框图

功功率限值，rrpwr（ramp rate of power）是电压恢复到 u_1 以上时限制有功功率爬升的速率，一方面可降低双馈式风力发电机组轴系机械应力，另一方面可降低直流电压的波动，防止 Chopper 误动。爬升速率因不同风力机型号而异。

低电压/高电压穿越期间优先控制无功功率的目的是充分利用双馈风电机组有功功率、无功功率的独立调节能力，在故障穿越的情况下，降低有功功率，以增加无功功率的输送能力，提高对电网电压的支撑。变流器控制一旦检测到电压满足低电压穿越或高电压穿越的条件，无功功率的控制策略即由稳态控制方式切换到故障控制方式。

双馈式风电机组低电压穿越的条件是：机端电压低于阈值 U_{lvrt}，并持续时间 T_{lvrt_idelay}，则风机进入低电压穿越，置低电压穿越标志位 LVRT_FLG 为 1；机端电压高于阈值 U_{lvrt}，并能够持续时间 T_{lvrt_odelay}，风机退出低电压穿越，置 LVRT_FLG 为 0。

双馈式风电机组高电压穿越的条件是：机端电压高于阈值 U_{hvrt}，并能够持续时间 T_{hvrt_idelay}，风机进入高电压穿越，置高电压穿越标志位 HVRT_FLG 为 1；机端电压低于阈值 U_{hvrt}，并能够持续时间 T_{hvrt_odelay}，风机退出高电压穿越，置 HVRT_FLG 为 0。

双馈风电机组在故障穿越时，通过控制无功电流控制无功功率，控制策略如式（4-25）所示，其中 U 为网侧电压标幺值，I_N 为额定电流，k 为比例系数，则

$$I_{ds_{ref}} = \begin{cases} (U-0.9)I_N k & LVRT\_FLG = 1 \\ (1.1-V)I_N k & HVRT\_FLG = 1 \end{cases} \tag{4-25}$$

转子侧变流器控制的是转子电流。定子电流与转子电流的关系为

$$I_{dr_{ref}} = \frac{1}{L_r}(\psi_{dr} - L_m i_{ds_{ref}}) \tag{4-26}$$

利用上述双馈风机各部分数学模型，可建立双馈风机的一种典型结构化电磁暂态模型，模型典型参数如表 4-1 所示。

表 4-1　　　　　　　　　　　双馈风机典型结构化模型典型参数

所属部分	参数名称	数值
异步电机	额定电压	690V
	额定频率	50Hz
	额定容量	1.7MVA
	额定机械功率	1.7MW
	定子电阻	0.01028（标幺值）
	定子电感	0.1543（标幺值）
	转子电阻	0.006684（标幺值）
	转子电感	0.1543（标幺值）
主控部分	风力机额定机械功率	1.7MW
	额定风速	12m/s
	单质量块惯性时间常数	1.14s

所属部分	参数名称	数值
换流器	网侧换流器额定电压	690V
	直流电容	0.018F
	额定直流电压	1100V
网侧及转子侧控制器	网侧 K_p	1.2
	网侧 K_i	10
	转子侧 K_p	0.9
	转子侧 K_i	12
高低电压穿越控制	进高电压穿越定值	1.1（标幺值）
	出高电压穿越定值	1.09（标幺值）
	进低电压穿越定值	0.89（标幺值）
	出低电压穿越定值	0.9（标幺值）
Chopper 保护	Chopper 动作电压	1.15（标幺值）
	退出电压	1.03（标幺值）

4.1.1.2 直驱永磁式风力发电机组建模

直驱永磁式风力发电机组（以下简称直驱风机）结构如图 4-13 所示，其与系统之间通过网侧变流器完全隔离，系统运行状态的变化对风电机组没有直接影响，而是完全通过变流器的控制实现。对于一般的直驱式风力发电机，对电力系统有直接影响的主要是网侧变流器的控制和保护功能，发电机侧变流器、风电机组、叶片等动态过程对电力系统影响较小，因此直驱式风力发电机的特性和模型相对于双馈式风力发电机更加简单。直驱式风力发电机组的特点为：电机侧变流器可实现最大功率跟踪控制；电网侧变流器可控制直流侧电压恒定；发电机的转速与并网频率没有关系。

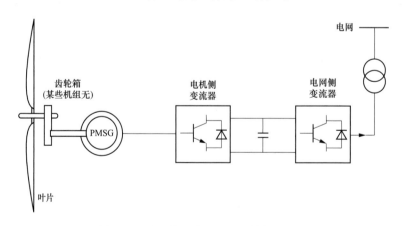

图 4-13 直驱永磁式发电机组结构示意图

直驱风机典型结构化模型由风力机及主控制器模型、轴系模型、永磁同步发电机模型、变流器及控制器模型、Chopper 保护模型等部分组成。直驱风机的风力机及主控制器模型、变流器模型、Chopper 保护模型及低/高电压穿越控制模型与双馈风机基本相同，在此不再赘述，主要介绍一下轴系模型、永磁同步发电机模型和变流器及其控制器模型。

（1）轴系模型。由于轴系模型对机组的电磁暂态特性影响不大，因此在电磁暂态研究中通常忽略传动系统的扭转特性，即认为风轮机的转速和发电机转子转速始终相等，将轴系简化等效成单质量块模型，即

$$\begin{cases} J\dfrac{\mathrm{d}\omega_{\mathrm{m}}}{\mathrm{d}t} = T_{\mathrm{m}} - T_{\mathrm{e}} - D\omega_{\mathrm{m}} \\ \qquad J = \dfrac{2H}{\omega_{\mathrm{m}}^2} \end{cases} \tag{4-27}$$

式中：J 为传动系的机组总转动惯量，kg·m^2；T_{e} 为发电机的电磁转矩，N·m；D 为单质量块的自阻尼系数，Nm/rad；ω_{m} 为发电机的机械转速，rad/s；H 为惯性时间常数，s。

（2）永磁同步发电机模型。对于永磁同步发电机建模，通常将其视为理想电机：①忽略定子、转子铁芯磁阻，忽略涡流损耗和磁滞损耗，忽略漏磁影响；②气隙磁场均匀成正弦分布；③忽略齿槽效应；④发电机端电压三相对称；⑤数学模型采用电动机惯例；⑥不考虑磁饱和；⑦永磁材料电导率为零。

与双馈风机相同，为简化计算，同样需将三相同步旋转坐标系转换为两相同步旋转坐标系。两相旋转同步坐标系下发电机数学模型如式（4-28）～式（4-31）所示。

两相旋转同步坐标系电压方程为

$$\begin{cases} u_{sd} = \dfrac{\mathrm{d}\Psi_d}{\mathrm{d}t} - \omega_{\mathrm{e}}\Psi_q + R_{\mathrm{s}}i_{sd} \\ u_{sq} = \dfrac{\mathrm{d}\Psi_q}{\mathrm{d}t} + \omega_{\mathrm{e}}\Psi_{sd} + R_{\mathrm{s}}i_{sq} \\ \omega_{\mathrm{e}} = \dfrac{\mathrm{d}\theta_{\mathrm{e}}}{\mathrm{d}t} \end{cases} \tag{4-28}$$

磁链方程为

$$\begin{cases} \Psi_d = L_{sd}i_{sd} + \Psi_{\mathrm{f}} \\ \Psi_q = L_{sq}i_{sq} \end{cases} \tag{4-29}$$

功率方程为

$$\begin{cases} P = \dfrac{3}{2}(u_{sd}i_{sd} + u_{sq}i_{sq}) \\ Q = \dfrac{3}{2}(u_{sq}i_{sd} + u_{sd}i_{sq}) \end{cases} \tag{4-30}$$

转矩方程为

$$T_{\mathrm{e}} = \dfrac{3}{2}n_{\mathrm{p}}(\Psi_d i_{sq} - \Psi_q i_{sd}) = \dfrac{3}{2}n_{\mathrm{p}}i_{sq}\Psi_{\mathrm{f}} \tag{4-31}$$

式中：u_{sd}、u_{sq} 为 d、q 轴电压，V；Ψ_d、Ψ_q 为 d、q 轴磁链，Wb；R_{s} 为定子电阻，Ω；

i_{sd}、i_{sq} 为 d、q 轴电流，A；L_{sd}、L_{sq} 为 d、q 轴电感，H；Ψ_{f} 为转子在定子上耦合的磁链，Wb；ω_{e} 为转子电磁角速度，rad/s；θ_{e} 为转子位置角度，rad；n_{p} 为永磁同步发电机磁极对数。

（3）变流器及其控制器模型。直驱风机机侧变流器控制有功功率及无功功率，网侧变流器控制直流电压及无功功率。

机侧变流器控制器的主要目标是根据风速的变化连续调节发电机转速，以最大限度吸取风能，通常采用基于转子磁链定向的转速外环、电流内环的双闭环控制策略，常用最大转矩控制策略，它能够使发电机在输出相同转矩的情况下保持定子电流最小，并且在这种控制方式下，电磁转矩与定子电流呈现线性关系，电磁转矩的控制实现了极大的简化。

发电机转速指令是由机组的控制器给定的，转速指令与实际转速的偏差作为外环控制的输入，输出作为交轴电流参考值 i_{sqref}，再通过电流内环控制输出变流器的触发电压。由于为实现最大转矩控制采用零 d 轴电流的控制策略，故直流电流的参考值为 0，从而最终将机械功率转换为电磁功率。

机侧变流器在两相 dq 同步旋转坐标系下的控制方程为

$$\begin{cases} u_{sd} = R_{s}i_{sd} + L_{sd}\dfrac{\mathrm{d}i_{sd}}{\mathrm{d}t} - \omega_{s}L_{sq}i_{sq} + S_{d}U_{dc} \\[2mm] u_{sq} = R_{s}i_{sq} + L_{sq}\dfrac{\mathrm{d}i_{sq}}{\mathrm{d}t} + \omega_{s}L_{sd}i_{sd} + S_{q}U_{dc} \\[2mm] C\dfrac{\mathrm{d}U_{dc}}{\mathrm{d}t} = \dfrac{3}{2}(S_{d}i_{sd} + S_{q}i_{sq}) - I_{dc} \end{cases} \tag{4-32}$$

式中：U_{dc}、I_{dc} 为变流器直流电压、电流；C 为直流侧电容；S_{d}、S_{q} 为机侧变流器在 dq 坐标系下的开关函数。机侧变流器控制框图如图 4-14 所示。

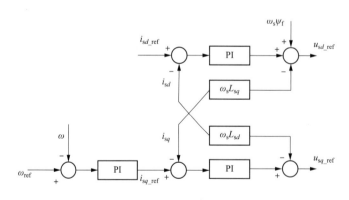

图 4-14　直驱风机机侧变流器控制框图

网侧变流器控制器的主要目标是控制风机与电网交换的有功功率及无功功率，通常采用电网电压定向控制，可以实现有功电流和无功电流的解耦，即通过控制 d、q 轴电流分别控制有功功率及无功功率。控制框图如图 4-15 所示，其中电压外环的输出作为有功电流 i_{gd} 的参考值，无功电流参考值给定为 0，以实现单位功率因数控制。

网侧变流器在两相 dq 同步旋转坐标系下的控制方程为

$$\begin{cases} u_{gd} = R_g i_{gd} + L_{gd} \dfrac{\mathrm{d}i_{sd}}{\mathrm{d}t} - \omega_g L_{gq} i_{gq} + E_g \\[2mm] u_{gq} = R_g i_{gq} + L_{gq} \dfrac{\mathrm{d}i_{gq}}{\mathrm{d}t} + \omega_g L_{gd} i_{gd} \\[2mm] C \dfrac{\mathrm{d}U_{dc}}{\mathrm{d}t} = \dfrac{3}{2}(S_d i_{gd} + S_q i_{gq}) - I_{dc} \end{cases} \tag{4-33}$$

式中：u_{gd}、u_{gq} 为网侧 dq 轴电压；i_{gd}、i_{gq} 为网侧 dq 轴电流；R_g 为电网侧线路电阻；L_{gd}、L_{gq} 为滤波电感和线路电感的等效 dq 轴电感；ω_g 为网侧角频率；U_{dc}、I_{dc} 分别为变流器直流电压、电流；C 为直流侧电容；S_d、S_q 分别为网侧变流器在 dq 坐标系下的开关函数；E_g 为电网电压。

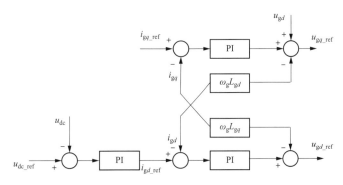

图 4-15　直驱风机网侧变流器控制框图

利用上述直驱风机各部分数学模型，可建立直驱风机的一种典型结构化电磁暂态模型，模型典型参数如表 4-2 所示。

表 4-2　　　　　　　　直驱风机典型结构化模型典型参数

所属部分	参数名称	数值
永磁同步机	额定电压	690V
	额定频率	50Hz
	额定容量	1.58MVA
	额定机械功率	1.5MW
	定子电阻 R_s	0.006（标幺值）
	d 轴电感	0.2428（标幺值）
	q 轴电感	0.2428（标幺值）
主控部分	风力机额定机械功率	1.5MW
	额定风速	12m/s
	单质量块惯性时间常数	4.33s
换流器	网侧换流器额定电压	690V
	直流电容	0.03F
	额定直流电压	1100V

所属部分	参数名称	数值
网侧及机侧控制器	网侧 K_p	0.5
	网侧 K_i	20
	机侧 K_p	0.35
	机侧 K_i	80
高低电压穿越控制	进高电压穿越定值	1.12（标幺值）
	出高电压穿越定值	1.1（标幺值）
	进低电压穿越定值	0.88（标幺值）
	出低电压穿越定值	0.9（标幺值）
Chopper 保护	Chopper 动作电压	1.075（标幺值）
	退出电压	1.025（标幺值）

4.1.1.3 光伏发电单元建模

光伏发电是利用光生伏打效应，使太阳光辐射能转变成电能的发电方式。光伏发电系统通常分为单级式系统和两级式系统，单级式发电系统一般由光伏电池阵列、并网逆变器、控制器等部分组成，两级式发电系统一般由光伏电池阵列、DC-DC 变换器、并网逆变器及控制器等部分组成。两级式太阳能光伏发电系统的组成如图 4-16 所示。

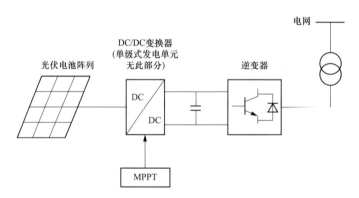

图 4-16 太阳能光伏发电系统示意图

（1）光伏电池模型。光伏电池一般由半导体构成，可视作一个 PN 结，其等效电路如图 4-17 所示。

由上述等效电路基于基尔霍夫定律可推导出光伏电池板数学模型，即

$$I = I_{ph} - I_0 \left[e^{\frac{q(U+IR_s)}{AKT}} - 1 \right] - \frac{U + IR_s}{R_{sh}} \tag{4-34}$$

式中：q 为电子电量，$q = 1.6 \times 10^{-19}$ C；K 为玻尔兹曼常数，$K = 1.38 \times 10^{-28}$ J/K；A 为二极管曲线因子，一般取 1；T 为绝对温度，K。

由于式（4-34）中的某些参数容易受外界影响，很难确定，由式（4-34）搭建光伏电

池的数学模型比较复杂，因此工程中通常对式（4-34）进行简化分析，并采用厂家提供的最大功率点负载电流 I_m、短路电流 I_sc、最大功率点负载电压 U_m、开路电压 U_oc 来描述电池的特性。简化分析如下：

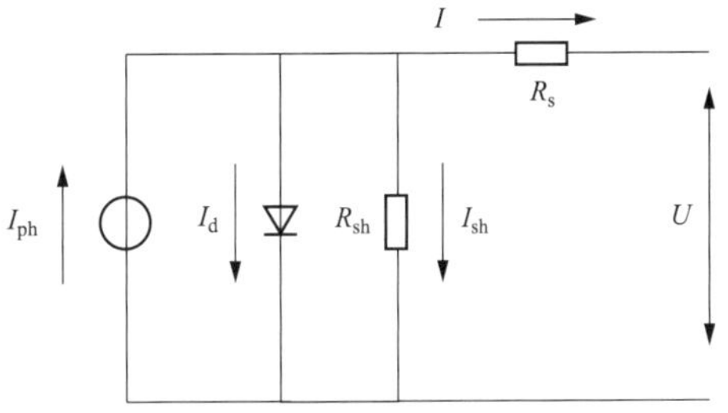

图 4-17　光伏电池等效电路

I_ph—光生电流；I_d—二极管反向饱和电流；

U、I—光伏电池输出电压及电流；

R_s、R_sh—光伏电池等效串、并联电阻

1）在光伏电池内部，等效串联电阻 R_s 通常远远小于并联电阻 R_sh，因此光生电流 I_ph 远远大于流过并联电阻 R_sh 的电流 I_sh，I_sh 可忽略不计。

2）在光伏电池内部，等效串联电阻 R_s 通常远远小于 PN 结导通电阻，因此，当光伏电池发生短路时，其短路电流 I_sc 可以等效成光生电流 I_ph。

3）在标准环境条件下，可认为光伏电池的开路电压等于标准环境条件下的开路电压 U_oc，最大功率电池的电压等于标准环境条件下的电压 U_m，即

$$\begin{cases} I=0, U=U_\text{oc} \\ U=U_\text{m}, I=I_\text{m} \end{cases} \tag{4-35}$$

基于上述简化分析，式（4-34）可简化为

$$I_\text{m} = I_\text{sc}\left(1 - Ae^{\frac{U_\text{m}}{BU_\text{oc}}}\right) \tag{4-36}$$

$$A = \left(1 - \frac{I_\text{m}}{I_\text{sc}}\right)e^{-\frac{U_\text{m}}{BU_\text{oc}}}, B = \left(\frac{U_\text{m}}{U_\text{oc}} - 1\right)\left[\ln\left(1 - \frac{I_\text{m}}{I_\text{sc}}\right)\right]^{-1} \tag{4-37}$$

上述表达式为光伏电池在标准环境条件下的数学模型，根据环境条件的不同，需要对参数进行修正，修正算法为

$$\begin{cases} \Delta T = T - T_\text{ref}, \Delta S = \dfrac{S}{S_\text{ref}} - 1 \\[2mm] I'_\text{sc} = I_\text{sc}\left(\dfrac{S}{S_\text{ref}}\right)(1 + a\Delta T), U'_\text{oc} = U_\text{oc}(1 - c\Delta T)\ln(e + b\Delta S) \\[2mm] I'_\text{m} = I_\text{m}\left(\dfrac{S}{S_\text{ref}}\right)(1 + a\Delta T), U'_\text{m} = U_\text{m}(1 - c\Delta T)\ln(e + b\Delta S) \end{cases} \tag{4-38}$$

式中：T 为实际环境温度，℃；S 为实际光照强度，W/m^2；I'_sc、U'_oc、I'_m、U'_m 分别为修正后的对应参数；T_ref 为标准环境条件下的温度，$T_\text{ref}=25℃$；S_ref 为标准环境条件下的光照强度，$S_\text{ref}=1000\text{W/m}^2$；$a$、$b$、$c$ 为修正系数，$a=0.0007/℃$，$b=0.0005\text{m}^2/\text{W}$，$c=0.00288/℃$。

（2）MPPT 控制（仅两级式光伏发电系统）。MPPT 控制系统通过在光伏阵列与负载间加入一个 DC/DC 变换器，根据采集到的输出电压和电流，利用 MPPT 控制算法计算 PWM 波占空比，输出给 DC/DC 变换器的开关器件，从而实现最大功率点的跟踪控制。其中适用于光伏发电系统控制需求的 DC/DC 变换器主要包括 Boost 电路、Buck-

Boost 电路及 Cuk 电路，本书综合考虑三种电路的优缺点，选择最常用的 Boost 电路予以介绍。

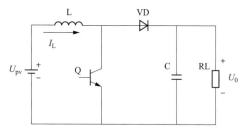

图 4-18　Boost 电路拓扑

Boost 电路也被称为升压斩波电路，其输出端电压 U_0 大于输入端电压 U_{pv}。电路拓扑如图 4-18 所示，主要由直流电源、电感、电容、二极管、开关管以及负载组成。其工作原理为：当开关管 Q 导通时，电源向电感 L 充电，电容 C 向负载 RL 供电，电感电流 I_L 在导通时间 t_{on} 内的增加量为

$$\Delta I_{L+} = \int_0^{t_{on}} \frac{U_{pv}}{L} \mathrm{d}t = \frac{U_{pv}}{L} t_{on} = \frac{U_{pv}}{L} DT \tag{4-39}$$

$$D = t_{on}/T$$

式中：T 为开关管开关周期；D 为占空比。

当开关管 Q 关断时，由于电感电流无法突变，电源和电感共同向电容 C 充电，并向负载供电。电感电流 I_L 在关断时间 t_{off} 内的减少量为

$$\Delta I_{L-} = \int_{t_{off}}^T \frac{U_0 - U_{pv}}{L} \mathrm{d}t = \frac{U_0 - U_{pv}}{L} (1-D) T \tag{4-40}$$

在电路达到稳态时，电感电流在一个周期内的增加量等于减少量，即 $\Delta I_{L+} = \Delta I_{L-}$，代入式（4-39）和式（4-40）可得

$$U_0 = \frac{1}{1-D} U_{pv} \tag{4-41}$$

光伏电池的输出特性曲线如图 4-19 所示。由图可知，光伏电池的输出功率会随着电压逐渐增大，当电压增大到某一数值，输出功率达到最大值，而后输出功率开始减小。MPPT 控制的目的就是通过控制 DC/DC 变换电路的占空比，调整光伏电池板输出电压，寻找输出功率的最大点。MPPT 控制包括多种算法，本书仅对目前较成熟且最常用的扰动观察法予以介绍。

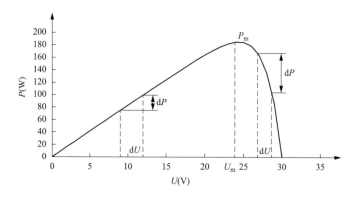

图 4-19　光伏电池电压-功率曲线

扰动观测法通过每隔一定时间增加或减小电压，并观测之后功率的变化方向，来决定下一步的信号。在增加电压的前提下，若功率变化量 $\mathrm{d}P>0$，说明光伏电池工作于功率上坡段，即最大功率点的左侧，需继续增大电压，从左边向最大功率点 P_m 靠近；若 $\mathrm{d}P<0$，说明光伏电池工作于功率下坡段，即最大功率点的右侧，需继续减小电压，从右边向最大功率点 P_m 靠近；若 $\mathrm{d}P=0$，说明光伏电池工作于最大功率点，无需调整电压值。在实际控制中，由于对光伏电池的电压或电流施加扰动比较麻烦，通常将 DC/DC 变换器的占空比作为扰动对象，通过改变占空比来改变输出功率。图 4-20 为扰动观测法控制流程图。

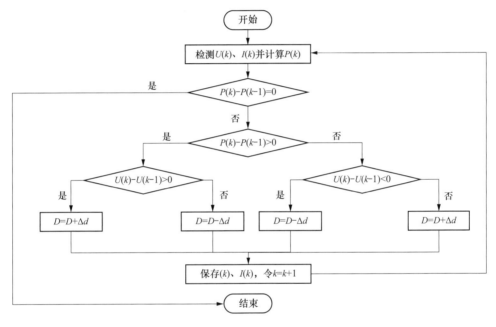

图 4-20　扰动观测法控制流程图

　　（3）并网逆变器及其控制。并网逆变器主回路模型与双馈风机及直驱风机网侧变流器相同，在此不再赘述。

　　并网逆变器在两相同步 dq 旋转坐标系下的数学模型为

$$\begin{cases} u_d = (R+\mathrm{j}\omega L)i_d - \omega L i_q + e_d \\ u_q = (R+\mathrm{j}\omega L)i_q + \omega L i_d + e_q \\ C\dfrac{\mathrm{d}u_\mathrm{dc}}{\mathrm{d}t} = S_d i_d + S_q i_q - i_\mathrm{pv} \end{cases} \tag{4-42}$$

　　两相同步 dq 旋转坐标系下的功率方程为

$$\begin{cases} P = \dfrac{3}{2}(e_d i_d + e_q i_q) \\ Q = \dfrac{3}{2}(e_q i_d + e_d i_q) \end{cases} \tag{4-43}$$

式中：u_d、u_q 分别为光伏发电系统变流器侧 d 轴和 q 轴电压；i_d、i_q 分别为光伏发电系统变流器侧 d 轴和 q 轴电流；R 为电网侧电阻；L 为电网侧电感；ω 为网侧角频率；u_{dc}、i_{pv} 分别为变流器直流电压、电流；C 为直流侧电容；S_d、S_q 分别为变流器在 dq 坐标系下的开关函数；e_d、e_q 分别为电网侧 d 轴和 q 轴电压。

逆变器控制采用了基于电网侧电压定向空间矢量控制的策略，即 $e_q = 0$，此时可实现逆变器有功功率和无功功率的解耦控制。具体的控制方案采用电压外环、电流内环的双闭环控制。

电压外环的目的是保持直流侧电压稳定，从而使光伏阵列产生的电能可以稳定完成逆变过程并输送到电网。通过将实时采集直流侧的电压与 MPPT 的参考电压相比较，经过 PI 控制器生成有功电流参考值 I_{dref}。无功电流参考值 I_{qref} 在稳态时设定为 0，低电压穿越期间根据具体的逆变器控制策略给定相应的无功电流参考值。电流内环采取了 dq 轴前馈解耦的控制方式，通过前置的 PI 控制器来实现解耦控制。控制框图如图 4-21 所示。

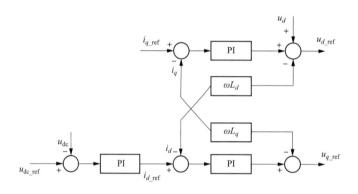

图 4-21　逆变器控制环节框图

利用上述光伏发电单元各部分数学模型，可建立光伏发电单元的　种典型结构化电磁暂态模型，模型典型参数如表 4-3 所示。

表 4-3　　　　　　　　　　光伏发电单元典型结构化模型典型参数

所属部分	参数名称	数值
光伏电池板	I_{sc}	10.47A
	U_{oc}	49.30V
	I_m	9.86A
	U_m	49.30V
	并联电池数	385
	串联电池数	13
逆变器	额定功率	2MVA
	网侧额定电压	360V
	直流电容	200 μF
	额定直流电压	1000V

所属部分	参数名称	数值
逆变器 控制器	K_p	1
	K_i	75
高低电压 穿越控制	进高电压穿越定值	1.1（标幺值）
	出高电压穿越定值	1.09（标幺值）
	进低电压穿越定值	0.89（标幺值）
	出低电压穿越定值	0.9（标幺值）

4.1.2　新能源单机数模混合仿真建模

新能源单机数模混合仿真模型基于新能源机组主回路数字仿真模型及机组真实控制器装置建立，其控制保护特性与实际机组一致，是检测机组控制特性的最佳手段，也是校核优化机组典型结构化模型最有效的工具。新能源单机数模混合仿真模型结构框图如图 4-22 所示。

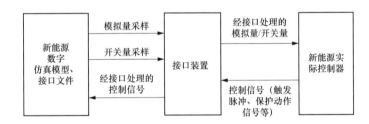

图 4-22　新能源机组数模混合仿真模型结构框图

新能源单机数模混合仿真建模包括机组主回路数字模型和 I/O 接口。

（1）机组主回路数字模型。利用电磁暂态仿真平台，根据新能源机组供应商提供的主回路拓扑及参数，搭建机组主回路数字模型。根据不同仿真步长需求及仿真平台仿真能力，变流器部分可选择在 CPU（步长 10～100μs）或 FPGA（步长为微秒到纳秒级）中搭建仿真模型。对于采用集中式变流器的风机或光伏发电单元，由于变流器开关频率为 2～3kHz（两电平变流器）或 7～8kHz（三电平变流器），可选择在 CPU 中搭建变流器模型，以微秒级步长对变流器进行仿真，同时可选择在 I/O 接口中采用必要的插值算法，用来减小定步长仿真中由于开关信号不在整步长时刻点导致的仿真误差；对于采用组串式变流器的光伏发电单元，由于变流器开关频率较高，通常为 16～20kHz，为满足仿真精度要求，必须在 FPGA 中搭建变流器模型，采用微秒到纳秒级步长对其进行仿真。

（2）I/O 接口。I/O 接口用于实现数字模型与实际控制器模型间模拟量及数字量的交换，主要包括接口装置和接口文件两部分。接口装置用于形成闭环的仿真测试环境，直接连接新能源机组实际控制器与实时数字仿真器，根据传递媒介的不同可分为电信号接口和光信号接口。另外，针对开关频率较高的电力电子装置仿真，需通过快速采集接口功能（如 HYPERSIM 仿真平台中的 TSB 接口）对单位仿真步长内的高频脉冲进行平均化处理，以减小高频脉冲在数模混合仿真环境中 $10\sim100\mu s$ 仿真步长下的传输误差及计算误差。接口文件用于实现信号类型（输入、输出、模拟量、开关量等）的设置及电平转换。具体需根据新能源机组供应商提供的实际控制器接口信息，包括接口编号、引脚序号、信号名称、信号类型、电平范围、信号变比、信号采样位置等，按照仿真平台接口规范，编写数模混合仿真平台接口文件，并在仿真平台搭建相应的接口模块，确保接口模块可成功调用接口文件，实现数字模型与实际控制器间的信号正确交换。I/O 接口示意图如图 4-22 所示。

以某直驱永磁机组为例，说明上述各部分建模方法。

1）主回路拓扑及元件参数。机组主回路数字模型拓扑如图 4-23 所示，元件参数如表 4-4 所示。

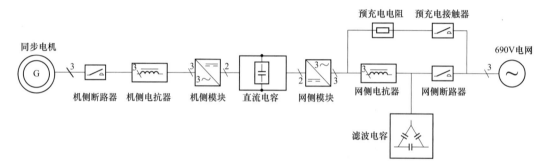

图 4-23　某直驱机组主回路拓扑示意图

表 4-4　　　　　　　　　　　　　某直驱机组数模混合模型主回路参数

参数名称	数值
定子电阻	0.0009Ω
直轴电感	1.586mH
交轴电感	2.362mH
磁链系数	11.05V·s
额定转速	16r/min
电机极对数	30
额定功率	2.1MW
网侧电抗	0.075mH
机侧电抗	0.02mH
直流电容	$28000\mu F$
滤波电容（星型联结）	$333\mu F$
预充电电阻	1Ω

2）I/O 接口。以部分信号为例，接口信息示意如表 4-5 所示。

表 4-5　　　　　　　　　　　　某直驱机组数模混合仿真模型接口信息

引脚序号	信号名称	信号类型	信号子类型	电平范围	变比	正方向
1	主柜网侧模块 1A 相上桥 PWM	数字量信号	开关信号	0V，15V	—	—
2	主柜网侧模块 1A 相下桥 PWM	数字量信号	开关信号	0V，15V	—	—
3	主柜网侧模块 1B 相上桥 PWM	数字量信号	开关信号	0V，15V	—	—
4	主柜机侧模块 1A 相电流	模拟量信号	电压型信号	−10～+10V	—	—
5	主柜机侧模块 1B 相电流	模拟量信号	电压型信号	−10～+10V	1.14kA/5V	流向电机
6	主柜机侧模块 1C 相电流	模拟量信号	电压型信号	−10～+10V	1.14kA/5V	流向电机
7	并网电压 U_A	模拟量信号	电压型信号	−10～+10V	2kV/5V	对地电压
8	并网电压 U_B	模拟量信号	电压型信号	−10～+10V	2kV/5V	对地电压
9	并网电压 U_C	模拟量信号	电压型信号	−10～+10V	2kV/5V	对地电压
10	Chopper 驱动信号	数字量信号	开关信号	0V，15V	—	—
11	网侧主接触器状态反馈信号	数字量信号	开关位置信号	0V，15V	—	—

4.1.3　含数字封装控制器的新能源单机模型

新能源机组数模混合仿真模型可精确模拟机组的控制保护响应特性，但建立该模型需要实际控制装置及接口装置，建模工作复杂，且成本较高。因此，可利用仿真平台接口及机组实际控制器静态链接库，建立含机组控制器数字封装模型的机组数字仿真模型。该模型一方面能够较为精确地反映机组的控制保护响应特性，一方面可以实现模型多实例复用，在机组数量较多的仿真场景中，能较为准确的进行仿真再现。然而，与机组典型结构化模型相比，该模型存在一定局限性，如占用仿真资源较多、封装控制逻辑不利于分析问题等。此外，该模型需要新能源机组厂家针对不同的仿真环境对控制器代码进行封装，对厂家的建模技术要求较高。

含控制器数字封装模型的新能源机组模型主要包括以下几部分：

（1）机组主回路数字模型。该部分模型与机组数模混合仿真模型中的主回路模型基本相同。

（2）控制器静态链接库文件。针对不同运行环境下的仿真平台，将新能源机组控制器源程序进行重新编译，生成控制器静态链接库文件。通过仿真平台接口文件调用该库文件，实现控制器程序的调用，从而建立新能源机组控制器封装模型。编译生成该文件前，需要根据仿真平台接口文件中定义的输入输出量，对机组控制器代码的输入输出部分进行修改，同时增加代码用于区分多实例调用时使用的内存空间，以满足模型复用的需求，最后对源代码重新编译生成库文件（Windows 环境下为 .lib 文件，Linux 环境下为 .a 文件）。

（3）控制器接口模型。该模型用于实现控制器程序的调用，针对不同仿真平台，可利用仿真平台自定义模块及接口规范进行建模。

以基于 Linux 环境的电磁暂态仿真软件 HYPERSIM 为例，含控制器数字封装模型的新能源机组模型建模流程如图 4-24 所示。

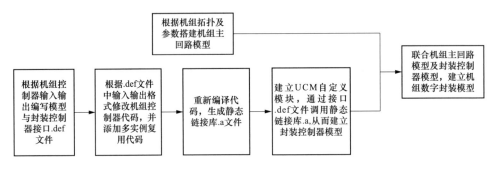

图 4-24　HYPERSIM 新能源单机数字封装模型建模流程

4.2　新能源场站等值及电磁暂态建模

为满足大规模新能源场站仿真需求，需基于上节所述新能源单机模型，对其中的各个新能源场站进行场站级建模。目前在新能源场站电磁暂态建模方面主要采用的模型有：①场站一比一详细模型；②基于机组参数分群或参数辨识的等值模型（以下简称分群等值模型）；③基于容量加权的简化机组等值模型（以下简称直接聚合等值模型）。

对于场站一比一详细模型，场站中包括风机/光伏发电单元及其控制器、箱变、无功补偿设备在内的所有设备均按照实际情况建模。该模型精确度非常高，然而，一个场站中通常包含数十台甚至近百台机组。在大规模新能源多场站仿真场景下，建立所有场站的详细模型需要耗费巨大的仿真资源，且无法保证仿真效率。对于分群等值模型，在相对节省计算资源的同时，可以较好地反映场站在不同运行工况下的运行特性。但这种等值模型所需数据和等值工作量都十分庞大，建模效率相对较低，且在大规模新能源多场站仿真场景下，对于投运时间较长的存量新能源场站，其数据可能不完整或变化较大；对于新建场站，其运行数据较少，无法进行准确的参数辨识；对于规划场站，尚无详细的设备数据用来进行等值。因此，这种等值模型仅适用于个别已知设备详细参数的新能源场站建模，适用范围有限。对于直接聚合等值模型，其将整个场站基于容量加权算法等值成一台或数台机组直接接入电网，虽节省了大量计算资源，但由于忽略了场站汇集线系统，在稳态和暂态特性上都存在较大误差，尤其是在多场站仿真场景下，这种误差积累会对仿真结果产生较大影响。

因此，针对大规模新能源多场站仿真场景，本书将介绍基于容量加权等值机组及基于等效损耗原则等值汇集线系统的新能源场站等值模型，模型可在保证一定仿真精确度的同时，相对节省计算资源，同时考虑在场站建模数据不够充分的情况下，能够尽量减小模型暂态特性误差，从而满足各种场景下大规模新能源多场站的大电网数模混合实时仿真要求。首先介绍新能源机组聚合及汇集线系统等值方法。

4.2.1 新能源机组聚合

对于场站等值机组及箱式变压器（以下简称箱变），其参数按照式（4-44）进行基于容量加权的聚合，即

$$
\begin{cases}
S_{\mathrm{m}} = \sum_{i=1}^{n} S_{si}, H_{\mathrm{m}} = \sum_{i=1}^{n} \dfrac{S_{si}}{S_{\mathrm{m}}} H_{si}, K_{\mathrm{m}} = \sum_{i=1}^{n} \dfrac{S_{si}}{S_{\mathrm{m}}} K_{si} \\[3mm]
R_{\mathrm{m}} = \dfrac{\prod_{i=1}^{n} R_{si}}{\sum_{i=1}^{n} R_{si}}, L_{\mathrm{m}} = \dfrac{\prod_{i=1}^{n} L_{si}}{\sum_{i=1}^{n} L_{si}}, C_{\mathrm{m}} = \sum_{i=1}^{n} C_{si}
\end{cases}
\tag{4-44}
$$

式中：S、H、K、R、L、C 分别为机组/箱变的容量、风力机及发电机的转子惯性时间常数、机组轴系刚度系数、主回路/箱变电阻、电感、主回路电容，下标 m 表示聚合等值机组；下标 s 表示单台机组；n 为场站内新能源机组数。

4.2.2 汇集线系统等值

对于汇集线系统，采用等效功率损耗的原则，将整个汇集线系统等值成一条汇集线，即等值前后汇集线上的功率损耗相同，等值阻抗为 Z_{ECS}，等值导纳为 B_{ECS}。考虑到等值方法的通用性，且实际情况中机组间汇集线阻抗及导纳较小，因此做出以下简化假设：场站内每条汇集线段连接的每台机组机端电压 U_i 的幅值、相角均相等。汇集线等值分为汇集线段串联及并联两种情况，首先说明单条汇集线上所有汇集线段串联情况下汇集线的等值方法。

4.2.2.1 汇集线段串联汇集线等值方法

以图 4-25 中所示的汇集线为例进行说明，该汇集线上共有五台新能源机组，通过五段串联的汇集线段连接，每台机组的电流分别为 I_i，汇集线段的阻抗分别为 Z_i，$i=1\sim5$。

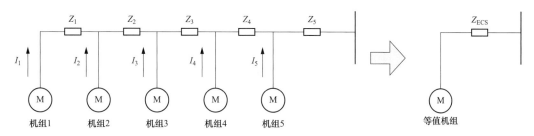

图 4-25 汇集线段串联情况下等值汇集线及等值机组示意图

该条汇集线上汇集线段阻抗 Z_1 产生的复功率损耗为

$$S_{\text{loss}1} = \Delta U_1 I_1^*$$ (4-45)

这里，ΔU_1 为汇集线阻抗 Z_1 的电压降，可表示为

$$\Delta U_1 = I_1 Z_1 = \left(\frac{S_1}{U_1}\right)^* Z_1$$ (4-46)

其中，S_1 为机组 1 的复功率，U_1 为机组 1 电压，将式（4-46）带入式（4-45），可得

$$S_{\text{loss}1} = \left(\frac{S_1}{U_1}\right)^* Z_1 I_1^* = \left|\frac{S_1}{U_1}\right|^2 Z_1$$ (4-47)

流过汇集线段阻抗 Z_2 的电流为 $I_{2\text{sum}} = I_1 + I_2$，因此，汇集线上汇集线段阻抗 Z_2 产生的复功率损耗为

$$S_{\text{loss}1} = \left(\frac{S_1}{U_1} + \frac{S_2}{U_2}\right)^* Z_2 I_{2\text{sum}}^* = \left|\frac{S_1^*}{U_1^*} + \frac{S_2^*}{U_2^*}\right|^2 Z_2$$ (4-48)

依次类推，汇集线阻抗 Z_i 损耗分别为

$$S_{\text{loss}i} = \left|\sum_{k=1}^{i} \frac{S_k^*}{U_k^*}\right|^2 Z_i$$ (4-49)

整条汇集线损耗 S_{loss_t} 为

$$S_{\text{loss}_t} = \sum_{i=1}^{n} S_{\text{loss}i} = \sum_{i=1}^{n}\left(\left|\sum_{k=1}^{i} \frac{S_k^*}{U_k^*}\right|^2 Z_i\right), n=5$$ (4-50)

采用等效汇集线阻抗计算可得

$$S_{\text{loss}_t} = \Delta U_{\text{ECS}} I_{\text{ECS}}^* = \left|\frac{\left(\sum_{i=1}^{n} S_i\right)^*}{U_5^*}\right|^2 Z_{\text{ECS}}, n=5$$ (4-51)

联立式（4-50）和式（4-51），可得等值汇集线阻抗 Z_{ECS} 为

$$Z_{\text{ECS}} = \frac{S_{\text{loss}_t}}{\left|\dfrac{\left(\sum_{i=1}^{n} S_i\right)^*}{U_5^*}\right|^2} = \frac{\sum_{i=1}^{n}\left(\left|\sum_{k=1}^{i} \dfrac{S_k^*}{U_k^*}\right|^2 Z_i\right)}{\left|\dfrac{\left(\sum_{i=1}^{n} S_i\right)^*}{U_5^*}\right|^2}, n=5$$ (4-52)

由于假设各机组端口电压 U_i 的幅值及相位均相等，式（4-52）可化简为

$$Z_{\text{ECS}} = \frac{\sum_{i=1}^{n}\left[\left(\sum_{k=1}^{i} S_k^*\right)^2 Z_i\right]}{\left(\sum_{i=1}^{n} S_i^*\right)^2}, n=5$$ (4-53)

若考虑各机组功率因数接近 1，则机组复功率约等于其有功功率，即 $S_i \approx P_i$，则式（4-53）可化简为

$$Z_{\text{ECS}} = \frac{\sum_{i=1}^{n}\left[\left(\sum_{k=1}^{i} P_k\right)^2 Z_i\right]}{\left(\sum_{i=1}^{n} P_i\right)^2}, n=5$$ (4-54)

其中，P_i 为各机组有功功率，若考虑各机组有功出力相同，则式（4-54）可进一步化简为

$$Z_{\text{ECS}} = \frac{\sum_{i=1}^{n}\left[\left(\sum_{k=1}^{i} k\right)^2 Z_i\right]}{n^2}, n=5$$ (4-55)

对于汇集线导纳等效，由于假设各机组电压幅值和相角均相同，则等效导纳可视为所有汇集线导纳的并联等效，即

$$B_{\text{ECS}} = \sum_{i=1}^{n} B_i, n = 5 \tag{4-56}$$

4.2.2.2 汇集线段并联汇集线等值方法

以图 4-26 中所示的汇集线为例对进行说明，三台新能源机组，通过三段并联的汇集线段连接，每台机组的电流分别为 I_i，汇集线段的阻抗分别为 Z_i，$i = 1$，2，3。

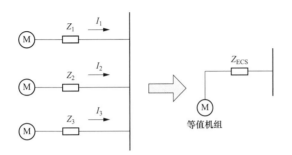

图 4-26　汇集线段并联情况下等值汇集线及等值机组示意图

其中，单段汇集线损耗如式（4-50）所示，三段汇集线总损耗为

$$S_{\text{loss}_t} = \sum_{i=1}^{n} S_{\text{loss}i} = \sum_{i=1}^{n} \left[\left(\frac{S_i^*}{U_i^*} \right)^2 Z_i \right], n = 3 \tag{4-57}$$

等效汇集线上流过的电流为

$$I_{\text{sum}} = \sum_{i=1}^{n} I_i = \sum_{i=1}^{n} \frac{S_i^*}{U_i^*}, n = 3 \tag{4-58}$$

等效汇集线上的损耗为

$$S_{\text{loss}_t} = \left| I_{\text{sum}} \right|^2 Z_{\text{ECS}} \tag{4-59}$$

因此，联立式（4-57）和式（4-59），可得汇集线等效阻抗为

$$Z_{\text{ECS}} = \frac{\sum_{i=1}^{n} \left[\left(\frac{S_i^*}{U_i^*} \right)^2 Z_i \right]}{\left| \sum_{i=1}^{n} \frac{S_i^*}{U_i^*} \right|^2} \tag{4-60}$$

假设各机组端口电压 U_i 的幅值及相位均相等，各机组功率因数接近 1，上式可化简为：

$$Z_{\text{ECS}} = \frac{\sum_{i=1}^{n} \left[P_i^2 Z_i \right]}{\left(\sum_{i=1}^{n} P_i \right)^2} \tag{4-61}$$

4.2.2.3 汇集线系统等值

对于同时包含并联及串联汇集线段的汇集线系统，需按上述方法，从汇集线系统最末端（距并网母线最远端）开始，对分支汇集线及其上连接的机组进行等效，再处理该汇集线及剩余的机组。以图 4-27 为例，等值步骤为：

（1）将图 4-27（a）中串联型分支 1 及分支 2 按方法（1）进行串联汇集线等效，分别形成图 4-27（b）中的等效分支 1 和等效分支 2。

（2）将图 4-27（b）中并联的等效分支 1 及等效分支 2 按方法（2）进行并联汇集线等效，形成图 4-27（c）中的等效分支 3。

（3）将图 4-27（c）中汇集线按方法（1）进行串联汇集线等效，形成如图 4-27（d）所示的等值模型。

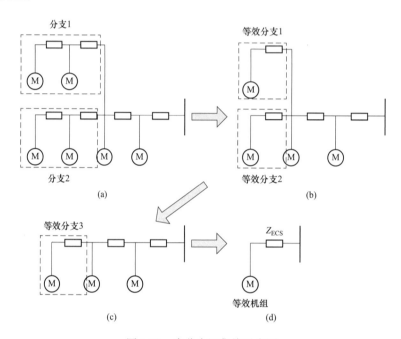

图 4-27　多分支汇集线示意图

4.2.3　新能源场站等值模型

以图 4-28（a）中新能源场站为例对三种场站等值模型进行说明，该场站中 4 条汇集线并联于同一条汇集线，每条汇集线上串联 4 台新能源机组。

4.2.3.1　汇集线级等值模型

该等值模型采用 4.2.1 节方法将每条汇集线接入的所有机组各等效成一台机组，将每条汇集线采用 4.2.2 方法各等效成一条汇集线段，等值后场站拓扑如图 4-28（b）所示，其中 $Z_{ECS1} \sim Z_{ECS4}$ 分别为各汇集线的等效阻抗。该等值模型可应用于可获得场站容量、机组参数及汇集线详细参数的场景。

4.2.3.2　场站级等值模型

该等值模型采用 4.2.1 节方法将场站中所有机组等值成一台聚合机组，采用 4.2.2 节方法将所有汇集线等效成一条汇集线段。等值后场站拓扑如图 4-28（c）所示，其中 $Z_{station}$ 为汇集线的总等效参数。该等值模型可应用于能够获取场站机组参数及汇集线详细参数的场景。与汇集线级等值模型相比，由于等值后的元件较少，从而节省了大量的计算资源。

4.2.3.3 典型汇集线参数等值模型

针对大规模新能源多场站建模时，因场站年代久远或尚处于规划中导致的无法获取汇集线系统详细参数的情况，提出了一套汇集线典型等值参数。具体方法为，统计国内 11 个不同额定容量及不同类型汇集线系统的光伏场站或风场汇集线数据，对这些场站的汇集线系统按 4.2.2 节等值方法求取了等值参数，并根据汇集线系统类型分别求取场站汇集线等值参数平均值，作为该类型汇集线系统的典型等值参数，如表 4-6 所示。等值机组仍采用 4.2.1 节方法，将场站中所有机组等值成一台聚合机组。等值后场站拓扑与场站级模型相同，如图 4-28（c）所示，其中 Z_{avg} 为汇集线典型参数。该模型可应用于无法获取汇集线详细参数的场景。

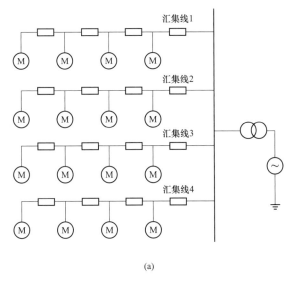

(a)

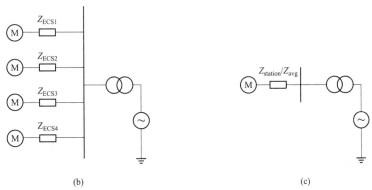

(b)   (c)

图 4-28　新能源场站详细模型及各等值模型拓扑

（a）场站详细拓扑；（b）汇集线级等值模型拓扑；（c）场站级等值模型/典型汇集线参数等值模型拓扑

表 4-6   **新能源场站典型汇集线等值参数**

汇集线类型	场站额定功率（MW）	等效电阻（标幺值）	等效电抗（标幺值）	等效电纳（标幺值）
电缆＋架空线	120	0.019	0.064	0.022
	148.5	0.013	0.057	0.013
	150	0.022	0.052	0.013
	99	0.023	0.067	0.008
	75	0.012	0.032	0.015
典型参数	—	0.018	0.054	0.014
纯电缆	100	0.026	0.019	0.026
	170	0.013	0.034	0.018
	78	0.028	0.028	0.015
	241.5	0.021	0.039	0.023
	100	0.012	0.011	0.016
	250	0.032	0.033	0.023
典型参数	—	0.021	0.027	0.020

4.2.4 新能源场站等值建模实例

本节选择某大型光伏场站为例，建立 4.2.3 节所述三种场站等值模型，通过将其稳态、暂态特性与详细模型及直接聚合等值模型进行对比，说明其有效性。

光伏场站参数如表 4-7 所示，其中所有光伏发电单元类型及参数相同，经 8 条汇集线路并联后接入 35kV 电网。各汇集线等值阻抗、电纳及场站汇集线总等值阻抗、电纳如表 4-8 所示。对于等值机组模型，采用 4.1.3 节中所述与机组实际控制特性一致的单机数字封装模型，并对所有机组按照 4.2.1 节所述方法进行聚合等值；对于等值汇集线模型，由于该光伏场站汇集线类型为电缆及架空线混合，故选择 4.2.3 节表 4-6 中对应类型等值参数对汇集线进行等值。利用电磁暂态仿真软件建立了场站详细模型及等值模型。其中光伏发电单元同样采用 4.1.3 节所述的单机数字封装模型，35kV 电网采用戴维南等值电源进行等效。

在稳态特性方面，表 4-9 和表 4-10 分别为 35kV 电网强系统（短路比为 20）和弱系统（短路比为 3）、所有光伏机组有功功率为额定功率、无功功率接近 0 的情况下，场站详细及等值电磁暂态模型稳态有功、无功出力及 35kV 母线电压及误差。误差计算指标为

$$\Delta X = \frac{X_{\text{equ}} - X_{\text{detail}}}{X_{\text{base}}} \tag{4-62}$$

式中：ΔX 为各稳态参数误差；X_{equ} 为场站等值模型参数；X_{detail} 为场站详细模型参数；X_{base} 为参数误差计算基值。

其中，有功功率 P、电压 U 的误差计算基值选择详细模型有功功率及电压稳态运行值，由于无功功率 Q 稳态值偏小，这里选择场站额定容量作为无功功率基值。

表 4-7   某 光 伏 场 站 参 数

场站额定功率	光伏发电单元额定功率	光伏发电单元数	汇集线数	箱变容量
250MW	2.5MW	100	8	2.5MVA

表 4-8   场站各汇集线及场站等效汇集线等值阻抗及导纳

汇集线编号	等值电阻 R（标幺值）	等值电抗 X（标幺值）	等值电纳 B（标幺值）
汇集线 1	0.15021	0.42457	0.00104
汇集线 2	0.16109	0.45595	0.00110
汇集线 3	0.22849	0.50884	0.00104
汇集线 4	0.24235	0.53901	0.00092
汇集线 5	0.19308	0.56368	0.00116
汇集线 6	0.20191	0.58303	0.00112
汇集线 7	0.27271	0.61277	0.00105
汇集线 8	0.30192	0.63075	0.00091
场站总汇集线	0.02699	0.06726	0.00835

表 4-9   强交流系统（短路比 20）条件下场站详细模型及各等值模型稳态工况及误差

模型参数	详细模型	直接聚合等值模型	汇集线级等值模型	场站级等值模型	典型汇集线参数等值模型
P（标幺值）	0.9555	0.9746	0.9553	0.9521	0.9592
ΔP	0.00	2.00%	−0.02%	−0.36%	0.39%
Q（标幺值）	−0.0938	−0.0558	−0.0977	−0.104	−0.0812
ΔQ	0.00	3.80%	−0.39%	−1.02%	1.26%
U（标幺值）	0.998	1.0009	0.9979	0.9972	0.9993
ΔU	0.00	0.29%	−0.01%	−0.08%	0.13%

表 4-10   弱交流系统（短路比 3）条件下场站详细模型及各等值模型稳态工况及误差

模型参数	详细模型	直接聚合等值模型	汇集线级等值模型	场站级等值模型	典型汇集线参数等值模型
P（标幺值）	0.9569	0.977	0.9565	0.9533	0.9605
ΔP	0.00	2.10%	−0.04%	−0.38%	0.38%
Q（标幺值）	−0.089	−0.0527	−0.0936	−0.1002	−0.0751
ΔQ	0.00	3.63%	−0.46%	−1.12%	1.39%
U（标幺值）	1.011	1.0287	1.0121	1.025	1.0222
ΔU	0.00	1.75%	0.11%	1.38%	1.11%

由表 4-9 和表 4-10 可知,在系统条件相同情况下,汇集线级等值模型误差最小,直接聚合等值模型误差最大,有功功率及无功功率误差均超过 2%。除直接聚合等值模型外,其余等值模型的有功功率误差均在 ±0.38% 范围内,35kV 母线电压误差均在 1.38% 以下。

在暂态特性方面,针对该光伏场站的典型汇集线参数等值模型、详细模型及直接聚合等值模型,在 35kV 并网点处模拟了单相瞬时对地短路、相间短路及三相瞬时对地短路故障,故障开始时刻均为 1s,持续时间均为 100ms,并对等值模型的故障响应特性误差进行了仿真分析。这里仅列出场站详细模型及等值模型在三相短路故障期间及故障恢复过程中,新能源场站有功功率、无功功率暂态响应波形,如图 4-29 和图 4-30 所示。观察图 4-29 和图 4-30 可知,各模型功率在恢复过程中的波峰或波谷处差异最显著,因此,模型暂态响应误差评价指标按如下原则选择:对比时刻选择场站详细模型在故障恢复期间(1.1~1.3s 时刻)有功功率最大值出现时刻(波峰)和无功功率最小值(波谷)出现时刻,以该时刻各等值模型的有功功率、无功功率与详细模型间的误差作为评价指标。各种故障下各等值模型响应特性对比分析结果如表 4-11 和表 4-12 所示。

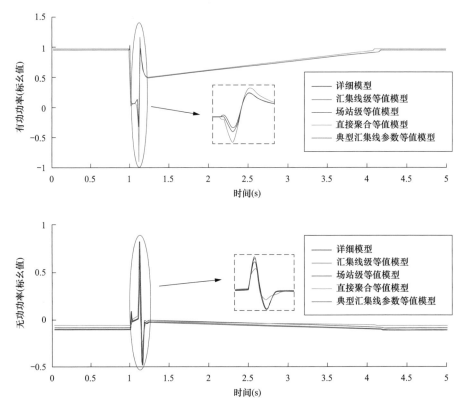

图 4-29 强交流系统(短路比 20)条件下,35kV 系统三相短路故障,
场站详细模型及各等值模型有功功率、无功功率

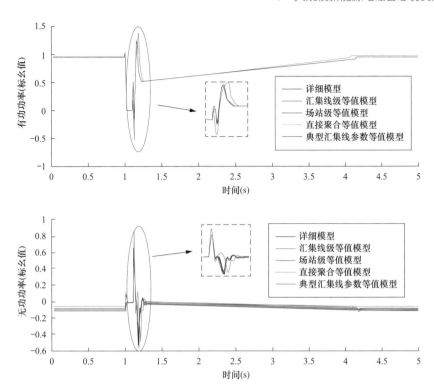

图 4-30 弱交流系统（短路比 3）条件下，35kV 系统三相短路故障，
场站详细模型及各等值模型有功功率、无功功率

**表 4-11 强交流系统（短路比 20）条件下，35kV 系统单相、相间、三相短路故障，
各等值模型暂态响应误差评价指标**

故障类型	功率误差	直接聚合等值	汇集线级等值	场站级等值	典型汇集线参数等值
单相故障	ΔP	1.35%	−0.09%	−0.89%	1.66%
	ΔQ	2.06%	1.44%	4.38%	−4.35%
相间故障	ΔP	8.40%	−0.28%	−1.05%	1.54%
	ΔQ	−4.38%	1.44%	2.33%	−2.65%
三相故障	ΔP	15.59%	−0.15%	−2.89%	−1.32%
	ΔQ	−49.44%	0.74%	2.19%	−2.31%

**表 4-12 弱交流系统（短路比 3）条件下，35kV 系统单相、相间、三相短路故障，
各等值模型暂态响应误差评价指标**

故障类型	功率误差	直接聚合等值	汇集线级等值	场站级等值	典型汇集线参数等值
单相故障	ΔP	−3.72%	−0.45%	−0.87%	1.07%
	ΔQ	17.59%	4.31%	6.12%	−11.14%

故障类型	功率误差	直接聚合等值	汇集线级等值	场站级等值	典型汇集线参数等值
相间故障	ΔP	-23.06%	-1.60%	-0.99%	2.67%
	ΔQ	-69.20%	1.23%	1.78%	-6.98%
三相故障	ΔP	-9.58%	-2.37%	-7.18%	-5.87%
	ΔQ	-102.18%	-10.93%	-24.72%	-26.39%

由以上分析可知，汇集线级等值模型暂态响应特性准确度最高，而直接聚合等值模型在暂态响应特性方面与详细模型及其他等值模型的差异较为显著，主要表现在故障恢复过程中。如表 4-11 和表 4-12 所示，此差异在严重故障（如三相短路）或弱系统条件下更加明显，差异程度之大会对电磁暂态分析结果造成较大影响。典型汇集线参数等值模型的准确度主要取决于典型参数与场站实际汇集线参数的相似度，但其准确度仍然远远高于直接聚合等值模型。

4.2.5 场站等值模型适用场景

根据前节分析结果，总结场站等值电磁暂态模型适用场景如表 4-13 所示。

表 4-13　　　　　　　　**场站等值电磁暂态模型适用场景**

模型类型		适用场景
新能源机组聚合等值模型	典型机组模型	无法获得机组数据的场景，如规划中场站或年代久远资料缺失的场站
	封装数字模型	可获得机组型号及数据
汇集线系统等值模型	直接聚合等值模型	鉴于此种等值模型在暂态响应特性方面误差较大，不建议采用此种模型进行电磁暂态分析
	汇集线级等值模型	可获得汇集线系统详细数据，仿真计算资源充足
	场站级等值模型	可获得汇集线系统详细数据，仿真计算资源有限
	典型汇集线参数等值模型	汇集线参数收集困难或场站处于规划阶段尚未明确汇集线参数

另外，由于机组多机聚合模型会放大由 PWM 产生的高频谐波，因此，当采用场站级等值的仿真中出现相对幅值较高的高频谐波分量时，建议尽量使用汇集线级等值模型，通过模拟不同汇集线等值机组 PWM 调制相位的离散性，抵消机组聚合模型的 PWM 谐波放大效应。

4.3 新能源模型接入电网仿真前的准确性校核

在新能源电磁暂态模型接入电网进行大系统电磁暂态仿真前，应确保其控制功能及暂稳态响应特性的正确性，且各项性能参数符合要求，从而确保大规模新能源模型接入后的大电网模型能够真实再现实际电网的稳态及暂态现象，便于研究人员正确分析并精准定位问题，从而提出改进方案。为此，在新能源模型接入大电网仿真前，应对新能源单机机组及其场站级等值机组模型进行相关控制功能的正确性测试及性能参数测试；并在此基础上，进一步对新能源机组模型进行暂态性能测试。最后，若条件具备，可将含大规模新能源电网的现场试验数据与仿真数据进行对比，从而测试模型的准确性。

新能源模型运行正确性测试包括倍乘功率输出性能测试、高低压穿越功能正确性测试、多机多核运行测试。

暂稳态性能测试包括极限短路比的测试、交流故障暂态特性测试、高低压穿越性能测试。

4.3.1 新能源模型仿真测试系统

本书所提出的新能源单机机组及新能源场站级等值机组电磁暂态仿真测试系统分别如图 4-31 和图 4-32 所示，其中的 35kV 电压源和 RL 串联支路表征新能源机组经升压变压器连接的外部电网，改变电压源电压幅值可调节电网的电压高低，而改变其内阻抗值可调节电网的强弱，通过设置 R、L 的数值比例可改变内阻抗的阻抗角。图 4-32 中新能源场站级模型的测试系统与单机机组测

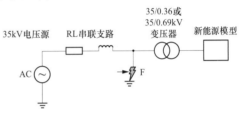

图 4-31 新能源单机机组测试系统

试系统相比，增加了场站级汇集线，汇集线参数可根据实际情况按 4.2.3 节所述方法计算而得或采用典型参数。

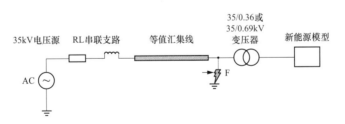

图 4-32 新能源场站级模型测试系统

如测试条件给出的是电压等级为 U_N、短路电流为 I_k 的系统，则可根据下式计算出电压源内阻抗的阻抗值：

$$|Z| = U_N/(\sqrt{3}I_k) \tag{4-63}$$

$$Z = |Z|\cos\varphi + \mathrm{j}|Z|\sin\varphi = R + \mathrm{j}X \tag{4-64}$$

式中：φ 为系统阻抗角。根据电网实际运行情况，通常可取 $X/R=10$，也可按测试要求（如指定系统阻抗角）计算其电阻及电抗值。

新能源机组模块包括风机或光伏等发电单元及其换流器等设备，而升压变压器则为换流器网侧的并网升压变压器。

4.3.2 新能源模型的正确性测试

新能源单机及场站级模型的正确性测试包括倍乘功率输出性能测试、高低压穿越控制性能正确性测试、多机多核运行测试。

4.3.2.1 倍乘功率输出性能测试

利用倍乘的方法使得新能源机组的有功功率输出从单机额定功率逐步上升至交流电网中新能源场站输出的最大功率，测试新能源机组有功功率和无功功率输出是否符合要求。若有功功率、无功功率输出均与设定值在误差范围内相等，则机组模型符合要求。

测试时可根据具体情况设定需测试的倍乘系数，如额定功率为 2MW 的新能源机组模型，若交流电网中的新能源场站输出的最大功率为 300MW，则可测试 1、5、10、50、80、100、120、150 等倍乘系数时的输出功率，如果在误差范围内其输出功率分别为 2、10、20、100、160、240、300MW，则认为该机组模型的倍乘功率输出性能符合要求。

4.3.2.2 高低压穿越控制功能正确性测试

测试新能源机组的高低压穿越性能时，通常是在一定系统强度（如短路比为 3）的情况下，调节测试系统，使得新能源机组的机端电压进入高压穿越或低压穿越状态，并设置低压或高压状态持续时间为该机组的高低压穿越延时定值（如某些机组的高低压穿越定值为 625ms），然后机端电压标幺值恢复至 1，若新能源机组能够正确进出高低压穿越状态，且在高低压穿越状态下有功功率和无功功率响应正确，则可确定机组高低压穿越性能符合要求。

测试系统如图 4-33 所示，测试前，调节测试系统，使得短路比为 3，然后通过设置开关逻辑使得机端电压标幺值降为 0.7，并持续时间 625ms，之后机端电压恢复正常；后续依次将机端电压标幺值降至 0.2，持续 625ms，恢复正常；再提高机端电压标幺值超过高穿定值（如 1.2），持续该模型规定的高压穿越时间，之后机端电压恢复正常。若测试结果与预期高低压穿越性能一致，则认为该模型符合要求。

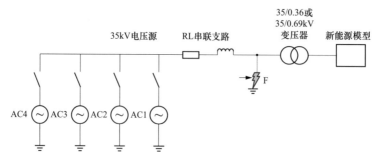

图 4-33　高低压穿越性能测试示意图

图 4-34～图 4-36 为某新能源模型的高低穿性能测试波形,由波形可知,该新能源模型的机端电压在进入低压穿越及高压穿越并持续 625ms 后,若机端电压标幺值恢复至 1,则新能源模型的有功功率及无功功率能够恢复至正常状态,因而高低压穿越性能符合要求。

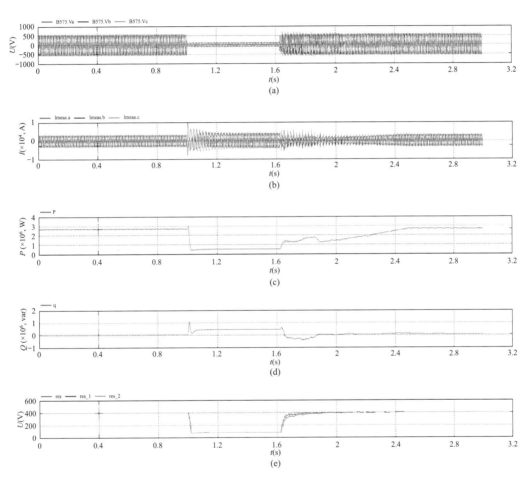

图 4-34　机端电压标幺值降低至 0.2 且保持 625ms 后恢复至 1 的波形图

(a) 机端电压瞬时值;(b) 机端电流瞬时值;(c) 有功功率;(d) 无功功率;(e) 机端电压有效值

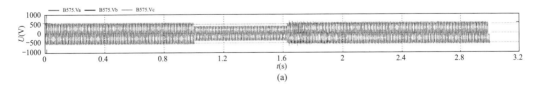

图 4-35　机端电压标幺值降低至 0.7 且保持 625ms 后恢复至 1 的波形图 (一)

(a) 机端电压瞬时值

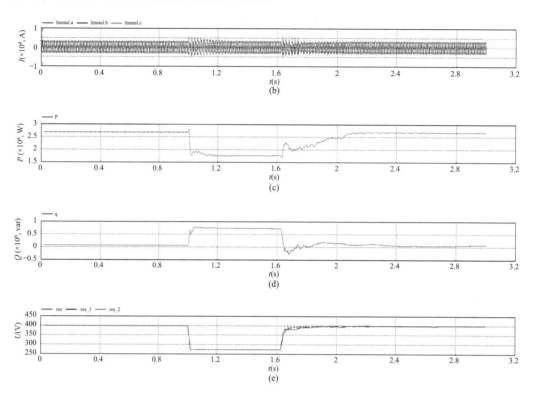

图 4-35　机端电压标幺值降低至 0.7 且保持 625ms 后恢复至 1 的波形图（二）
（b）机端电流瞬时值；（c）有功功率；（d）无功功率；（e）机端电压有效值

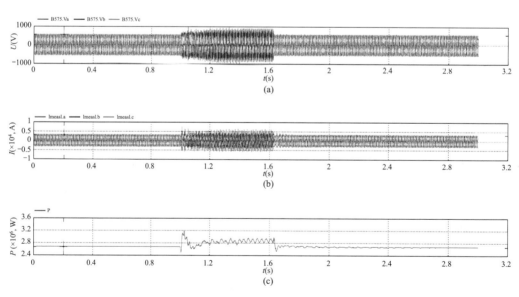

图 4-36　机端电压标幺值升高至 1.2 且保持 625ms 后恢复至 1 的波形图（一）
（a）机端电压瞬时值；（b）机端电流瞬时值；（c）有功功率

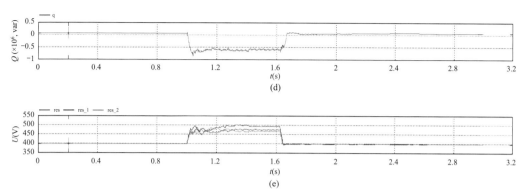

图 4-36 机端电压标幺值升高至 1.2 且保持 625ms 后恢复至 1 的波形图（二）

（d）无功功率；（e）机端电压有效值

在新能源机组的倍乘功率模型正确的情况下，新能源单机机组与倍乘后得到的聚合模型的高低压穿越性能功能一致，因此，测试高低压穿越性能时可测试单机机组，也可测试倍乘机组。

4.3.2.3　多机多核运行测试

交流大电网中含有多个新能源场站，在进行电磁暂态实时仿真计算时，通过适当的解耦，多个新能源模型通常会被分配至多个计算机核上运行，因此，仿真建模时应确保同一类新能源模型的多个复用模型能够在不同的计算机核上相互独立的同步运行，须进行多机多核模型长时间运行测试。

测试时可建立一个含多个同类新能源模型的算例，新能源模型数量应大于交流电网中的新能源模型总数量，且各新能源模型之间均已合理解耦，确定所有新能源模型机端电压均在正常工作范围内，且新能源模型处于不同的计算核中进行计算。启动模型，监测各新能源模型机端电压、输出有功功率及无功功率，若各物理量均处于正常状态，则令该算例持续运行一段较长的时间，运行时长通常可选为 12h，目的是为了检验模型在长时间仿真计算中是否存在计算发散的问题，12h 后，若各新能源模型仍处于正常工作状态，则认为新能源模型通过了多机多核测试，性能满足要求。

图 4-37 为某新能源模型的多机多核长时间运行测试算例，该算例包含 10 个场站级新能源模型，每个新能源场站的汇集线参数可参照 4.2.3 节计算方式计算而得，若无实际场站汇集线接线方式及参数，也可采用典型汇集线参数。每个新能源模型可设为不同有功功率输出值，仿真时将 10 个新能源模型分配至不同的仿真计算核，启动该仿真算例并持续运行 12h 以上，若该文件中的新能源模型均能稳定运行并输出正确的有功功率，则视为该场站级新能源模型已通过多机多核长时间运行测试。

4.3.3　新能源模型的暂稳态性能测试

4.3.3.1　极限短路比的测试

对于接入电力系统的新能源机组，当系统阻抗角为某一给定值，且新能源机组机端

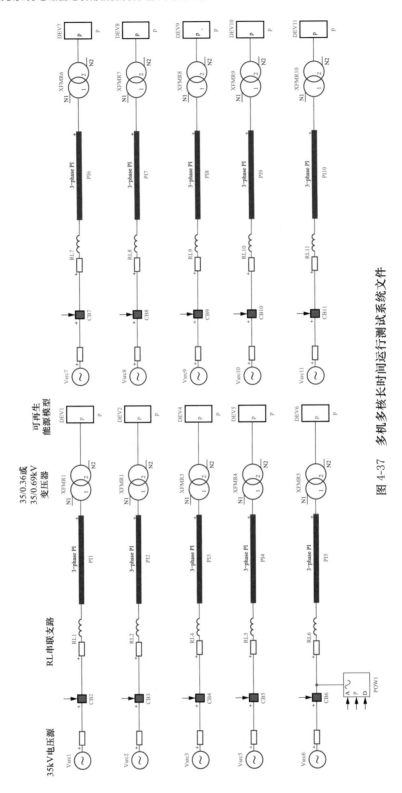

图 4-37　多机多核长时间运行测试系统文件

电压为额定值，有功、无功出力一定时，能够使新能源机组在金属性故障后恢复至原稳态的最小短路比为该新能源机组在该工况下接入系统的极限短路比。极限短路比用以测评新能源机组对系统强度的适应性。

测试极限短路比时，可按要求设定测试条件，如果是针对新能源机组做全面测试，则可取系统阻抗角分别为 $0°$、$45°$ 及 $84.3°$（对应于 $X/R=10$ 的情况，为我国电力系统一般情况下的系统阻抗角）进行测试，其有功出力为额定值，无功出力设定值为 0，即功率因数为 1。测试结果示例表格如表 4-14 所示。

表 4-14　　　　　　新能源机组极限短路比示例表格

有功出力（标幺值）	极限短路比		
	系统阻抗角为 0°	系统阻抗角为 45°	系统阻抗角为 84.3°
1	1.529	1.098	1.349

极限短路比测试流程图如图 4-38 所示。测试步骤具体说明如下：

（1）首先调整测试系统中电压源的内阻抗值，开始可选择较强系统，即短路电流较大时的电压源内阻抗（此时内阻抗较小），以确保新能源机组能够正常启动。

（2）监测新能源的并网点电压、机端电压、有功及无功等电量波形，然后调节电压源电压幅值，使得新能源机组机端电压标幺值为 $0.98\sim$ 1.02，此时新能源机组有功出力设为额定值，无功出力设为 0。在测试系统中设置 4 种交流系统金属性短路故障，包括三相接地、相间短路、相间接地及单相接地故障，故障持续时间模拟电力系统各电压等级实际故障清除时间，通常可设为 100ms。

（3）在测试系统中模拟故障，若故障清除后，新能源机组能够恢复稳态，则可继续增大电压源内阻抗值，同时调节电压源幅值，使得机端电压标幺值维持在 $0.98\sim1.02$，重复以上操作，直至找到能够使新能源机组在故障后恢复的电压源临界内阻抗值；反之，若故障后新

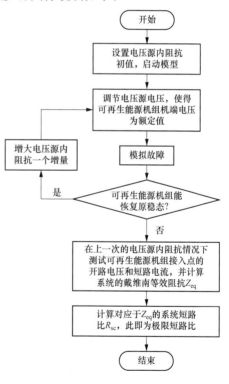

图 4-38　新能源机组接入
系统的极限短路比测试流程图

能源机组出力不能恢复，则减小电压源内阻抗值，并调节机端电压标幺值至 $0.98\sim1.02$，模拟交流系统故障，监测新能源机组在故障后是否能恢复到原稳态，重复以上操作，直至找到新能源机组能够恢复的电压源临界内阻抗值。能够使得新能源机组在故障后恢复至原稳态的最大系统阻抗值所对应的短路比即为此情况下新能源机组接入电力系统的极限短路比。

此处模拟的故障包括三相接地故障、相间短路故障、相间接地故障及单相接地故障，每种故障情况下新能源的极限短路比可能不同，此时取其中的最大极限短路比作为新能源的极限短路比。

（4）由于本测试系统中各元件均为集中参数元件，因此其戴维南等效阻抗的阻抗值 Z_{eq} 可通过计算方法得到。也可通过如下测试方法得到：在新能源机组机端处将新能源机组模型移除，接一大电阻（如 $1M\Omega$）电阻，模拟机端开路，此时测得的大电阻上的电压即为开路电压，将大电阻移除，并将此处接地，则此处的接地电流即为短路电流，开路电压与短路电流的有效值之比即为戴维南等效阻抗的阻抗值 Z_{eq}。

（5）极限短路比可以按如下方法计算得到。临界内阻抗值对应的等效导纳为

$$Y_{eq} = 1/Z_{eq} \tag{4-65}$$

因此，系统短路容量为

$$S_{sc} = U_N^2 Y_{eq} \tag{4-66}$$

短路比为系统短路容量与新能源机组额定容量的比值，即

$$R_{sc} = S_{sc}/S_N = U_N^2 Y_{eq}/S_N \tag{4-67}$$

式中：S_N 为新能源机组额定容量；U_N 为新能源机组额定电压。

从大规模新能源场站接入电网的多种方式仿真结果看，经验值表明，单机或场站的极限短路比如果能够大于 2，通常该机组或场站能够适应大多数接入点的系统强度，对于系统强度较弱的接入点，有可能对新能源机组或场站的极限短路比要求会更高。

以某光伏模型为例，其短路比测试结果如表 4-14 所示。需要说明的是，对于新能源场站级聚合模型，其极限短路比与单机机组的极限短路比基本相同，因此，测试新能源机组的极限短路比时，可以用单机机组模型，也可用场站级聚合模型。测试场站级聚合模型时应考虑汇集线模型。

4.3.3.2　交流故障下新能源暂态特性测试

新能源机组在故障及恢复过程中的暂态响应特性与系统强度、系统阻抗角及故障电阻有关，因此，当测试某台新能源机组接入系统后的故障恢复特性时，应在指定条件下测试，测试结果应标明测试时的系统阻抗角、系统短路比（或系统阻抗的阻抗值）及故障过渡电阻。

以某光伏模型的测试为例，在不同系统强度、阻抗角及故障电阻时的有功功率、无功功率及电压的特性曲线分别如图 4-39～图 4-41 所示。

由图可知，当其他条件相同、仅系统强度不同时，对于较强系统，其电压跌落较小，有功功率及电压均恢复较快，而对于较弱的系统，则电压跌落较严重，有功功率及电压均恢复较慢；当其他条件相同、仅系统阻抗角不同时，故障期间新能源机组的机端电压幅值将随阻抗角的增大而有所增大，从而使得故障清除后新能源机组的有功功率、无功功率和机端电压恢复曲线也会随阻抗角的不同而不同；仅故障电阻不同时，若故障电阻较大，则故障后新能源机端电压跌落较少，因而比故障电阻较小时恢复更快，反之则相反。

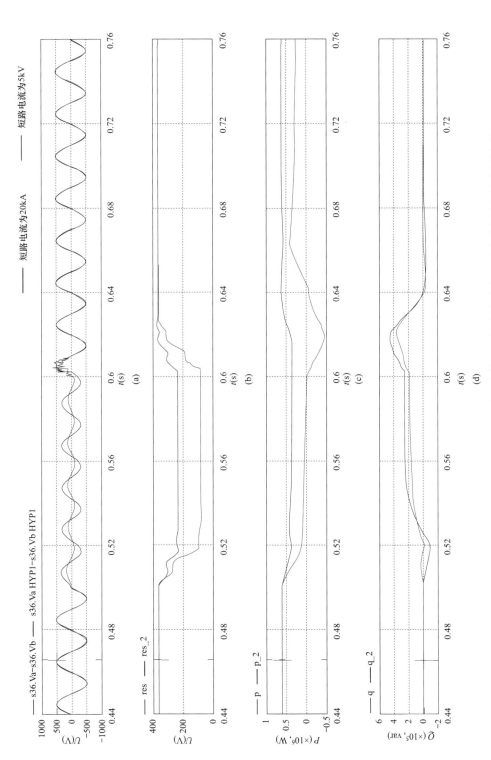

图 4-39　故障过渡电阻为 1 Ω、不同系统强度时，光伏机组的有功功率、无功功率及机端电压波形
(a) 光伏机组机端线电压 U_{ab} 的瞬时值；(b) 光伏机组机端线电压 U_{ab} 的有效值；(c) 有功功率；(d) 无功功率

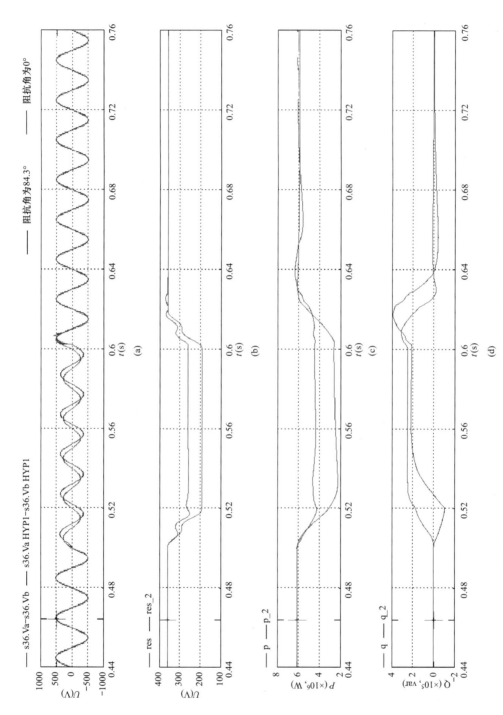

图 4-40 不同系统阻抗角时光伏机组的有功功率、无功功率及机端电压波形

(a) 光伏机组机端线电压 U_{ab} 的瞬时值; (b) 光伏机组机端线电压 U_{ab} 的有效值; (c) 有功功率; (d) 无功功率

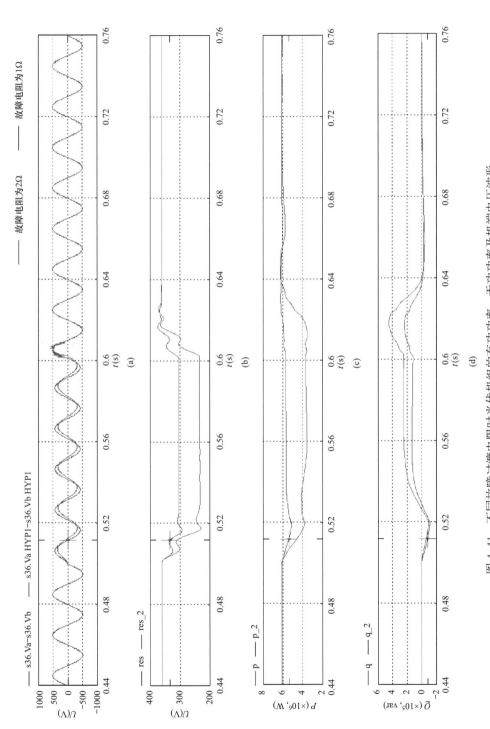

图 4-41 不同故障过渡电阻时光伏机组的有功功率、无功功率及机端电压波形

(a) 光伏机组机端线电压 U_{ab} 的瞬时值；(b) 光伏机组机端线电压 U_{ab} 的有效值；(c) 有功功率；(d) 无功功率

为了能够较为全面地量化描述新能源机组的暂态响应特性，在给出新能源机组的故障及其恢复特性曲线外，可参考表 4-15 记录相关测量参数，表 4-15 中数据为某新能源模型的暂态响应特性测量参数。由于其暂态响应特性与系统强度、系统阻抗角、故障过渡电阻及故障类型有关，因此，其暂态响应特性及测量参数表格均需注明测试条件。

表 4-15　　　　　　　　　　　　　测量参数示例表格

故障类型	故障清除后机端电压标幺值恢复至 0.9 的时间（s）	故障清除后机端电压超调量	故障清除后有功功率标幺值恢复至 0.9 的时间（s）
三相接地	0.014	0.031%	0.030
相间故障	0.000	8.940%	0.012
单相接地	0.013	0.690%	0.015
故障类型	有功超调量	故障过程中发出无功最大值（标幺值）	故障清除后恢复过程中吸收无功最大值（标幺值）
三相接地	0.057%	0.406	0.070
相间故障	3.930%	0.172	0.000
单相接地	2.950%	0.116	0.016

注　测试时 35kV 电压源短路电流为 20kA，阻抗角为 84.3°，故障过渡电阻为 1Ω，故障前机端电压 1p.u.。

4.3.3.3　新能源机组高低穿响应特性测试

通常，新能源机组高低压穿越性能测试可参考相关新能源机组测试标准，而新能源模型接入大电网仿真前，还应对其进出高低压穿越状态的响应特性进行测试，以精确掌握其高低压穿越响应特性，为接入电网仿真后进一步分析做好基础工作。测试时可输出新能源机端电压、机端电流、机端线电压有效值标幺值、新能源有功功率、无功功率以及机端相电压有效值，以便较为准确地判定新能源进出高低压穿越的时刻。

为能够较为完整地仿真含新能源的电网故障过程，设计了如图 4-42 的测试电网，该测试电网含有新能源等值机组（本算例中为一风电场等值机组，容量为 280MW）、0.69/35kV 变压器、新能源场站汇集线、35/330kV 变压器、330kV 线路、66/330/750kV 三绕组变压器及与电网实际相符合的负荷等设备，其参数均与电网实际参数一致，在 330kV 线路模拟故障（见图 4-42），其中三相接地故障波形如图 4-43 所示，故障从 0.5s 时刻开始，至 0.6s 故障清除。由图 4-43 可知，当 330kV 线路发生三相接地故障后，由于故障为金属性故障，因此，在故障开始后，由于测试系统中的储能元件及非线性元件的影响，风电机组在约 0.52s 进入低电压穿越状态，并在 0.6s 故障清除后，大约在 0.64s 退出低电压穿越状态。

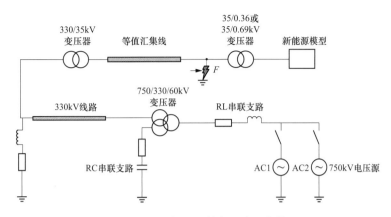

图 4-42　风电场测试算例一次系统模型

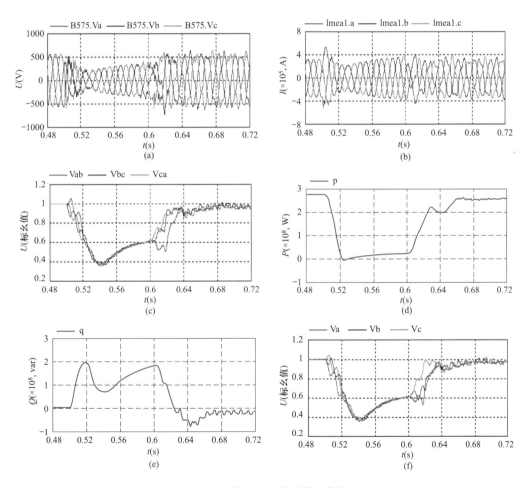

图 4-43　某风电场故障穿越曲线

（a）机端电压相电压瞬时值；（b）机端电流瞬时值；（c）机端线电压有效值标幺值；

（d）有功功率；（e）无功功率；（f）机端相电压有效值标幺值

5 大电网电磁暂态实时仿真自动化建模

5.1 概　　述

传统的电磁暂态仿真通常是针对局部工程或设备的计算与分析，例如一条交流输电线路、一个交流变电站、一个直流输电系统或者一个小规模交流电网，主要用于保护研究、过电压分析、直流特性或者元件故障分析等。该类仿真涉及的元件数量少、建模方便，侧重于元件级的细化分析。

与传统的电磁暂态仿真应用场景不同，应用于新型电力系统运行特性研究的电磁暂态仿真规模巨大，涉及电网元件数目众多，对于仿真建模效率和质量的需求与传统的应用有了质的不同，对于一个大区级电网的仿真，规模可能达到数千条三相交流母线、十多回直流输电系统、数百个可再生能源场站接入等。如此巨大的电网规模，几乎无法依靠人工建模来完成。

当传统的人工建模方式应用于新能源大规模接入、交直流混联电网运行特性等的电磁暂态仿真时，即使在早期对目标电网进行等值大幅缩减规模后，建模依旧是一个非常庞大的工作，且非常容易出错，调试模型需要耗费大量的人工和时间。例如，对于一个区域等值电网仿真项目，建模工作通常占整个项目工作量的 $60\%\sim80\%$，需 $2\sim3$ 月，过长的建模时间难以满足新型电力系统形式下的科研、生产工作任务的要求。为适应研究工作的需求，实现大电网电磁暂态自动建模有着深刻的必要性。

本章对电磁暂态实时仿真自动化建模技术进行介绍。主要内容包括电网基本交流元件的建模技术，如电网元件命名规则、基于电磁暂态模型与机电暂态模型差异的参数自动/手动补足、电网子系统划分及拓扑自动生成等；对于发电机、FACTS 设备、新能源发电等含控制器元件的自动建模技术；高压直流输电系统的通用化自动建模技术；以及实时化处理、电网人工操作信息自动继承、自动建模主动控制等高级功能。

本章系统介绍的电磁暂态自动建模技术，有助于读者清晰了解从机电暂态数据生成电磁暂态模型的完整过程，以及应对"大规模"这一实际需求涉及的相关特殊设计功能。

5.2 电网基本元件自动建模技术

电磁暂态自动建模的基本流程是：读取机电暂态数据→根据机电暂态数据生成相应

的电磁暂态元件、计算参数并填写→生成电磁暂态元件的图形拓扑。

这其中首先涉及到电网基本元件的自动建模方法。一般而言，电网的基本元件主要包括母线、发电机、变压器、交流线路、负荷、无功补偿设备、直流输电系统。

5.2.1 元件命名规则

元件的生成首先需要解决电磁暂态模型中元件的命名问题。由于电磁暂态软件最初定位于小规模电网精细仿真或与物理装置连接的实时仿真，因此通常是以图形化的方式建模及执行仿真。在具体建模及仿真过程中，每个元件都需要有其独立的命名，并作为参与仿真的元件标识信息。

这与很多机电暂态程序有较大的不同。如国内常用的机电暂态程序中国版 BPA（bonneville power administration，中国版电力系统分析软件包），元件名称通常并不作为元件的标识，而是以元件所连接的母线作为元件的标识，如负荷、线路、变压器等元件，这些元件在 BPA 中并不存在自己的单独命名。且由于程序基础架构的不同，对于相同的电网元件，在机电暂态程序和电磁暂态程序中可能有不同的表示，导致在自动建模后产生的元件个数也会不同。如在 BPA 中的一条母线数据中，可能会包括母线、负荷、无功补偿、发电机等四种元件，而在电磁暂态模型中，就将可能生成四个或某些情况下多于四个的元件数量（如需要生成多种不同的负荷类型）。

对于大规模电网的自动建模，一项重要的工作是自动获取结果模型与原始数据的对应关系。在目标电网的原始机电暂态数据和自动生成的电磁暂态模型之间，需要建立二者之间的元件对应关系，进而满足后续的模型校核、模型调试及仿真试验等的元件识别及查找等需求。该技术是自动建模整体框架的基础。

大规模电网电磁暂态自动建模的元件命名方法，实现思路为：

（1）将机电暂态数据中的母线名称统一转换为有意义的拼音字母，并辅以其他信息，用以标识母线元件。

根据国内常用的机电暂态数据格式，母线命名规则设计为"母线电压等级简写＋分区简写＋母线名称"。通过该命名规则设计，电磁暂态中母线名称包含了丰富的信息：电压等级、分区信息及原始母线名称；同时为了自动建模方法普适于各种电磁暂态软件，元件名称的转换结果为英文。

例如：对于母线"国泰换 EH"，电压等级 1050kV，分区名 GD，自动转换后的母线名称可为"UGDGuotaihuanEH"。其中"U"为定义的代表 1000kV 电压等级的标识字。

（2）其他元件的命名以母线名称为基础，添加特定的元件类型标识字符进行定义，举例如下：

1）负荷元件。负荷命名以"相连母线名称＋元件类型标识字"命名，"相连母线名称"为母线经命名规则转换后的名称；"元件类型"可为恒功率负荷、恒电流负荷、频率相关负荷、纯电阻元件、阻容元件和阻抗元件等。

2）变压器。变压器以"Tr"＋高电压等级母线名称＋n"命名，其中"n"表示变压器编号，用于处理变电站中多台变压器的情况。

3）交流线路。交流线路以"L_＋线路首端母线拼音简写＋_＋线路末端母线拼音简写＋并联线路回路标志"命名。其中"并联线路回路标志"用于处理多回线路并联的情况。

4）发电机元件。发电机元件以"G_＋相连母线名称"命名。

（3）重名检查及处理机制：

1）设立元件命名存储库，用以保存所命名的电磁暂态元件名称。

2）在自动命名过程中，将所命名元件逐一加入元件命名存储库，在加入新元件名称时进行重名检查，确保重复的名称不加入。

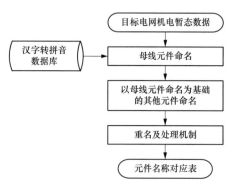

图 5-1　大规模电网电磁暂态
自动建模的元件命名流程

3）当出现重名时，则按照一定规则处理后加入命名库。

（4）自动建模前后元件名称对应表生成机制，用于记录命名过程，生成命名前后的元件名称对照表。

例如：对于交流线路，记录机电暂态数据中的两侧母线名称、母线电压等级和回路编号等信息，电磁暂态模型中则记录该线路元件的名称信息。

大规模电网电磁暂态自动建模的元件命名流程如图 5-1 所示。

5.2.2　元件的识别

将机电暂态数据转换为电磁暂态模型的第一步是元件和参数的辨识。

通常而言，当程序开发者获取机电暂态数据格式后，对于机电暂态数据的元件辨识和参数辨识不存在问题，但仍然存在一些需要特殊处理的情况，例如：

（1）机电暂态多条数据对应电磁暂态模型单一元件的，必须设定相应的辨识规则。以三绕组变压器元件为例，在机电暂态数据中三绕组变压器通常采用三条数据来表示，分别代表变压器的高压、中压和低压绕组，但在电磁暂态程序中则必须采用单一的三绕组变压器元件建模。因此在元件辨识过程中，当搜索到一条变压器数据时，须采用一定的规则判断是否有其余两条变压器数据与其构成一台三绕组变压器，以进行正确的建模。

对于三绕组变压器的辨识规则可以表达如下：①存在三条变压器数据具有同一个公共母线；②公共母线仅连接该三条变压器数据，无其他出线；③与公共母线相连的三个母线电压均不相同。

（2）机电暂态一条数据对应电磁暂态模型多个元件的，必须设定相应的辨识规则。以负荷元件为例，在机电暂态数据中负荷元件通常仅设定为某条母线上的一个负荷总量，例如"母线 1"上存在"100MW，20Mvar"的有功负荷和无功负荷，该数据可直接用于机电暂态潮流计算；而在机电暂态稳定计算中负荷元件需要用到相应的电动机负荷占比以及静态负荷特性，包括"负荷中电动机元件的比例、恒阻抗特性的比例、恒电流特性的比例、恒功率特性的比例"，相应的参数也会在负荷数据中出现。这几种特性在生成对应的电磁暂态模型时，需要分别生成相应的电动机元件、RLC 元件、恒电流负荷元件以及恒功率负荷元件，否则无法模拟与实际工程一致的负荷特性。

对于负荷元件的辨识规则可以表达如下：①某条母线上负荷潮流有功/无功数值不为0，则该母线存在负荷元件；②按照该母线处的电动机负荷比例，确定是否存在电动机元件；③按照该母线处的负荷静态特性参数，确定是否存在 RLC 元件、恒电流负荷元件以及恒功率负荷元件；④当确定存在对应类型元件时，则生成相应的元件列表。

（3）其他需要增加或删除的元件，须设定相应的辨识规则。在实践中，机电暂态数据到电磁暂态模型的转换需进行相应的修正，以适应电磁暂态仿真的某些需求。

例如机电暂态数据中经常会包含交流线路两侧的断路器元件数据，以方便后续的故障仿真；而在电磁暂态模型中，如果按照机电暂态数据那样，也将交流线路两侧的断路器不加选择的全部建模，那么将会导致电磁暂态模型节点规模太大，极大影响仿真效率。因此通常采用的方法是在电磁暂态建模过程中对断路器元件进行辨识，并在转换模型过程中自动删除该元件。

对于断路器元件的辨识规则可以表达如下：①某条交流线路电抗值小于或等于某个数值，比如 0.0001（标幺值）；②该线路无电导和电纳数据。

5.2.3 元件参数填写

元件生成的第二步是填写所生成元件的各项参数。参数填写的工作就是读取机电暂态数据中对应元件参数，填写至电磁暂态模型中相应位置。

由于电磁暂态程序和机电暂态程序的差异，会存在如下两个问题：①机电暂态数据格式与电磁暂态数据格式不同，需进行转换计算，比如由于基准容量的设置不同，导致标幺值数值不同的参数折算；②电磁暂态计算对于数据的要求较高，一些在机电暂态程序中可以运行的参数在电磁暂态程序中无法正常运行，需要进行修正或补足。

以下对上述两方面问题逐一进行说明。

（1）参数的折算。在机电暂态软件中，元件的参数通常是按照某统一基准容量折算的标幺值，而元件的实际容量并不重要，有时甚至元件自身的额定容量都无需填写。这样的参数填写方式对于机电暂态仿真是没有问题的。

通常线路、变压器、母线等元件参数，不受基准容量的影响，可以按照机电暂态数据直接转换。而对于如发电机、电动机等元件，则须填写实际容量，以及与实际容量对应的参数，否则在不能保证稳定运行。这是电磁暂态程序的特点，在自动建模中需要加以考虑。

对于需要进行参数折算的元件，确定了元件的额定容量，则可以根据该额定容量与机电暂态中参数的基准容量，在自动建模过程中进行相关参数的折算。例如对于发电机元件，需要折算的参数包括交直轴同步参数、交直轴暂态参数、交直轴次暂态参数及惯性时间常数等。

（2）参数的修正或补足。在电磁暂态自动建模程序开发中，机电暂态元件参数的修正或补足是一项重要的技术。通过参数的修正或补足，使得建立的模型更加贴切电磁暂态仿真的需求，有利于提高仿真的效率和智能化水平。以下逐一进行说明。

1）负荷元件参数的处理。如前节所述，在电磁暂态模型中，机电暂态中的负荷元件可能分别对应电动机元件、RLC 元件、恒电流负荷元件以及恒功率负荷元件等。因此，每个电磁暂态负荷元件的参数需要按照一定的规则分别进行计算，而无法照搬机电暂态中的负荷参数。

下面以代表恒阻抗负荷的 RLC 元件参数计算为例进行说明（见表 5-1）。

表 5-1 　　　　　　　　　　　　RLC 型负荷元件参数填写列表

参数名称	填写方法
基准容量	获取机电暂态数据中基准容量参数，单位 MVA
基准电压	读取机电暂态数据中负荷所在母线基准电压参数，单位 kV
基准频率	默认 50Hz，可配置
连接方式	填写 Y floating 方式
电阻值	$$R = P_A R_{per} U^2 / S^2$$ 式中：R 表示 RLC 元件中电阻的数值，Ω；P_A 表示负荷所在母线上的总有功负荷；R_{per} 表示负荷所在母线上的恒阻抗有功负荷占比；U 表示负荷所在母线的机电暂态潮流结果实际电压；S 表示负荷所在母线上恒阻抗有功和无功负荷的视在功率
电感值	如果无功负荷为正值，则计算电感值，表示为 $$L = \frac{Q_A LC_{per} U^2 / S^2}{2\pi f}$$ 式中：L 表示 RLC 元件中电感的数值，H；Q_A 表示负荷所在母线上的总无功负荷；LC_{per} 表示负荷所在母线上的恒阻抗无功负荷占比；U 表示负荷所在母线的机电暂态潮流结果实际电压；S 表示负荷所在母线上恒阻抗有功和无功负荷的视在功率；f 表示电网基准频率
电容值	如果无功负荷为负值，则计算电容值，表示为 $$C = \frac{-1}{2\ pi\ f\ Q_A\ LC_{per}\ U^2 / S^2}$$ 式中：C 表示 RLC 元件中电容的数值，F；Q_A 表示负荷所在母线上的总无功负荷；LC_{per} 表示负荷所在母线上的恒阻抗无功负荷占比；U 表示负荷所在母线的机电暂态潮流结果实际电压；S 表示负荷所在母线上恒阻抗有功和无功负荷的视在功率；f 表示电网基准频率

可以看到，对于代表恒阻抗负荷的元件参数计算，除了需要用到机电暂态数据中直接给出的总有功/无功负荷参数、恒阻抗有功/无功占比参数、基准频率参数等，甚至还用到了机电暂态的潮流计算结果"母线实际电压"。因此可知，对于精细化的电磁暂态建模工作，需要详细设计每个参数的计算和补足规则，方能满足特性不失真的模型转换。

2）交流线路元件参数的处理。电磁暂态模型与机电暂态模型的主要区别除了电力电子设备等开关元件，交流线路也是一个标志性的元件。

交流线路在机电暂态数据中处理为集中参数的 π 模型，元件参数包括正零序电阻、正零序电抗、正零序电纳，而线路的长度仅作为一个描述信息，是可以缺失的。在电磁暂态模型中存在集中参数的 π 模型、分布参数的贝杰龙模型和频率相关模型等，其中分布参数的贝杰龙模型通常是电磁暂态建模的首选，主要目的是用于电网的解耦。当交流线路选择采用贝杰龙模型建模时，线路的长度成为一个必需的参数，线路机电暂态正零序电阻、正零序电抗、正零序电纳等参数则需要按照线路长度折算为单位长度数值。

因此，当机电暂态数据中线路长度缺失时，则需要根据某些算法对线路长度参数进行补足。补足的规则为：①根据工程典型值为不同电压等级的交流线路设定单位长度电抗有名值；②根据机电暂态参数计算需要补充长度参数的交流线路电抗总有名值；③根据总电抗有名值和单位长度电抗有名值计算线路长度。

3）电动机元件参数的处理。在机电暂态数据中，通常会给出电动机元件的定子阻抗标幺值、转子阻抗标幺值、转动惯量时间常数、有功功率在母线总负荷的占比，以及初始滑差或者负载率（二选一），在实践中通常给出的是负载率数据。在机电暂态稳定计算启动前，首先会进行电动机参数的初始化计算，主要是包括电动机基准容量/吸收无功和初始滑差的计算，赋初值后再开始仿真过程。

在电动机的电磁暂态模型参数填写过程中，既包括定子、转子阻抗参数的折算，又包括"初始滑差"参数的填写。多数的电磁暂态程序并不具备对滑差进行初始化运算的功能，一般是在电动机模型中设置"初始滑差"参数提供用户填写。"初始滑差"参数如果不予填写则电磁暂态程序默认初始转速为 0，当电磁暂态模型启动仿真时，电动机则相当于从静止开始启动，直至运行至稳定状态。当一个大规模电网中存在成百上千台电动机从静止开始启动时，这对于电网是不可承受的，可能导致整个模型运行的崩溃。

因此对于"初始滑差"参数，需要在自动建模过程中设计功能，额外读取机电暂态数据稳定计算的结果，包括"基准容量/吸收无功"数值和"初始滑差"参数，用于电动机参数的补充。经过补充的电动机模型，可以在电磁暂态模型起动时刻就进入稳态运行。经过补充参数的电动机元件参数填写规则如表 5-2 所示。

表 5-2   电动机元件参数填写列表（部分）

基准容量	稳定计算结果文件中输出的电动机基准容量
初始机械转速	$$W_{init} = 4\pi f_s(1-s)/pole$$ 式中：W_{init} 表示初始机械转速，rad/s；s 表示初始滑差；f_s 表示电网频率；$pole$ 表示极对数。其中，初始滑差从稳定计算结果文件中读取
定子电阻	$$R_s = R_{s0}U^2/BaseMVA$$ 式中：R_s 表示折算至电磁暂态模型的定子电阻有名值，Ω；R_{s0} 表示机电暂态程序中定子电阻标幺值；U 表示节点电压基准值；$BaseMVA$ 表示电动机基准容量

续表

基准容量	稳定计算结果文件中输出的电动机基准容量
定子电抗	$$X_{ls} = X_{ls0}U^2/BaseMVA$$ 式中：X_{ls}表示折算至电磁暂态模型的定子电抗有名值，Ω；X_{ls0}表示机电暂态程序中定子电抗标幺值；U表示节点电压基准值；$BaseMVA$表示电动机基准容量
激磁电抗	$$X_m = X_{m0}U^2/BaseMVA$$ 式中：X_m表示折算至电磁暂态模型的激磁电抗有名值，Ω；X_{m0}表示机电暂态程序中激磁电抗标幺值；U表示节点电压基准值；$BaseMVA$表示电动机基准容量
转子电阻	$$R_r = R_{r0}U^2/BaseMVA$$ 式中：R_r表示折算至电磁暂态模型的定子电阻有名值，Ω；R_{r0}表示机电暂态程序中定子电阻标幺值；U表示节点电压基准值；$BaseMVA$表示电动机基准容量
转子电抗	$$X_{lr} = X_{lr0}U^2/BaseMVA$$ 式中：X_{lr}表示折算至电磁暂态模型的转子电抗有名值，Ω；X_{lr0}表示机电暂态程序中转子电抗标幺值；U表示节点电压基准值；$BaseMVA$表示电动机基准容量

4）变压器饱和参数的补充。机电暂态程序无法用于变压器的励磁涌流和谐波特性研究，因此在机电暂态数据中，不存在变压器的饱和参数。而在电磁暂态程序中，当用于上述研究时，则必须考虑变压器元件的饱和特性，因此电磁暂态程序中均提供了变压器饱和特性的参数栏。在大规模电网仿真研究中，如果需要考虑变压器的饱和特性，比如考虑变压器充电过程对电网中电力电子设备诸如新能源、高压直流输电设备的影响时，就需要补充变压器的饱和参数数据。

由于机电暂态数据中并不存在变压器的饱和参数，那么在自动建模过程中可以根据不同的电压等级、区域设定相应的典型参数，在自动建模过程中自动补足。

5）发电机参数的补足和修正。对于经过等值的机电暂态数据，发电机元件可能缺少交/直轴次暂态参数，需在电磁暂态发电机模型中补足。例如当次暂态参数缺失时，可以按照暂态电抗的 0.65 倍计算次暂态电抗参数进行填写。

另外更为重要的是，实际电网的机电暂态数据经常会存在参数不合理的情况（多见于发电机），这些不合理的参数会导致电磁暂态模型计算发散，或者稳态电压、功率波形波动剧烈。

例如，发电机的同步参数应具备以下典型特征：

$$
\left.
\begin{aligned}
\text{隐极机：} \quad & X_d' < X_q' < X_q \\
\text{凸极机：} \quad & X_d' < X_q' = X_q \\
\text{汽轮机：} \quad & X_q' = (1.5 \sim 3.0)X_d' \\
\text{水轮机：} \quad & X_d' = X_q \\
\text{汽轮机：} \quad & T_{q0}' = \frac{X_d' X_q}{2 X_d X_q'} T_{d0}' \\
\text{水轮机：} \quad & T_{q0}' = 0
\end{aligned}
\right\}
\quad (5\text{-}1)
$$

当发电机的同步参数偏离典型特征，比如当交轴或直轴暂态参数与次暂态参数相等时，会导致电磁暂态模型计算发散；当交轴暂态电抗过大或过小时，会导致发电机机端电压乃至输出功率波动。参数的不合理在机电暂态仿真计算中并不会全部体现出来，但在电磁暂态仿真中由于电磁暂态算法对参数的要求更加严格，这些不合理的参数将导致模型的不稳定。

因此在自动建模软件的开发中，需要将实践中总结出的这些经验设定为相应的数据校核规则；当数据校核不合理时，或者按照一定规则的自动进行修正，或者将不合理参数进行统计，提供给工作人员进行人工修正。

电网基本元件的自动建模流程如图 5-2 所示。

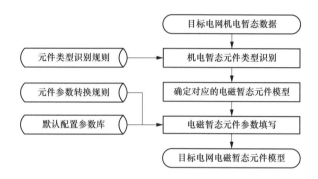

图 5-2　电网基本元件的自动建模流程

5.3　常规发电机自动化建模

5.3.1　控制器用户自定义建模

不同于交流线、变压器等单纯的一次系统元件，发电机建模除了同步电抗等一次参数的建模外，还包括二次控制系统的建模，如励磁控制器、调速控制器、电力系统稳定器等。

电磁暂态程序中一般不具备与机电暂态程序中完全相同的发电机控制器模型，例如 BPA、PSASP 等机电暂态程序包含的控制器类型高达近百种，而大多数电磁暂态程序中并没有如此多种相对应的控制器模型。

因此在自动建模软件发展初期，先在电磁暂态程序中手工搭建对应的发电机控制器模型，然后根据机电暂态参数逐台填写相应的控制器参数，再将控制器模型嵌入到发电机整体模型中去。这种方式自动化程度很低，工作量大且容易出错，特别对于含成百上千台发电机模型的大规模电网，实现发电机控制器的高效、自动建模成为一种必须实现的技术。

自动建模的目标是生成电磁暂态模型文件，因此当可以获取发电机控制器电磁暂态模型的文件格式时，实现发电机控制器的自动建模就成为可能。

实现发电机控制器自动建模的总体技术思路如下：

（1）控制器模型主要是由各种逻辑运算、数学运算以及非线性运算等控制元件按照相应逻辑框图组合而成的二次模型。首先按照机电暂态程序中提供的控制器逻辑框图，在电磁暂态程序中人工搭建各种型号控制器的相应模型，每种型号保存为一个文件，建立相应的控制器模型库。

（2）对控制器模型库中每个模型中的各种组成元件的识别以及相应元件参数的填写。各种控制元件的识别工作可以按照建库时的元件名称来轻易实现，而元件参数的填写则需要建立相应的转换规则。转换规则可描述为以下形式：发电机控制器参数 n→（参数折算）→模型文件名·控制元件名·参数名。其中，"发电机控制器参数 n"是机电暂态中某个控制器参数，"模型文件名"是电磁暂态程序生成的某个型号控制器文件的命名，"控制元件名"是该控制器中某个元件的名字，"参数名"是上述元件中某个参数的名字。在控制器参数不完全对应的情况下还需设置"参数折算"环节。

如果某个型号的控制器有 n 个参数，则对应的转换规则一般也应有 n 条。在某些特殊情况下，如果某些逻辑不考虑，或者电磁暂态侧需要补充某些逻辑，则转换规则可能少于或多于 n 条。

（3）对于转换规则的具体实现，可以有两种方式：一种是将转换规则固化在自动建模程序中，用户不可见，这种方式适用于机电暂态中控制器种类固定、且控制逻辑比较稳定不经常修改的情况；另外一种方式是开发一种用户自定义的功能，即将转换规则的定义开放给用户，用户可以在自动建模程序界面上自由定义转换规则。

由于用户自定义的发电机控制器建模方式具有很高的灵活性，适用于新增控制器型号以及对库模型的修订，而不必修改自动建模程序，提高了程序的易用性和通用性，具有更高的实用性，本节重点介绍该项技术。

用户自定义建模的具体实现方法如下：

1）发电机控制器模板的三层框架式结构设计。发电机控制器模板的三层框架式结构包括发电机连接层、总子系统层及分子系统层，以实现自定义发电机控制器在电磁暂态模型中的智能化嵌入。

如图 5-3 所示，发电机连接层定义发电机元件与控制器总子系统的连接关系；控制器总子系统层定义励磁控制器（AVR）、电力系统稳定器（PSS）、调速器（GOV）等分子系统之间以及与总子系统之间的连接关系；控制器分子系统层实现 AVR、PSS、GOV 等控制器的具体逻辑。

通过三层框架结构设计，用户仅需要分别建立 AVR、PSS 和 GOV 等控制器的库模型，即第三层"控制器分子系统层"即可，而无需考虑各种控制器的组合模型，组合工作由用户自定义功能根据所定义的连接关系自动完成，极大地方便了发电机控制器建模的实现。

2）发电机控制器参数的读取规则自定义功能。针对模型库中的每种控制器，定义其在机电暂态数据中的传函参数读取方法，包括参数名称、数据格式和默认值等，将读取到的每个参数定义为一个变量，以用于后续的转换规则计算。

3）发电机控制器的转换规则自定义功能。针对模型库中的每种控制器，定义该控制器每一个传函参数在电磁暂态模型中的转换规则，包括所选择的已定义变量、传函参数的计算方法、传函参数在模板文件中所对应的元件名称、参数位置等。每个传函参数对应一条转换规则。

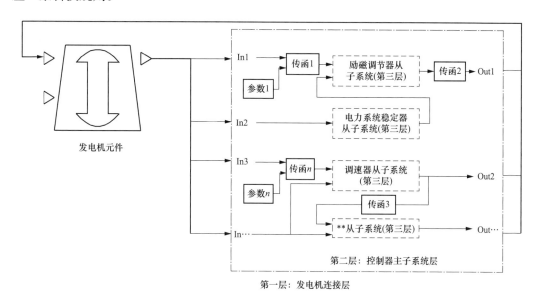

图 5-3　用户自定义式发电机控制器电磁暂态自动建模三层框架结构

其中，传函参数的计算方法采用如下方式实现：设计充足的运算符，包括"＋、－、×、÷"等代数运算符，"＞、＜、＝"等逻辑运算符，以及 IF 等条件判断符，用户选择已定义的控制器变量并采用这些运算符，即可编写相应计算公式，得到电磁暂态模型中相应的传函参数，并填写至模板的相应位置。转换规则的自定义模板生成流程如图 5-4 所示。

采用用户自定义方式进行电网发电机控制器自动建模的流程如图 5-5 所示。

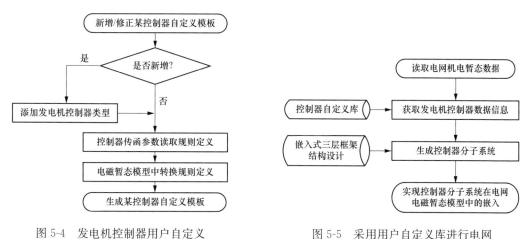

图 5-4　发电机控制器用户自定义
模板生成流程图

图 5-5　采用用户自定义库进行电网
发电机控制器自动建模流程图

5.3.2 控制器积分环节初始化

发电机控制器逻辑框图中包括了众多的积分环节，在机电暂态程序的稳定计算启动前，首先会进行发电机控制器积分环节的初始化计算。初始化计算的主要工作是将积分环节赋初值，赋值能够使得仿真过程直接进入稳态运行。而在电磁暂态仿真启动前，大多电磁暂态程序不具备控制器赋初值功能，有些电磁暂态程序虽然具备该功能，但仅限于其模型自带控制器的积分环节赋初值，对于由用户自己搭建的控制器无法实现赋初值操作。

发电机的控制器积分环节赋初值功能对于大规模电网的电磁暂态仿真影响较大。当某个大型电磁暂态模型中数百台发电机的控制器积分环节均从初值 0 开始启动，那么需要很长的时间整体模型才能运行至稳态，甚至有时会出现某几台发电机始终不能进入稳定运行，整体模型仿真波形持续波动的现象。因此，在自动建模程序中增加发电机控制器积分环节赋初值的功能将有效地提高电磁暂态模型的仿真效率。

发电机的控制器积分环节赋初值的功能设计类似于发电机传函参数的转换规则自定义方法，包括如下步骤：

（1）用于赋初值计算的变量定义。用于赋初值的变量定义包括两个来源：一个是控制器中相关控制环节的参数，比如增益参数、传函中的 0 次项参数等，这些参数读取机电暂态数据即可获得；另一个是机电暂态的初始化结果，包括励磁电压初始值、机械功率初始值等，这些数据需要读取机电暂态的稳定仿真结果数据。

（2）赋初值计算的规则定义。针对模型库中的每种控制器，定义该控制器每一个积分环节初值的计算规则，定义方法同前节。每个积分环节初值对应一条转换规则。用户选择已定义的变量编写相应计算公式，得到积分环节的初值，并填写至发电机控制器模板的相应位置。

图 5-6 所示为 FV 型励磁控制器的控制逻辑框图（当参数 $K_V=0$ 时，该参数所在传函为积分环节）。

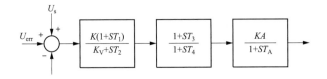

图 5-6　FV 型发电机励磁控制器传递函数（部分）

图 5-7 所示为某发电机模型中 FV 型励磁控制器采用自动赋初值与不赋初值的电磁暂态仿真波形比较。Pe_Init 和 Vt_Init 表示自动赋初值的发电机有功功率与机端电压，Pe_Ori 和 Vt_Ori 表示未赋初值的发电机有功功率与机端电压，其中红色表示赋初值后的仿真波形，蓝色表示赋初值前的仿真波形。显而易见，控制器积分环节自动赋初值技术对于电网电磁暂态模型迅速进入稳定运行效果明显。

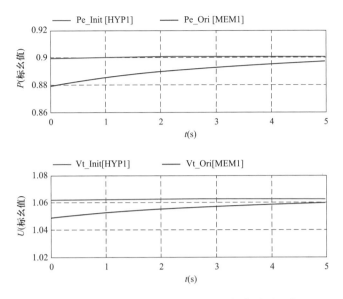

图 5-7 发电机控制器赋初值前后的仿真波形比较

5.4 新能源场站自动化建模

5.4.1 新能源场站自动建模概述

新能源场站主要包括风电场和光伏电站。类似于常规发电机机组，新能源场站自动建模的特殊性在于其不仅包含发电环节等一次系统元件的自动建模，还包括控制器等二次系统元件的自动建模。

实际上，在机电暂态程序中通常是以准稳态的形式来仿真新能源场站，其控制器也是按照准稳态模型的逻辑进行设计；而在电磁暂态模型中则需要详细搭建换流单元等电力电子元件，并接入与换流单元相匹配的控制系统。因此新能源场站的机电暂态模型与电磁暂态模型存在较大差异。

常规发电机组的一次模型参数、二次控制系统在机电暂态数据中与在电磁暂态模型中基本是一一对应的，可以通过相应的转换规则直接建模，不同于常规发电机的自动建模过程，对于新能源的自动建模而言，由于机电暂态数据中并不具备与电磁暂态模型相一致的换流单元、直流母线电容、出口滤波器等一次元件（见图 5-8），对应的电磁暂态模型控制系统也存在很大差异，无法通过类似常规发电机组的方法进行自动建模。

对于新能源场站的自动建模，考虑一种替代式自动建模方式，即：人工搭建与实际工程基本一致的新能源电磁暂态仿真模型，包括一次系统模型以及控制器模型；从机电暂态数据中获取新能源场站的相关信息，在自动建模过程中采用一定规则将所建模型嵌入，即可完成替代建模。

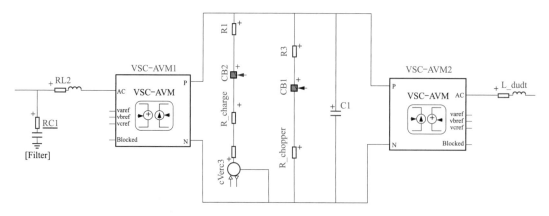

图 5-8　直驱风机一次模型示意图（部分）

5.4.2　新能源机组替代模型

在实际仿真应用中，新能源机组的电磁暂态建模可以采用通用典型模型以及接入厂家封装控制器的模型两种方式实现。针对这两种建模方式，需要设计不同的实现方法。

实现新能源机组典型模型自动建模的总体思路如下：

（1）搭建新能源机组的典型电磁暂态模型，包括光伏模型、双馈风机模型、直驱风机模型。典型电磁暂态模型包括了新能源机组一次模型以及详细的控制器模型。将这类模型定义为新能源机组的一般模型库。

（2）建立从机电暂态数据及机电暂态潮流结果信息中可以读取到的新能源发电机类型（光伏或者风机，对于风机又可区分为双馈或直驱）、单机容量、总台数、实际有功出力、实际无功出力等信息到新能源机组典型模型库的转换规则。转换规则的实现方式同发电机控制器自定义建模。

（3）读取机电暂态数据，根据新能源机组类型，寻找模型库中的对应模型，应用已定义的转换规则进行自动建模。

实现新能源机组接入厂家封装控制器的模型自动建模的总体思路如下：

（1）搭建各种型号光伏、风机的实际厂家电磁暂态模型，其中包括了按照实际工程搭建的一次模型，以及厂家提供的与现场一致的控制器模型。将上述模型定义为新能源机组的厂家模型库。

（2）从当前的实际情况而言，因为机电暂态数据中通常不会定义每个新能源机组的实际厂家型号，这些信息需要通过外部的调查获得。因此如果需要和电网实际相一致，则对于每一套待转换的数据，通过自动建模程序生成新能源场站汇总表，之后人工录入每个场站所采用的新能源发电机型号，形成场站型号分配表。

（3）针对每种型号的新能源模型库，建立从机电暂态数据及潮流结果信息中可以读取到的新能源发电机单机容量、总台数、实际有功出力、实际无功出力等信息到新能源机组模型库的转换规则。转换规则的实现方式同发电机控制。

（4）读取机电暂态数据、场站型号分配表，逐一按照所定义的型号，寻找实际厂家模型库中的对应模型，应用已定义的转换规则进行自动建模。

上述流程可由图 5-9 表示。

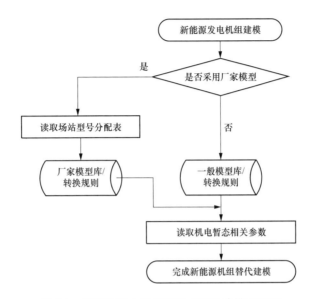

图 5-9 新能源发电机组替代式自动建模流程图

5.4.3 新能源场站单元结构定义

新能源场站通常具有如图 5-10 所示的单元结构。

图 5-10 新能源场站单元结构

图 5-10 中，P 表示新能源发电机组，机端通常为 0.69kV（风机）或 0.4kV（光伏）；XFMR1 表示新能源机端升压变（箱变），其高压侧通常为 10kV 或 35kV 电压等级；P12 表示从新能源场站至汇集变压器的电缆或架空线路；XFMR2 表示汇集变压器，汇集变压器的高压侧通常为 110kV 或 220kV 网架。

在大规模新能源场站的自动建模中，由于机电暂态数据的不完善，会出现诸如新能源发电单元箱变缺失、汇集线路缺失等情况，与实际工程存在差异，导致仿真结果可能不够准确。当箱变缺失时，在机电暂态数据中，换流单元直接接入 10kV、35kV 或更高等级母线，这种不合理的数据不会影响机电暂态的仿真。但在替代式自动建模中，新能源的电磁暂态模型是按照工程实际搭建，机端通常是 0.69kV（风机）或 0.4kV（光伏）电压等级，其换流单元、直流电容等均按照该电压等级配置。当机电暂态数据不合理时，实际上该电磁暂态模型无法接入上述高电压等级电网。

为了应对上述情况，在自动建模程序中需要考虑新能源场站的自动补足技术，包括：

（1）对每一个新能源发电机组判断其机端电压是否符合电磁暂态模型要求，如果不符合则判断缺失元件。

（2）如判定缺失，则按照如图 5-10 所示的单元结构，补足相关的一次元件。需要补足的元件按照不同情况可能包括 XFMR1、P12、XFMR2 全部三个元件或其中某些元件。

（3）需要补足的元件参数按照典型参数，并结合该新能源机组的实际装机容量进行相应计算并填写。

5.4.4　新能源场站的自动解耦

如前所述，新能源机组的替代式电磁暂态模型包括了换流器模型以及非常庞大的控制系统模型，因此，一个新能源场站的电磁暂态模型耗费的计算资源比较大。通常在数模混合实时仿真建模时，为了使仿真模型达到实时，需要将新能源场站与电网解耦。

为了应对上述情况，在自动建模程序中需要考虑新能源场站的自动解耦技术。自动解耦技术包括如下内容：

（1）对每一个新能源发电机组搜索其电网拓扑，直至找到其机电暂态数据中本就存在的汇集变压器 XFMR2；或者是补全后的汇集变压器 XFMR2。

（2）利用 XFMR1 的漏抗参数，自动建模程序自动增加特定的解耦元件 Dec1，将新能源场站单元结构与主网架解耦（解耦元件原理详见 6.2.1）。

增加解耦元件 Dec1 的新能源场站单元结构如图 5-11 所示。

图 5-11　新能源场站自动解耦后的单元结构

5.4.5　新能源场站潮流自动校准

如前所述，在新能源场站自动建模过程中，为了满足各种工况下的建模及解耦需求，设计了对新能源场站单元结构的自动补全功能、新能源单元结构的自动解耦功能。由于这两种情况均涉及到单元结构中一次元件的添加和修改，其必然会对整个电磁暂态模型的潮流计算结果产生影响。

为了在添加和修正元件后，新能源场站单元结构与电网交互的潮流保持不变，设计了新能源场站自动建模的潮流自动校准功能，保证模型修改前后的电网整体潮流正确。

新能源场站潮流自动校准功能的设计思想如下：

（1）针对每一个新能源场站，根据添加或修改后的新能源场站单元结构各一次元件参数，生成一个包含新能源发电机、箱变 XFMR1、汇集线路 P12、升压变压器 XFMR2、解耦元件 Dec1 以及与电网侧连接的 110/220kV 母线等元件的机电暂态潮流数据。

（2）其中箱式变压器 XFMR1、汇集线路 P12、升压变压器 XFMR2 和解耦元件 Dec1 参数按照自动建模时设定的数值填写机电暂态潮流数据中相应的元件参数。

（3）新能源发电机设定为平衡节点，按照需求设定其机端电压数值。

（4）与电网侧连接的 110/220kV 母线处增设发电机元件，设为 PV 节点，其中有功功率数值设置为电网侧流入单元结构的初始有功功率；电压数值设置为该母线的初始电压。

（5）对上述新生成的机电暂态潮流数据执行潮流计算，获得潮流计算结果。

（6）按照求解后的潮流计算结果修正新能源单元结构的电磁暂态模型：将新能源发电机节点求解的有功/无功功率数值填写至新能源发电机元件中；将 110/220kV 母线求解得到的无功与初始无功的差值，根据差值的正负，在该母线处新增电容或电感元件进行模拟。

新能源场站潮流自动校准的流程如图 5-12 所示。

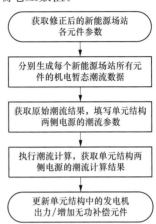

图 5-12　新能源场站潮流自动校准流程图

新能源单元结构的元件补足、自动解耦技术结合潮流自动校准技术，有效解决了新能源自动建模过程中的一些实际问题，提高了建模的智能化与效率。新能源单元结构自动建模的整体流程如图 5-13 所示。

图 5-13　新能源场站单元结构自动建模流程图

5.5　超/特高压直流输电系统自动化建模

5.5.1　直流输电系统电磁暂态建模常规方法

超/特高压直流输电系统的电磁暂态建模在早期的自动化建模程序中并未被考虑，主要的原因在于：机电暂态中直流输电系统是以准稳态的形式仿真，因此其所需要考虑的参数相比于电磁暂态程序有了极大的简化，仅仅包含直流电压、直流电流、换流变压器漏抗及变比、直流线路电阻、滤波器容量等基本的一次系统参数，以及比较简单的直流输电控制系统。

和电磁暂态程序相比，直流的机电暂态数据里通常缺少交直流滤波器与滤除谐波相关的参数，包括每种类型滤波器的电阻、电容和电感参数；缺少直流线路的长度、杆塔参数（建立分布参数模型必须的参数）；缺少详细的直流输电系统控制系统参数。因此无法按照机电暂态的数据进行自动建模。

而且通常而言，在一个仿真数据中，直流输电系统的数量并不会太多。一个区域电网的直流输电系统约十余回，远小于交流电网的规模，因此实践中对于直流输电系统自动建模的需求并不强烈。

基于以上原因，对于交直流电网的电磁暂态仿真，通常仅考虑交流电网的自动建模，而直流输电系统的电磁暂态建模采用人工搭建的方法实现。

交直流电网电磁暂态建模的一般流程如下：

（1）应用自动建模程序完成对交流电网的建模。对机电暂态数据中的超/特高压直流输电系统进行辨识，在自动建模过程中将直流输电系统自动剔除，在整流侧将直流输电系统替代为负荷，在逆变侧将直流输电系统替代为电源，保证转换完成后的交流电网电磁暂态模型可以正常进行相应潮流计算，以校核交流电网建模的准确性。

（2）工作人员对相应直流工程的详细设计参数进行收资。

（3）在电磁暂态程序中搭建与实际工程基本一致的电磁暂态模型。

（4）将直流电磁暂态模型手动添加进交流电网模型中，替换原有的负荷及电压源，完成交直流电网的整体建模工作。

5.5.2 直流输电系统电磁暂态自动建模方法

对于大规模交直流电网的电磁暂态自动建模，直流输电系统依然可以沿用传统的方法，即直流输电系统模型手动添加。但在某些应用场合，比如并非针对某个实际工程的通用性研究，直流输电系统的自动建模仍有其意义。

所谓的通用性研究指的是：机电暂态数据中的直流输电系统并非对应某个实际直流工程，仅仅是代表一个通用的直流输电系统而已；用户对于直流输电系统是否与某个工程一致并不在意，在电磁暂态研究中仅需要直流模型体现其基本特性即可。

因此，对于超/特高压直流输电系统的自动建模，其整体思路为：

（1）直流输电系统的自动建模的需求，采用类似于新能源机组的替代式自动建模方法。

（2）直流输电系统模型库的建立。根据工程实践，建立 12 脉动换流器以及双 12 脉动换流器两种直流输电基本模型即可，分别用于模拟超高压直流输电系统及特高压直流输电系统。基本模型中的换流变压器、交直流滤波器、直流线路参数可以按照某个相同类型的实际直流工程数据建立。

通常可以按照机电暂态数据中填写的直流额定电压进行对应模板的选择：800kV 以下选择超高压 12 脉动换流器模型，800kV 及以上选择特高压双 12 脉动换流器模型。

（3）模型库参数的修正。在读取机电暂态数据后，采用预设的转换规则对换流变压器参数、交直流滤波器容量、直流线路参数等根据机电暂态数据进行自动修正，以完成对应于机电暂态数据的直流输电系统自动建模。

表 5-3 中提到的直流线路单位长度电阻典型值 R_1，是由自动建模程序提供的典型值默认参数，用以进行相关参数的折算。表 5-4 给出了对应不同电压等级的直流线路单位长度参数典型值。

表 5-3 直流模型库参数修改规则（部分）

参数名称	填写方法
直流线路长度	$L=R/R_1$ 式中：R 表示机电暂态数据中"直流线路电阻"；R_1 为根据直流电压等级确定的典型直流线路单位长度电阻值
交流滤波器电容值	$C=S_c/S_{c1}C_1$ 式中：S_c 表示机电暂态数据中"单组滤波器容量"；S_{c1} 表示对应模板中"单组滤波器容量"；C_1 表示模板中电容值
逆变侧直流参考电压	$U=1-i_{d\_Base}R/U_{d\_Base}$ 式中：i_{d_Base} 表示直流电流参考值；R 表示直流线路电阻；U_{d_Base} 表示直流额定电压。i_{d_Base}、R、U_{d_Base} 均来源于为机电暂态数据

表 5-4 不同电压等级直流线路的单位长度参数典型值

电压等级（kV）	$R_0(\Omega/km)$	$L_0(H/km)$	$C_0(F/km)$	$R_1(\Omega/km)$	$L_1(H/km)$	$C_1(F/km)$
800	5.389×10^{-3}	3.4108×10^{-3}	9.8295×10^{-9}	5.389×10^{-3}	8.0653×10^{-4}	1.4125×10^{-8}
1100	2.875×10^{-3}	1.6394×10^{-3}	9.6195×10^{-9}	2.875×10^{-3}	7.6598×10^{-4}	1.4755×10^{-8}
500	1.0005×10^{-3}	1.9562×10^{-3}	1.0125×10^{-8}	1.0005×10^{-2}	8.5448×10^{-4}	1.3493×10^{-8}
660	7.7217×10^{-3}	2.5566×10^{-3}	1.0321×10^{-8}	7.7217×10^{-3}	8.0558×10^{-4}	1.4277×10^{-8}

（4）直流模型的嵌入。直流输电系统的自动建模方式由程序自动嵌入至交流网架模型。因此，采用直流输电系统的自动建模方式，可一定程度上减少研究人员的工作量，提高工作效率。

5.6 电网拓扑自动布局技术

5.6.1 拓扑布局技术概述

电网拓扑的自动布局是大规模电网自动建模的重要内容之一。所谓电网拓扑的自动布局指的是在生成电磁暂态模型时，根据某种自动布局算法，对每个元件的大小及位置进行定义，使得生成后的电磁暂态模型拓扑清晰、美观，提高对工作人员的界面友好性及可操作性。在自动建模程序中如果不考虑拓扑的自动布局，生成的电磁暂态模型会出现诸如元件重叠、连线多处交叉等现象，导致整个图形界面混乱。

5.6.2 节点—支路关联矩阵法

一个图的边与顶点的关联性质可以用矩阵来表示。把表示边与顶点的关联关系的矩阵叫做关联矩阵。通过分析一个图的矩阵可以得到有关此图的若干性质。在实际应用中，图的矩阵表示具有重要的作用。

设有向图 $G=(V, E)$，其中 V 是图 G 的顶点（也称节点）集合，E 是图 G 的边集合，则关联矩阵为反映图 G 中 V 与 E 之间关系的集合，用 R 表示。关联矩阵的行反映图顶点的信息，列反映支路的信息。当顶点 i 和顶点 j 通过支路 m 相联系时，称顶点 i 和顶点 j 通过支路 m 关联，关联矩阵第 m 列的第 i 行和第 j 行的元素为非零元素，其余元素为零。按照关联矩阵是否体现支路方向的原则可把关联矩阵分为有向关联矩阵和无向关联矩阵。有向关联矩阵可以表示支路的连接方向。由于一个支路一定而且恰好是联接在两个节点上，因此若该支路离开其中一个节点，则必然指向另一个节点。在有向关联矩阵中用 1 表示离开节点，−1 表示指向节点，则在 R 的每一列中就只能有且必须有这两个非零元素。当把有向关联矩阵 R 中所有行的元素按列相加后得到一行全为零的元素，所以有向关联矩阵 R 中的行不是彼此独立的，即 R 的秩是低于它的行数的。当节点—支路关联矩阵的非零元素均为1，此关联矩阵即为无向关联矩阵。无向关联矩阵仅反映支路与节点之间的联系，无法体现支路的连接方向。图 5-14 所示为一个包括 4 个节点、7 条支路的有向图。

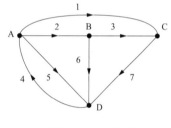

图 5-14　有向图 G

根据关联矩阵的定义，图 5-14 对应的节点—支路有向关联矩阵如表 5-5 所示。

表 5-5　　　　　　　　　　　　节点—支路有向关联矩阵

支路 节点	1	2	3	4	5	6	7
A	1	1	0	−1	1	0	0
B	0	−1	1	0	0	1	0
C	−1	0	−1	0	0	0	1
D	0	0	0	−1	−1	−1	−1

将有向关联矩阵中的元素−1 改为1，便得到图 G 对应的节点—支路无向关联矩阵，如表 5-6 所示。

表 5-6 　　　　　　　　　　节点—支路无向关联矩阵

支路 节点	1	2	3	4	5	6	7
A	1	1	0	1	1	0	0
B	0	1	1	0	0	1	0
C	1	0	1	0	0	0	1
D	0	0	0	1	1	1	1

在遍历电网数据中所有节点形成网络"节点—支路"关联矩阵后，可安排各节点的横、纵坐标。横坐标的确定原则：按照遍历节点顺序安排各节点横坐标，相邻节点间横坐标距离为 d，若节点横坐标超出页面允许范围，则安排此节点为下一行起始节点，横坐标与上一行起始节点横坐标相同。纵坐标的确定原则：同一行各节点纵坐标相同，每一行节点间距离为 l。

以图 5-14 为例，假设页面横坐标允许范围为 $0\sim3d$，当遍历顺序为 A→B→C→D 时，各节点的横坐标为：$X_A=d$，$X_B=2d$，$X_C=3d$。

若节点 D 与节点 A 安排在同一行，其横坐标已超出页面横坐标所允许的范围，故将节点 D 安排至下一行，各节点纵坐标为：$Y_A=Y_B=Y_C=1$，$Y_D=2$。

按照上述布局结果，生成的各节点的排列分布如图 5-15 所示。

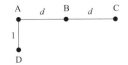

图 5-15　节点—支路关联矩阵法布局结果

节点—支路关联矩阵法实现方便，但其主要是解决元件的重叠和布局问题，对于元件连接线之间的交叉关系并未解决，在大规模电网的电磁拓扑布局中具有一定的局限性。

5.6.3　正交化拓扑布局方法

正交化拓扑布局是一种比较先进的拓扑布局算法，广泛应用于多种场景。正交化拓扑布局算法可划分为"平面化—正交化—紧致化"三个阶段。

（1）平面化。计算最大的无交叉子图，然后再添加交叉边，将交叉节点转换为虚拟顶点，使图平面化（见图 5-16）。平面化阶段的目标是使边的交叉达到最少。

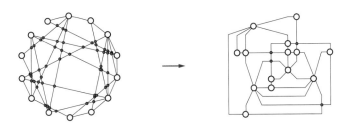

图 5-16　正交化拓扑布局—平面化处理示意图

（2）正交化。解决图绘制过程中边的角度以及边的弯折数目问题（见图 5-17）。正交化的目标是确定边的布局及边弯折点的数量，使得弯折点数量达到最少。

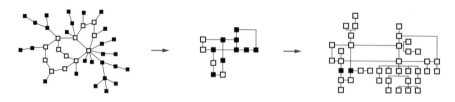

图 5-17　正交化拓扑布局—正交化处理示意图

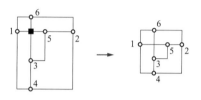

图 5-18　正交化拓扑布局—紧致化处理示意图

（3）紧致化。确定各顶点的坐标，以及弯折点坐标，使得边总长和图面积最小化（见图 5-18）。紧致化的目标是使得最终拓扑紧凑而不松散。

正交化拓扑布局算法具有连线交叉少、布局合理、界面美观等优点。但仅采用正交化自动拓扑布局技术，布局结果中电气上邻近的元件可能在拓扑中相距较远因此需要在局部区域进行相应调整。

5.6.4　站点母线集群处理方法

在大多数应用场合，正交化的自动布局都能够满足要求，但该算法可能使电气上邻近的元件在拓扑中相距较远，影响到查看和操作的便利性。站点母线集群处理方法可以作为正交化自动布局的一种有益补充。

站点母线集群方法在处理场站内部拓扑布局、联系紧密的某区域电网时应用广泛。其含义就是将某些节点、元件设定为一个集合体，该集合体作为一个单一元件参与到整个电网的拓扑布局中，其内部再按照一定的方法单独布局。

在大规模电网的自动建模技术中，交流线路的故障模型采用站点母线集群方法可以有很好的应用效果。图 5-19 所示为交流线路自动生成故障元件的站点母线集群处理方法示意图。

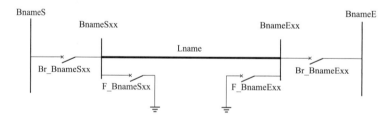

图 5-19　交流线路自动生成故障元件的站点母线集群处理方法示意图

如图 5-19 所示，对于自动生成交流线路故障模型的功能，需要在线路 Lname 两侧增加母线 BnameSxx、BnameExx，断路器 Br_BnameSxx、Br_BnameExx，故障接地元件

F_BnameSxx、F_BnameExx，生成模型后用户需要操作断路器以设置故障时间、断路器跳闸与重合时间。从研究人员的角度而言，交流线路、两侧断路器、故障元件应在拓扑上集中在一起，既直观又便于操作。

因此对于这种应用场合，可以采用站点母线集群的方法，将交流线路、两侧断路器、故障元件定义为一个集合体，在集合体内部按照固定的元件相对位置、固定的连线定义进行拓扑预设，之后集合体作为一个单一元件参与整体的拓扑布局，达到上述效果。

5.7　自动化建模高级应用

在自动建模软件开发中，一些针对"大规模"特点所开发的高级应用可以大幅提高建模的效率和灵活性，这些技术主要包括子系统划分、解耦元件配置、建模的流程控制、建模的配置参数主动控制、潮流对比、配置的继承等。本节对上述技术进行介绍。

5.7.1　子系统划分

子系统划分功能是为适应超大规模互联电网的电磁暂态自动建模而提出的新技术。大多数电磁暂态程序生成的模型是以所有元件图形拓扑的形式呈现的，因此当电网规模很大时，在一张页面上呈现所有的元件及其连接是不可能的；即使程序能够显示，对于工作人员而言，这个页面也是一个极其庞大、很不友好而实际上无法操作的画布，不具备真正的实用性。此外，对于超大规模电网模型，由于存在数据规模庞大、元件众多、参数不规范等各种问题，根据工程经验，在实际应用中，通常不能做到自动生成的模型直接用于仿真，而会由于电磁暂态算法的不同及对参数要求严格等原因，出现计算发散、模型不稳定等一些问题，因此需要对自动生成的模型进行人工调试。根据工程经验，对一个完整的超大规模电磁暂态模型进行人工调试，以查找某个细小的参数问题是一个不可能完成的工作。

基于以上情况，在自动化建模中设计子系统划分功能将提高电磁暂态仿真模型的实用性和高效性。基本的设计思想是：按照不同区域、省份、分区等地理电气信息，以及适当的规模，在自动建模程序中将一个庞大的互联电网电磁暂态数据划分为多块，每块称之为一个子系统。在自动建模过程中可以根据划分结果，对每个子系统进行单独建模，并在电磁暂态程序中分别调试每个子系统模型，当每个子系统模型都调试完成后在电磁暂态程序中进行拼接，形成完整的电磁暂态模型。在实际执行时，所生成的多个子系统模型可分给多人同时进行调试，提高工作效率。这种方法使得生成的模型具有良好的可观性及实用性，并通过多人协同工作提高了整体的工作效率。

在具体的实现中，需要明确的规则确定所有电网元件的归属，同时因为每个子系统仅是整体电网中的一部分，其本身并不完整且无法独立运行，需要对每个子系统的边界进行处理。子系统的生成及形成完整电网的过程如下：

（1）采用母线作为子系统的划分关键 ID。通过选择目标母线形成每个子系统的母线集合。

（2）连接在母线上的单端元件归属于母线所在的子系统。

（3）两端或多端元件（如交流线路、两绕组变压器或三绕组变压器）若所连接的母线均在某个子系统集合内，则该元件属于该子系统；若所连接的母线不在同一个子系统内，则采用某种规则确定元件归属，比如将元件归属于功率流出的子系统，或归属于高压母线所在子系统等。

（4）对于某个子系统与其他子系统的边界点，在每个边界点增加一个等值替代元件，通常可采用负荷元件或者电源元件，按照机电暂态的潮流计算结果，填写负荷元件或电源元件的有功/无功或者电压幅值/相角等参数，保证分离出的每个子系统可以独立运算，且其子系统内部潮流计算结果与原始数据相同。经处理的子系统如图 5-20 所示。

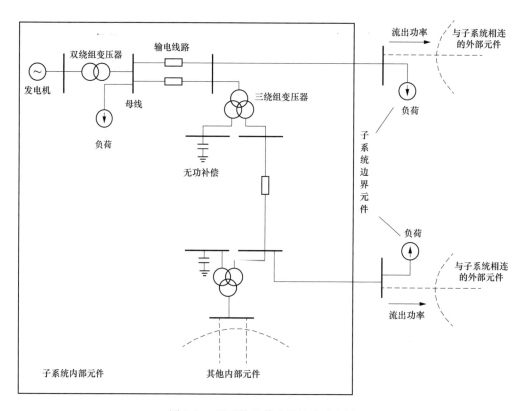

图 5-20　子系统及其边界处理示意图

（5）完整电网模型组合。在每个子系统生成后，可将其自动组合以形成完整电网模型，具体方法为：①将每个子系统（不含边界元件）视为一个整体；②将未定义至任何子系统的母线及元件单独形成集合；③将所有子系统和未定义集合进行自动拓扑布局，实现完整电网模型的构建。

采用子系统划分方法生成的电网模型如图 5-21 所示。

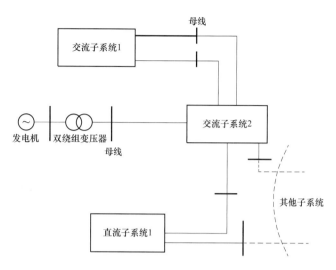

图 5-21 采用子系统划分方法形成电网模型示意图

5.7.2 解耦配置

对于超大规模电网的电磁暂态实时仿真，必须进行电网解耦，以达到实时仿真的效果。所谓电网解耦就是通过分布参数线路或特别设定的解耦元件，将一个大电网模型分割成多个可以并行计算的小任务，从而利用并行计算技术实现多任务并行仿真。实时仿真的概念与应用详见第 6 章，本章仅介绍附带解耦配置功能的超大规模电网自动建模技术，该技术可以极大提高电磁暂态的模型调试效率。

对于自动建模软件中的解耦配置技术，其整体思路如下：

（1）实现电网解耦主要采用的电网元件为交/直流线路（在某些特殊情况下也可为变压器元件）。因此通过元件类型判定，在自动建模程序中形成相关的线路待处理元件集合供工作人员处理。可根据子系统划分结果生成多个相关待处理元件集合，以利于多人并行工作。

（2）对生成的待处理元件集合进行自动预处理：所有满足解耦条件的交流线路默认按照贝杰龙分布参数线路进行自动建模；其余不满足解耦条件的交流线路则判断其对地电纳是否为零，分别按照阻抗元件或 π 型线路模型进行自动建模。自动预处理的流程如图 5-22 所示。

图 5-22 中，交流线路正负序行波时间计算式为

$$\left.\begin{array}{l} T_{\text{line1}} = l \cdot \sqrt{L_1 C_1} \\ T_{\text{line0}} = l \cdot \sqrt{L_0 C_0} \end{array}\right\} \tag{5-2}$$

式中：T_{line1} 表示正序行波传输时间；T_{line0} 表示零序行波传输时间，s；L_1 表示交流线路单位长度正序电感，H/km；C_1 表示交流线路单位长度正序电容，F/km；L_0 表示交流线路单位长度零序电感单位，H/km；C_0 表示交流线路单位长度零序电容，F/km。

（3）根据电网解耦的实际需求，包括：根据并行计算机仿真能力确定的每个小任务的规模要求、电网的网架结构、线路的长度等条件，自动或由工作人员手动在待处理元件集合中选择合适的交流线路元件，将其 π 型线路模型修改为"解耦元件"模型（此处的修改仅仅是元件类型的选择，不同类型元件的参数计算由自动建模程序自动完成）。

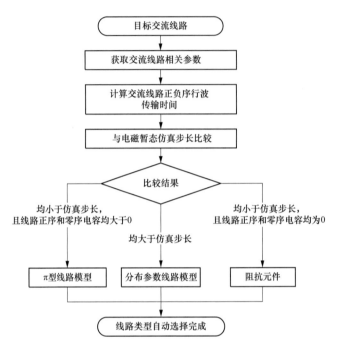

图 5-22　线路类型自动预处理流程图

（4）通常手动方式依靠工作人员经验并结合电网结构，划分会更加合理，但会增加工作量；而自动方式则由程序自动计算小任务元件规模、分析拓扑结构，会提高分网效率，但在开发程序上存在一定的难度，且划分结果可能并不合理。实际中，可以采用程序自动划分后再人工干预修改的方式实现快速、合理的电网解耦。

（5）所有的线路类型修改完成后，自动建模程序按照待处理元件集合中所有设定的线路类型，自动生成电磁暂态电网模型，该电磁暂态电网模型即可实现多任务并行的实时仿真。

通过该技术的引入，超大规模电网的自动建模解耦工作避免了由工作人员在电磁暂态模型中手动逐一修改元件模型所带来的参数计算、模型搭建等大量操作，极大的提高电磁暂态实时仿真应用的效率。

5.7.3　主动控制技术

主动控制技术是一种通过参数控制或流程控制对整个建模过程及建模结果进行人工选择的技术，其主要目的是根据不同的应用场合、精度、规模要求，差异化配置建模结果，以提高仿真的效率，适应不同的电网形态，以及提高模型调试的效率。上一节提到的建模流程控制就是主动控制技术的一种，本节主要对通过参数控制建模结果的技术进行介绍。

参数控制技术主要包括两种类型：①当机电暂态参数不完善或不严格时，在自动建模过程中用户根据工程经验配置相应的默认参数，在建模过程中自动添加或者修正机电暂态参数；②为了降低电磁暂态模型规模、提高仿真效率所设定的用户自主选择参数，包括用户设定阈值，由自动建模程序根据阈值决定不同的建模结果；直接由用户选择某种形式的建模结果。

上述几类情况分别举例如下：

（1）♯G_Ra：发电机定子电阻默认值。该条数据表示当机电暂态数据中发电机定子参数为0时，由于在实际中发电机定子电阻不可能为0，因此在电磁暂态建模时，通过工作人员配置"发电机定子电阻默认值"来自动添加发电机定子电阻值。

（2）♯DnmMin：负荷特性转换阈值。该条数据表示当某个负荷点的恒功率或恒电流的有功和无功数值均小于设定值，则自动建模过程中则不再转换为对应的模型，而是采用RL或RC的阻抗或阻容元件表示，从而减小系统的运行规模，提高仿真效率。依据是由于在电磁暂态模型中恒功率或恒电流负荷模型需要消耗的计算资源大于阻抗或阻容元件消耗的计算资源，在负荷数值较小的情况下，采用阻抗或阻容元件替代负荷元件，并与该负荷点处的无功补偿元件合并，可以节约较多的计算资源，但同时又不会对仿真结果造成过大影响。

（3）♯G_merge：发电机合并选择。该条数据表示交由工作人员选择是否进行电厂中多台发电机的合并。对于同一个电厂中出力相同、一次参数及控制参数相同的发电机组，合并发电机组可以减少元件数量，提高仿真效率，且对仿真结果准确性并无影响。但如果需要在该处执行稳控切机策略，则需要保留原有发电机组而不能合并。因此由工作人员根据仿真需求确定该参数的取值，以控制自动建模程序生成适合需求的不同电磁暂态模型。

5.7.4　潮流比对技术

电磁暂态模型与机电暂态数据的暂态仿真结果从理论上不具备可比性，原因在于：由于新能源、直流输电系统等电力电子设备的大量存在，采用详细换流器模型的电磁暂态模型与采用准稳态的机电暂态数据，其暂态仿真波形本就应存在差异。这也是采用电磁暂态实时仿真方式实现对以新能源为主体的新型电力系统进行仿真研究的主要原因。

那么，判断一个自动生成的电磁暂态模型是否正确，能够做到而且应该做到的事情就是对电磁暂态模型的潮流结果，包括节点电压、支路有功/无功功率等进行潮流校核。在早期的电磁暂态手动建模或自动建模中，潮流校准工作通常是通过人工实现，人工查看主要节点电压、主要支路潮流结果，与机电暂态的计算结果进行比较，校核电磁暂态模型的准确性。该种方法耗时较多，容易出错，特别是当某个元件的潮流结果不正确时，定位问题根源比较困难，对于超大规模电网的数模混合实时仿真完全不适用。目前多个电磁暂态实时仿真程序，如 ADPSS、HYPERSIM 等，已经具备了潮流计算的功能。因此开发一种对自动建模结果的潮流自动比对功能尤为必要并且可实现。

超大规模电网电磁暂态自动建模潮流比对技术的整体设计思路为：

（1）在自动建模生成电磁暂态元件的过程中，需要生成每个机电暂态元件与电磁暂态元件的对应关系，包括节点、线路、变压器等主要元件，为后续的比对提供基础。

对于特殊情况，如当某交流线路两侧存在断路器，而在建模过程中为了提高仿真效率将两侧断路器去除，此时交流线路两侧所连接母线发生变化。而很多机电暂态软件（如 BPA）是以所连接的母线来定义一个元件，如果按照母线名称则无法对应。在这种情况下建立元件的对应关系，可以按照如下方法：在机电暂态侧的元件定义以"I 侧母线＋J 侧母线＋并联线路号"为标识，而在电磁暂态侧的元件定义则为根据前述命名规则确定的元件名称为标识，来实现对应。其他元件对应关系的生成也采用类似方法。

（2）执行自动建模生成的电磁暂态模型的潮流计算，获得电磁暂态模型的潮流计算结果。开发对电磁暂态潮流结果文件的读取规则。

（3）在自动建模程序中根据元件的对应关系，比对相应的潮流结果，给出对比结果列表。潮流比对结果列表应具备直观性及易用性，包括：给出每项结果对比差值的绝对值和相对值并排序，根据元件名称筛选某条或某组对比记录等。通过排序和筛选，可以方便追查误差产生的根源，快速定位问题原因。

潮流自动对比技术可方便、快速的核实超大规模电网模型的准确性，提高效率。

5.7.5　建模流程控制

建模流程控制技术也是为适应超大规模电网自动建模技术而提出的。根据工程经验，电磁暂态模型发散或不稳定问题通常是由于电网元件某些参数不合理或者某块网络矩阵计算不收敛所导致的，仅仅某一个元件中的一个参数的不合理，可能导致整个电磁暂态模型的运行发散。参数敏感、实际工程参数不完善等是导致常规发电机元件、新能源发电元件等电磁暂态模型发散等问题的主要因素。

根据实际情况，结合电网解耦实时化需求工作，提出了超大规模电网的自动建模流程控制技术，其整体思路为：

（1）设定多个不同输出结果的自动建模选项。用电压源替代发电机的交流网架自动建模；单独增加常规发电机元件的交流网架自动建模；单独增加新能源发电元件的交流网架自动建模；包含所有常规发电机元件、新能源发电元件的交流网架自动建模。其中前三种类型都属于中间结果，最后一种类型即为自动建模的最终结果。

（2）首先选择用电压源替代发电机的交流网架自动建模。在该流程的工作过程中，需要完成解耦配置工作，实现并行计算小任务的划分；其次通过电磁暂态程序对自动生成的模型进行仿真，校核无发电元件的交流网架的潮流结果是否正确、仿真是否发散以及实时性是否达到。完成该项流程后，则电磁暂态模型的实时化、交流网架的准确性以及交流网架的收敛性得到了保证。

（3）其次分别选择单独增加常规发电机元件的交流网架自动建模、单独增加新能源发电元件的交流网架自动建模。在该流程的过程中，主要是对增加常规发电机元件、新能源发电元件后的电网收敛特性、发电元件的稳定性进行校核。通过该流程的操作，可以实现对电网收敛性和稳定性有影响的参数的修正，保证电磁暂态模型的稳定运行。

（4）完成上述流程后，根据仿真需要增加故障模型，最终生成经过修正参数后的包含所有交流网架、常规发电机元件、新能源元件及故障模型（可选）的电磁暂态模型。

通过超大规模电磁暂态自动建模的流程控制技术，有效分离了导致模型异常的元件和参数，使得工作人员可以分步骤、分元件分析问题，提高了模型调试的效率。自动建模流程控制的逻辑如图 5-23 所示。

5.7.6 配置继承功能

前面提到，对于一个超大规模电网，为了实现电磁暂态自动建模结果的优化及实时等，在自动建模程序中采取了一些人工处理措施，主要包

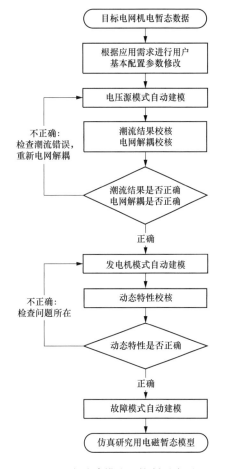

图 5-23 自动建模流程控制示意图

括子系统的划分和电网的解耦，这几项操作是工作人员应用大规模电网自动建模程序生成模型的主要工作。

对于一个新的机电暂态数据，这些需要工作人员完成的操作无法避免。如前面章节所提到的，这些操作虽然也可以通过自动划分子系统和自动分网技术来实现，但从工程实践来看，自动实现的结果通常不够理想，或者子系统划分不符合电网区域特征，或者子任务划分不够合理。以后随着算法或技术的进步，更加智能化的自动划分也将是未来一个重要的发展方向，但就目前而言，自动划分的结果通常还是需要人工干预。

对于同一区域电网在相近年份的不同运行方式数据，数据的差别主要是发电和负荷出力的调整，而诸如交流线路、变压器等影响电网结构的元件通常变化不大，一般仅会有少量新增或检修的情况出现。由于电网结构基本保持不变，而前述提到的子系统划分、

电网解耦等操作主要与电网结构相关，因此这些操作存在重复利用的可能，这就为后续的智能化处理提供了基础。

将基于上述特征的自动建模的智能继承技术应用于大规模电网自动建模，可以进一步提升建模效率。智能继承技术的主体思想是：通过对子系统划分和电网解耦等用户操作的继承功能开发，实现对相同区域电网自动建模历史工作的复用。

具体的实现方法为：

（1）主要目标是将子系统划分、电网解耦的操作信息进行记录，在同一区域的不同运行方式中导入这些操作信息进行继承，达到重复利用的目的。

（2）当网架结构完全相同时，继承的工作非常简单，导入历史操作信息结果后，直接应用即可。

（3）实际中由于不同的运行方式数据存在一定差异，其电网结构不可能完全相同，必须考虑存在偏差条件下的继承方法。考虑偏差条件下的继承方法为：

1）首先设计继承对象的存储结构：文本或表格形式，用于继承操作。

a. 对于子系统划分信息，可记录历史工作中每个子系统所选择的元件集合，保存为文本或表格形式，用于继承操作。

b. 对于电网解耦信息，可记录历史工作中每个被修改的线路名称和修改后的线路类型，保存为文本或表格形式，用于继承操作。

2）比较新电网数据和继承的电网数据的差异，给出差异信息表（主要体现为电网元件的缺失与新增信息）。

3）将新电网数据和继承的电网数据中公共部分采用继承信息进行自动处理。

a. 子系统划分信息：对于新电网数据和继承的电网数据中均存在的电网元件，按照继承来的信息进行子系统划分。

b. 电网解耦信息：对于新工程电网数据和继承的电网数据中均存在的输电线路，按照继承来的信息进行线路类型设定。

4）将新电网数据和继承的电网数据中差异部分进行人工处理，实现对新数据的完整操作。

a. 子系统划分信息：对新工程电网数据比继承的电网数据中新增的电网元件，由用户手动添加至对应子系统。

b. 电网解耦信息：由用户根据差异信息表中给出的电网结构变化信息，手动修正相关部分线路类型。

通过智能继承功能的设计，用户对于历史数据的操作得到了重复使用。在实际应用中，随着每个区域电网不同运行方式的滚动更新，每次需要新增的工作量很少，有效地提升了自动建模的效率。智能化继承的流程如图 5-24 所示。

5.7.7 考虑各种高级应用的整体建模流程

考虑了各种高级应用的大规模电网电磁暂态自动建模整体流程如图 5-25 所示。

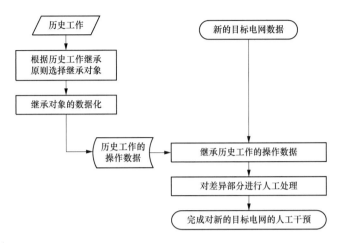

图 5-24 智能化继承操作流程图

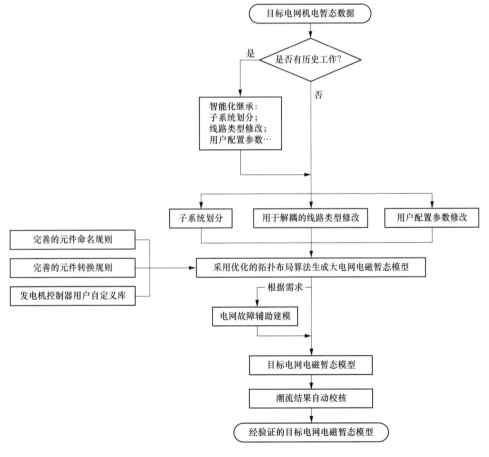

图 5-25 大规模电网电磁暂态自动建模整体流程

6　数模混合仿真的实时性

6.1　实时性仿真的用途

电力系统时域仿真是通过计算机的离散化处理，求解系统的微分方程组和代数方程组，当仿真所需要的时间与真实时间相等，即仿真模型的时间比例尺与真实系统一致时，就称之为实时仿真，其计算步长为微秒级或更小，属于电磁暂态仿真领域。实时仿真的物理含义在于，如果仿真中有实物在环，因实际物理装置响应特性是按照真实系统响应特性和时间设计运行的，数字仿真系统亦应提供与真实时间一致的响应，才能实现含实际物理装置的数模混合仿真计算的稳定性和准确性。因此，接入实际装置的数模混合仿真必须实现实时运行，这就意味着模型接收信号、变量计算、输出信号的过程必须在一个仿真步长内完成。常规交流电网模型的仿真步长范围通常为 $20\sim150\mu s$，使用 FPGA 进行小步长仿真时一般为几个微秒或几百纳秒，例如 MMC 子模块的仿真计算周期为 500ns。如果仿真速度达不到实时，会因为数据不同步而导致仿真计算发散，任何微小扰动都可能引起系统振荡，无法稳定运行。

电力系统中实时仿真的用途是进行接入实际物理装置的闭环仿真。电力系统本身无法通过大量现场实际试验来探究其特性和边界，一直以来都以仿真分析作为研究手段。实时仿真的优点在于安全、高效、经济、全面、真实，以往主要应用于装置级仿真，旨在测试和研究优化控制器本身的响应特性，数模混合实时仿真的仿真结果相比纯数字仿真更接近实际。新型电力系统下的实时仿真需要将大量复杂控制器接入大规模数字电网环境，例如常规/柔性直流输电工程控制保护装置、风机和光伏控制器等，用于全面研究交互响应和更真实的模拟控制器所处电网环境，并作为数字模型校准手段，这对仿真实时性提出了相当大的挑战。

本章侧重于描述电磁暂态实时仿真实时性的调试方法。

6.2　大电网实时仿真的实现方法

从仿真设备层面看，实时仿真通常由多核并行计算机实现。从电网建模层面看，需要将电网模型进行拆分，拆分为相互之间解耦的任务块。从任务映射方法层面看，将任务块映射至计算核中的分配机制，需要分核算法辅以人工干预实现。

支持大电网仿真的并行计算硬件平台的实现形式多样，根据仿真规模和所需研究的要求，常见的有基于 DSP、AMD 独立硬件处理单元、小型工业机、高性能 PC 机和高速通信网络、基于不同体系架构的大型并行机（如对称多处理架构 SMP＋非均匀内存访问架构 NUMA）等，部分硬件平台架构图如图 6-1 和图 6-2 所示。在需要小步长实时仿真的场景，采用现场可编程门阵列（field-programmable gate array，FPGA）作为硬件平台；在有多速率仿真需求的场景采用 CPU＋FPGA 方式，其中 CPU 方式指前述各类硬件平台，主要用于处理规模大、算法复杂的模型，FPGA 用于处理对计算速率要求非常高的模型，例如柔性直流和新能源模型中，FPGA 用于处理 MMC 模块以及新能源模型中并网逆变器模型，CPU 用于处理其余电网模型；其他多类型硬件组合方式还有 CPU＋GPU（图像/图形处理器，graphics processing unit，GPU）方式、CPU＋FPGA＋GPU方式等。

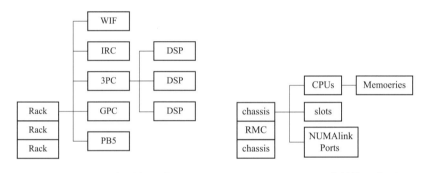

图 6-1　RTDS 硬件结构示意图　　图 6-2　SGI 硬件结构示意图

仿真大型电网时，需要根据软硬件配置和特点，利用解耦技术将电网仿真模型分解为若干小任务。另外，硬件平台的每一个并行计算核均要达到实时，才能实现整体仿真模型的实时，仿真任务在计算核上的合理优化分配方法非常关键。

本节从描述电网一次模型的解耦、信号和控制逻辑等二次模型的解耦、影响仿真实时性的因素及它们之间的配合几方面，介绍实现实时性的必要手段和优化技术，讲述大电网实时仿真的实现方法。

6.2.1　电网一次模型的解耦

现代电网的一次模型包含交流主网架结构（发电机、输电线路、变压器、负荷）、直流输电系统的一次回路、新能源场站模型（光伏电站、风力发电机群、储能）、柔性交流输电设备模型（静止同步补偿器、可控串联补偿装置、统一潮流控制器、可控高抗、静止无功补偿装置）等。一次模型的解耦是把电网模型分解为可分散运行于并行计算核的任务块。

6.2.1.1　电网中的自然解耦

电磁暂态仿真中，对电网中长线路的模拟通常可以使用分布参数线路模型（贝杰龙模型），该模型根据电磁波传播原理，利用节点间对应电压、电流的电磁波沿输电线路传输延迟实现自然解耦，具体原理介绍如下。

单相分布参数线路模型电路如图 6-3 所示，图中，R_0、L_0、G_0、C_0 分别表示单位长度电阻、电感、电导和电纳，一条长度为 l 的线路由若干个 π 型（或 Γ 型）模型连接起来。忽略损耗，电压波 $[u(x,t)]$ 和电流波 $[i(x,t)]$ 的比值为一个电阻量纲的实数，并且适用于均匀无损线上的任一点，这个比值被称为波阻抗（Z），即

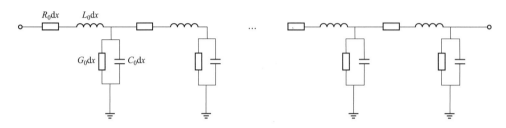

图 6-3　单相分布参数线路模型

$$Z = \frac{u}{i} = \sqrt{\frac{L_0}{C_0}} \qquad (6\text{-}1)$$

波在线路上的传播时间为 τ，则 τ 为

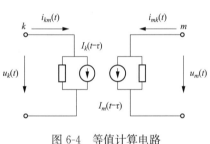

图 6-4　等值计算电路

$$\tau = l\sqrt{L_0 C_0} \qquad (6\text{-}2)$$

假设电网在 k 点和 m 点间为一条输电线路，利用贝杰龙等值模型，由隐式积分法可将支路方程表示为一个等值电阻与电流源并联的电路，如图 6-4 所示，计算公式如式（6-3）和式（6-4）所示。

$$\begin{cases} I_k(t-\tau) = -\dfrac{u_m(t-\tau)}{Z} - i_{mk}(t-\tau) \\[2mm] I_m(t-\tau) = -\dfrac{u_k(t-\tau)}{Z} - i_{km}(t-\tau) \end{cases} \qquad (6\text{-}3)$$

$$\begin{cases} i_{km}(t) = \dfrac{u_k(t)}{Z} + I_k(t-\tau) \\[2mm] i_{mk}(t) = \dfrac{u_m(t)}{Z} + I_m(t-\tau) \end{cases} \qquad (6\text{-}4)$$

由图 6-4 可见，k 点和 m 点在网络拓扑上分解开，节点电压和电流参数由 $t-\tau$ 时刻数值（历史值）计算，利用 t 时刻之前的已知量去求 t 时刻的未知量，实现了"解耦"。

自然解耦线路的长度要足够长，即其上电磁波传输时间 τ 至少要不小于 1 个计算步长。基于上述贝杰龙线路解耦原理，仿真器中的具体实现方式可参考如下。假设电磁波按理想方式以光速传播，速度为 $3\times10^5\,\text{km/s}$，根据仿真步长（T_s，单位为 s）和线路的

长度（l，单位为 km），分为如下两种情况：

（1）当 $3×10^5 T_s < l$ 时，仿真器创建 2 个任务，线路从中间分开，线路首端及其相连电网元件以及一半线路为 1 个任务，线路末端及其相连电网元件以及另一半线路为 1 个任务。这时电磁波在线路上传递需要 1 个以上步长的时间。

（2）当 $l < 3×10^5 T_s$ 时，线路的两端属于同一个任务。这是因为此时电磁波在一个步长内就已经从线路首端传播到了线路末端。可见，当线路过短时，即使使用了贝杰龙线路模型，程序处理上仍将其放在一个任务中（HYPERSIM 电磁暂态程序会直接将此类短接线自动调整为集中 π 型线路），与集中元件一样，无法实现解耦。

6.2.1.2 人工干预解耦

显然，仅依靠长线路自然解耦满足不了仿真的需求，复杂交错的网络拓扑结构导致的解耦矛盾，以及单个任务计算量过大而导致超时的情况，均需要人为干预，利用解耦原理人工拆分网架，形成合理的任务量。

解耦原理是通过算法把电网模型转变成拓扑上没有直接联系的两个电路。常见的解耦算法有理想变压器模型（ideal transformer model，ITM）法、传输线路模型（transmission line model，TLM）法、阻尼阻抗法（damping impedance method，DIM）、时变一阶近似法（time-variant first-order approximation，TFA）、部分电路复制法（partial circuit duplication，PCD）等。文献［54］从稳定性、精确性和实施容易程度三方面对比了常用 5 种方法，作者根据仿真经验有所修改，见表 6-1。

表 6-1　　　　　　　　　　　　　　　解 耦 算 法 对 比

解耦算法	稳定性	精确性	实施容易程度
ITM	**	***	***
TLM	***	***	***
TFA	*	***	**
PCD	***	*	**
DIM	**	***	*

注　*个数越多表示效果越好。

（1）ITM 法利用受控电压源和受控电流源接收对侧一个步长之前的电压或电流信号，来实现模型解耦，有电压型和电流型两种。以电流型为例，简单介绍其原理（见图 6-5）和优缺点。

ITM 法将原系统解耦为两部分，解耦两侧系统等效为电源和串联阻抗，通过受控源取得对侧的电压和电流进行计算。虚线所框住的部分是两侧系统的戴维南等值电路，Z_1 和 Z_2 分别为两侧系统阻抗。电流信号引

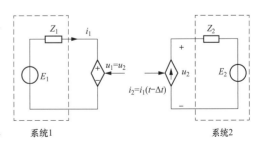

图 6-5　ITM 法原理图

入了一个步长的延时，两侧系统均由于这个延时而引起误差，只有当 $Z_2/Z_1<1$ 时，计算收敛，反之误差将引起仿真发散。因此，ITM 的数值稳定性需要考虑解决方案。

（2）DIM 法可认为是改进的 ITM 法，在电流源侧引入了阻尼阻抗和受控电压源，当引入的阻尼阻抗无穷大时，与 ITM 法一样。相较 ITM 法，同时引入电压和电流值减小了延迟导致的相位误差，但阻尼阻抗的取值仍然是制约其稳定性的因素。

（3）PCD 法即 DIM 法中，阻尼阻抗为 0 时的情况，需保证多次迭代计算误差足够小，难达到高精确度。

（4）TLM 法是通过分布参数线路的解耦方法。文献［52］中采用自电感作为解耦元件，用于实现没有满足条件的输电线情况下的解耦。

图 6-6 中所示的电感支路方程为

图 6-6　解耦
所需的电感

$$u_k - u_m = L \frac{\mathrm{d}i_{kn}}{\mathrm{d}t} \tag{6-5}$$

用梯形积分法可得到差分方程式

$$i_{kn}(t) = i_{kn}(t-\Delta t) + \frac{\Delta t}{2L}\{u_k(t) - u_m(t) +$$
$$u_k(t-\Delta t) - u_m(t-\Delta t)\} \tag{6-6}$$

将式（6-5）写为支路方程，即

$$i_{kn}(t) = \frac{\Delta t}{2L}\{u_k(t) - u_m(t)\} + hist_{kn}(t-\Delta t) \tag{6-7}$$

$hist_{kn}$ 为历史项，从前一时步的解中计算。递归更新公式为

$$hist_{kn}(t) = \frac{\Delta t}{L}\{u_k(t) - u_m(t)\} + hist_{kn}(t-\Delta t) \tag{6-8}$$

时间为 t 的计算值每个历史项都必须更新，以备下一时步（$t+\Delta t$）时使用。下面从物理意义上说明这种处理方式产生的误差。

梯形法推出的式（6-5）的解与短路的无损线路的精确解是等价的，如图 6-7 所示。传播时间仍为式（6-2），步长为 Δt 时最短的传播时间 τ 为

$$\tau = \frac{\Delta t}{2} \tag{6-9}$$

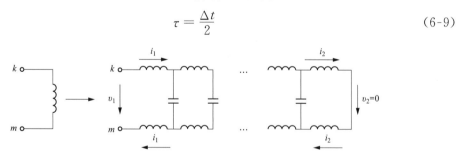

图 6-7　短接线替代集中电感

$t-\Delta t$ 时，波的状态从首端开始，在 $t-\frac{\Delta t}{2}$ 时到达末端，在 t 时又返回首端。短接线模型为

$$\begin{cases} Z = \dfrac{2L}{\Delta t} \\ \tau = \dfrac{\Delta t}{2} \end{cases} \tag{6-10}$$

TLM 法模型物理意义明确、稳定性好、精确性高，而且相对容易应用。电感值一定，传播时间越短，补偿电容值就越小，因此误差的产生跟步长大小和电感的数值有关，计算步长太大会导致电容值过大，而 ωL 值太小会造成精度问题。在实际应用中，实时仿真步长一般在 $150\mu s$ 以内，根据算例情况，尽量选择 ωL 值大一些的位置使用这种方式解耦，以减小补偿电容产生的误差；如果必须在某个位置解耦，补偿的电容太多，可通过在接口位置利用母线本身连接的电容器组，或者添加对地电感的方式进行误差消除。对于数值振荡问题可以利用在电感两端并联电阻的方式进行限制。

（5）TFA 法的前提是一侧需能够等效为一个一阶线性系统，在线更新模型仿真增益，在接口处进行补偿，属于预测性方法。因算法复杂、不易稳定等缺点，在电力系统实时仿真中的应用不多。

6.2.1.3 适用于大电网实时仿真的解耦方式及实操性建议

综合实时性、仿真准确性和误差可控性考虑，在大电网仿真中，推荐使用 TLM 以及利用分布参数线路解耦原理的自电感解耦方式、ITM 及其改进方法。在实际使用中，针对大电网仿真可能遇到很多复杂情形，本文下面给出了解耦位置和解耦原则的实操性建议。

解耦矛盾的产生：任务 A 和任务 B 应当为 2 个独立的任务，如果能够找到某任务既属于任务 A，也属于任务 B，即 A、B 之间有一条或几条集中参数线路连接，没有完全解耦，此时就出现了解耦矛盾。将这些集中参数线路换为解耦元件，或者反之，将两个小任务之间的连接全部改为集中参数线路，合并为一个较大任务，可以消除解耦矛盾，如图 6-8 所示。

如果任务量过大，实时仿真过程中将会监测到超时。通常仿真软件中任务执行量大小用任务预估执行时间表示。工作人员根据并行计算平台的计算能力及所仿对象的复杂程度判断可接受的任务大小，分解过大的任务。任务合理分割很重要，下面举例说明其中一种任务分割方法可供参考。以任务所包含的某母线为中心画一条封闭曲线，辐射形

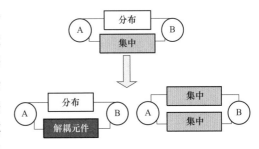

图 6-8 解耦矛盾示意图

网络的远端应包含在封闭曲线内，与其他厂站相连接的线路会被曲线切断，这些被切断的线路就作为初步筛选的解耦分割点，把现有封闭曲线分解为面积更小的封闭曲线。如图 6-9 所示，每个相邻任务间均应为长线路或者解耦元件，A5 任务有直流输电工程接入。

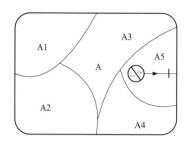

图 6-9 超限任务分解示意图

图 6-10 的例子展示了上述 2 种需解耦的情况：BUS 1 为中心的任务需要与 BUS 2 为中心的任务分解开，黑色粗线 1 切断的线路为 BUS 1 的任务分割点，可见需要将 BUS 1 与 BUS 2 直联的线路由集中参数线路替换为解耦元件；当任务 1 由于发电机组过多而过大时，可进一步将 BUS 1 与 BUS 3、BUS 1 与 BUS 4 直联的线路从集中参数线路模型转换为解耦元件，缩减后的任务如红色细线 2 所示。

综合考虑实时性及解耦误差，交流、直流以及新能源一次系统的可参考以下解耦原则。

（1）大型交流系统。

1）当使用分布参数线路解耦时，不使用过短的线路作为解耦方案，需至少长于 $3 \times 10^5 T_s$ km（大于电磁波 1 个仿真步长的传播距离）。

2）使用自电感方式人工解耦时，解耦元件电感值要足够大，解耦位置推荐在变压器高压绕组处，将高压绕组漏抗尽可能多的放置在解耦元件中，或将集中参数线路模型的总电感值放置在解耦元件中。

3）基于可控硅换流器的直流换流母线接有多组交流滤波器和电容器组等设备，为减小换流母线的任务负担，尽量将换流母线所连接的其他出线解耦出去，如图 6-9 中 A5 任务。

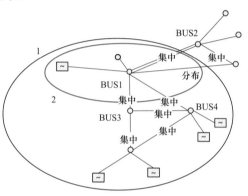

图 6-10 模型分割示例

4）人工划分任务块时，借助详细的该地区电气地理接线图，防止漏划和产生新的矛盾。

5）大规模电网建模时可根据地理区域或者功能区域，划分成多个子系统，每个子系统各自保证潮流的正确性和解耦合理性，单独子网运行达到实时。然后连接各子网，并将直流模型经换流母线接入交流电网，合成整体仿真模型。合成时个别连接处的任务量可能变大，需要进一步解耦。

（2）直流一次系统。基于可控硅换流器的直流输电工程一般用于远距离输电，在搭建直流工程的一次模型时，输电线距离足够长，可以自然解耦。换流站内的人工解耦方式可利用换流变压器、平波电抗器的电感，使用自电感方式解耦，也可使用 ITM 法解耦。直流的整流侧和逆变侧、两个极、换流变压器、交流滤波器等根据仿真器能力和解耦算法情况，可能均需要解耦。图 6-11 是某特高压直流输电工程一次模型解耦方案示意，不同的颜色代表不同的任务，图中将整体一次模型分解成为 6 个任务。

（3）接入电网的新能源模型。研究大规模新能源集中接入电网时，带控制器的风机和光伏模型仿真时占用较大计算资源，加之许多厂站还配有无功补偿装置 SVG，仿真时也非常占用资源。应根据网络结构和仿真的详细程度选择解耦位置，如新能源模型是聚合的等值模型，推荐在集中接入地区的 220kV 或 110kV 级输电线路上，或者汇集线升压变处解耦；如仿真模型为厂站内部的详细模型，推荐在风机和光伏模型的箱变出口位置解耦。

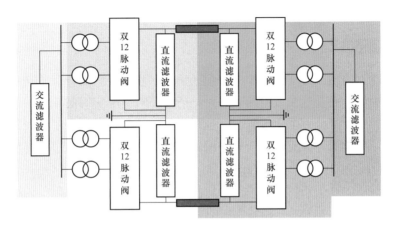

图 6-11　某特高压直流输电工程解耦方案示意图

6.2.2　二次模型的解耦

与一次模型类似，实时仿真中，传感器、各种数字控制逻辑及数据的传输接口也同样需要合理分配于并行计算的各个计算核内，同样需要设计解耦方案。

在电网模型里，有时需要将一次模型与其控制器进行解耦。传感器检测到的一次系统状态量，如母线电压、线路电流、开关状态等，会送出给控制器作为控制器的输入量，控制器经计算后的输出量再返送给一次系统。如果控制器的输入输出对应的一次系统已经解耦并分配到不同计算核，控制器的输入输出也需要随之解耦，输入和输出量随着一次系统分属各自的任务块，解耦使用信号解耦传递元件，会产生 1 个步长的延时，但与实际系统控制器和一次系统之间的信号传输延时相比，1 个步长的延时可以忽略不计。比如直流控制保护数字模型里，双极中性母线差动保护需要取对极的 IDNE（中性线靠接地极侧电流）信息，而从图 6-11 中可以看出，双极一次系统是解耦的。

数字控制器的控制逻辑如果过于复杂，占用了过多资源，也需根据其不同功能设计、分层分区、所模拟实际控制器的物理架构等进行解耦。以直流控制保护数字模型为例，分为站层/双极层、极层、阀组层，站层中的控制功能有交流站控、交流滤波器控制以及其他交流保护控制功能等，极层有极层控制和极层保护系统功能，阀组层有阀组控制和阀组保护系统功能。解耦时，按照上述站、极、换流器、阀组的层级，以及其分别对应的测量环节和控制保护功能模块解耦，数字控保程序的执行周期一般为几百微秒，解耦位置的一个步长的延时远小于计算一次所需时间，误差可忽略不计。一个典型特高压直流的数字控制保护模型解耦后通常有 50 个左右的任务块。

解耦任务之间的二次信号传递也需要随之解耦,解耦方式可以采用信号解耦,在支持全局共享内存的仿真硬件平台上可以直接利用全局共享内存实现不同计算核之间信号传输解耦。全局共享内存即某个存储地址空间对于所有计算核可见,相比解耦每一个传输信号来讲,利用全局共享内存可大大节省计算资源。使用全局共享内存时可将大量传输信号均放在共享内存中,所有计算核可按需通过编号读取访问。

6.2.3 大电网仿真实时性的优化技术

解耦的目标是将仿真模型划分为多个无矛盾的、相对独立的合理子任务。然而想要保证仿真的实时性,尤其是在大电网仿真中,还需要对影响实时的相关因素及相互间的影响进行优化组合。充分考虑通信延时,包括任务间的和外接设备接口间的,计算处理器的负载水平、处理器计算能力、任务分配策略等,仿真实时性与仿真器计算性能高度相关。下面分别介绍可能影响实时性的因素。

(1) 通信耗时。用于并行计算机多个线程之间通信预留时间,单位为秒,其数值与计算机通信架构和技术相关,会随着使用的计算核数的增大而增大。

(2) 接口耗时。外接设备接口通信时间,单位为秒,其数值与数模交互接口技术及计算机通信架构和技术相关,随着外接设备接口的增多而加大。这个因素仅在数模混合仿真时需要考虑,对于纯数字电网,本项不起作用。

(3) 处理器负载水平。表示处理器使用效率,范围为0~1。例如处理器负载水平是0.9,表示每个计算核能够加载的任务量最多为其自身计算能力的90%。在未指定计算核总数时,某些仿真器会向一个计算核加载任务,直到其达到负载水平上限,然后再向下一个核分配任务。参考文献[56]中讨论了通信耗时、接口耗时和计算负载水平对大规模电磁暂态电力系统模型并行计算效率的影响。

(4) 处理器能力。为充分利用并行计算处理器的计算能力,可根据硬件平台的不同适当调整其能力数值。总的来说,对于计算能力相对较差的机型,可适当减少处理器能力值;对于计算能力相对较强的机型可适当增加处理器能力值。

(5) 任务分配策略。各仿真器有各自任务自动或手动分配的算法。任务分配策略的目标可以是最小化任务间的通信时间,也可以是寻找处理器之间的负载平衡最优解,对于不同的仿真对象,可尝试选择不同的任务分配策略,寻找最适用的一个。无论什么样的策略,最终的目标均是使用较少的处理器实现仿真实时性。

(6) 处理器不平衡率。在多核之间分配任务时,再均衡的分配方式也无法做到所有计算核的计算任务量完全相等。处理器的不平衡率指任务分配的均衡目标,范围为0~1,可根据实时性调试需要尝试小范围修改此设定参数。

(7) 处理器需求数。整体任务所占用的计算核数量,通常仿真器会根据任务量及仿真对象的组成预估一个所需计算核数,在调试实时性时,可在此基础上根据实际情况进行适当增加或减少。

以上因素在调试实时性时需要综合考虑,达到实时运行的各因素目标值设置可以是多种组合。总体上，电网规模较小时，各因素可选的组合方式较多，达到实时也比较容易；电网规模越大，对于某些因素的敏感度就越高，能够达到实时的组合方式比较少。当仅通过修改各因素目标值仍无法找到最优组合时，可以尝试干预任务的分配机制，例如把分配在同一处理器中不同核的任务改为分散在不同处理器的核中、尽可能将相邻任务重组于同一个核中、人工增加某个任务预估量、指定某任务在固定的核上运行等方法。

6.3 实时性仿真的测试方法

通过实时监视计算核的计算状态和输出模拟量波形可以测试仿真实时性能。

（1）监测计算核的计算状态，即监视每个计算核的总体处理时间（包括数据输入、模型计算、数据输出）是否在一个仿真步长以内完成，如图 6-12 所示。实时判据为计算量最大的计算核的处理时间小于等于仿真步长，偏离仿真步长越远，实时性越差。实际观测中，计算核处理不同类型的工作采用不同时间考量标准，需要从多角度判断实时状态。

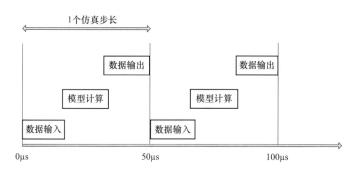

图 6-12　仿真步长为 50 微秒时每个计算核数据处理示意图

电力系统实时仿真器通常能够在仿真模型运行时，实时获取每个计算核的运行状态，包括实时仿真执行时间、最大仿真执行时间、实时计算余量（以时间表示）、最小计算余量、实时通信时间、最长实时通信时间、实时仿真总时间、最大实时仿真总时间、数据交互时间最大值（指与数据观测器传输用时）、保持同步次数累计、超时步长数量等，如表 6-2 所示。

表 6-2　　　　　　　　　　　　　实时仿真计算核监测项目列表

序号	监测项目	作用
1	实时仿真执行时间	处在该核的所有任务实际执行时间的实时反馈
2	最大仿真执行时间	捕捉实时仿真时间最大值
3	实时计算余量	以时间表示的空闲计算量的实时反馈
4	最小计算余量	捕捉计算余量最小值
5	实时通信时间	仿真线程间通信的实时反馈

序号	监测项目	作用
6	最长实时通信时间	捕捉实时通信时间最大值
7	实时仿真总时间	一个步长内仿真总时长的实时反馈
8	最大实时仿真总时间	捕捉实时仿真总时间最大值
9	数据交互时间最大值	捕捉仿真获取数据、执行命令用时最大值
10	保持同步次数累计	当实际线程最后到达屏障点时的次数
11	超时步长数量	仿真时间超过一个步长的计数

以上的监测量中，所有最大值都是在每个计算步长中被捕捉到，有时最大值是由于某个过程突增被记录下来的，具有一定偶然性，不能完全说明仿真的实时性。"实时仿真执行时间"与"最小计算余量"之和为一个计算步长。可通过"超时步长数量"直接判断仿真是否超时，如果监测到这个量持续增长，可能是由于在设定的仿真步长下某计算任务太大，使得计算核无法在一个步长内完成仿真计算导致的。

在实时性较好的仿真中，所有计算核的"实时仿真总时间"均在一个步长左右，稳定后"超时步长数量"为 0。如果监测到了超时，也可以从监测量中分析超时原因。如监测到"实时仿真执行时间"较大，"实时计算余量"较小，说明超时是由于计算任务太大导致的，需要对仿真模型进行进一步解耦；如监测到"实时通信时间"过长、"数据交互时间最大值"过大，需要为有通信任务的计算核预留更多的通信时间。

值得注意的是，超时在仿真刚开始阶段也可能并不明显，表现为计算开始时各监测量均在预期内，然而运行一段时间后累计效应使得仿真超时。因此，在接入直流控制保护物理装置时，实时仿真持续运行时长应至少达到 GB/T 40580—2021《高压直流工程数模混合仿真建模及试验导则》中推荐的不小于 8h。

（2）监视输出波形是指可通过仿真器数模接口的模拟量输出通道（D/A）外接物理示波器，通过观测示波器采到的电网状态量波形，判断仿真是否达到实时运行。图 6-13 是实验室测试实时性实景图，通过数模接口的 D/A 板卡，将电网中某个节点电压信号输出给示波器。当满足实时性要求，可见图中左上方为标准正弦波，测量两波谷间的频率为 50Hz；当有超时现象时，测量频率将低于 50Hz，超时越严重，波形畸变程度越大，如图 6-13（b）中的没有达到实时的正弦波有明显畸变，测量两波谷间的频率为 43.47Hz，继续观察，波形畸变逐渐严重。

随着计算机技术的持续发展、电磁暂态仿真算法的进步、解耦策略的优化、实践经验的积累，实时仿真的规模还有望进一步扩大，目前实时仿真规模已经可以达到区域互联电网系统分析级别，加之支持大规模接入物理设备，完全具备了分析跨区交直流电网运行特性的能力。实时仿真作为一种强有力的仿真手段，为深入分析新型电力系统大规模电力电子设备投入而发生的特性变化提供了更准确的研究方法，为电网调控策略、规划运行提供强有力的技术支撑。

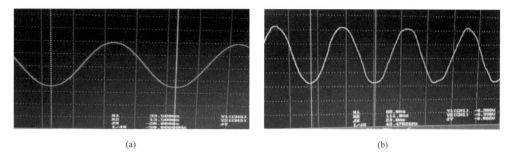

(a) (b)

图 6-13　示波器测量实景

（a）实时仿真波形；（b）非实时仿真波形

7 应用实例

7.1 多直流落点地区的故障再现仿真

7.1.1 背景

随着特高压电网的快速发展，我国电网呈现出交直流混联的显著特征，在传统交流系统运行特性的基础上，交直流之间、多回直流之间的相互耦合，直流送受端系统的相互影响等新特性逐渐显现，并随着直流输电规模的提升日趋复杂，已成为影响大电网安全稳定的关键因素。故障再现对于电网运行具有重大意义，一方面通过故障再现可以验证仿真平台及工具的准确性，使仿真平台在电网运行方式计算及电网规划方面发挥重要作用；另外，通过故障再现可以定位问题，研究其解决措施，为电网的安全稳定运行提供安全保障。

本节针对某区域电网特高压变电站 1000kV 母线发生单相瞬时接地故障，导致馈入该区域电网的多回直流发生换相失败的情况，利用数模混合实时仿真平台进行了多直流落点地区故障再现的实时仿真研究，从而进一步验证了仿真模型的准确性。

7.1.2 技术路线

利用全电磁暂态实时仿真对多直流落点地区的故障进行再现相对于以往使用机电暂态仿真或机电—电磁混合仿真进行故障再现更为复杂、困难，无论从模型精细度和稳态建立及试验方法上都提出更高的要求，主要技术路线包括以下几个方面。

（1）故障仿真复现建模数据确定。收集故障发生前电网运行在线数据、直流工程的运行状态以及故障站点和相关直流换流站、交流变电站的现场录波，并对数据进行整理分析和补充完善，具备进行全电磁暂态建模的条件。

（2）交流电网建模。基于整理后的建模数据建立故障再现的交流电网模型，可将交流电网划分成若干子系统，以实现并行的建模、调整及校核工作。此外，还需要反复斟酌电网解耦方案，最终将交流电网解耦成数千个子任务。

（3）直流系统建模。各直流系统的一次模型根据实际工程参数建立，控制保护系统采用厂家生产的实际控制装置，其特性与现场保持一致。

（4）离线稳态潮流初始化。建立好的区域交直流电网模型需要进行离线潮流计算，以便各发电机组等系统元件获得仿真启动的初始值，达到仿真启动后快速进入稳态的目的，提升大规模交直流电网实时仿真的效率。

（5）仿真实时性调整。由于实时仿真基于超级计算机的几百个并行计算核，为了实现直流控制保护装置的顺利接入，在仿真步长 $50\mu s$ 下需保证每个计算核的实时性，这就需要在任务映射时利用负载率、CPU 通信时间、接口通信时间等配置参数的优化组合，达到仿真实时性的要求。

（6）交直流大电网仿真模型稳态建立。实时仿真启动后，数字发电机控制系统由默认经典控制器切换至实际控制器，将发电机阻尼系数及频率控制上下限限值恢复为实际数值，核实运行状态，逐一解锁直流，具备试验条件。

（7）故障再现。基于建立好的模型模拟现场发生故障，重点在于同地点同时刻故障形态的确定。通过分析故障点电压的瞬时波形，确定故障发生的时刻，通过对比短路电流的波形确定故障点接地电阻的大小，在此基础上进一步对比各直流系统响应特性。

7.1.3 仿真模型

电磁暂态数字仿真软件的建模数据主要来自现场能够获得的电网运行在线数据，由于本次故障复现区域电网规模庞大，遂将电网按区域划分成 10 个子网分别进行建模、潮流对比、解耦、实时性测试，然后再将 10 部分合成一个大网模型，随后将含 10 回直流的区域 220kV 及以上电压等级的完整电网模型实时运行在数模实时仿真平台，并成功接入 10 回直流的实际控制保护装置。

7.1.3.1 交流电网模型

故障发生前的该区域电网在线数据涵盖了 220kV 及以上电压等级的网架，整个交流电网全电磁暂态模型包含发电机 339 台、线路 4427 条、变压器 997 台，负荷 6459 个，母线节点数为 3747。

7.1.3.2 直流系统模型

各直流输电系统严格按照实际工程参数建模，6 回特高压直流按照双 12 脉动换流器建模，4 回超高压直流按照 12 脉动换流器建模，一次系统包括与实际工程一致的交/直流滤波器、换流变压器及平波电抗器（每回特高压直流包括 48 台双绕组换流变压器，每回超高压直流包括 24 台双绕组换流变压器；每回直流包含二十几组交流滤波器）；控制器采用各直流工程实际控制保护装置，通过接口装置接入并行计算机，与数字模型共同使用新型并行计算机进行数模混合实时仿真，仿真步长为 $50\mu s$。

故障发生前馈入该地区有 10 回直流工程在运，各直流输送功率如表 7-1 所示。

表 7-1   馈入该地区 10 回直流输送功率

直流工程名称	直流整流侧输送有功功率（MW）	直流工程名称	直流整流侧输送有功功率（MW）
直流 1	6400	直流 6	1160
直流 2	2630	直流 7	6840
直流 3	7200	直流 8	1400
直流 4	1880	直流 9	4080
直流 5	2460	直流 10	7140

7.1.3.3　稳态潮流校核

为保证仿真电网稳态模拟的准确性，将仿真系统与故障发生前在线数据进行了主要节点稳态电压、线路功率及短路电流水平的对比，见表 7-2～表 7-4，仿真电网与实际电网故障发生前的稳态潮流一致，具备进行仿真验证的条件。

表 7-2　　　　　　　　　　　　　　主要母线电压对比

序号	名称	在线数据结果（kV）	全电磁实时仿真结果（kV）	偏差值
1	东吴	1039.2	1038.2	−0.09%
2	芜湖	1054.5	1052.4	−0.20%
3	淮南	1046.2	1044.3	−0.18%
4	莲都	1045.9	1044.5	−0.13%
5	安吉	1041.3	1039.7	−0.15%
6	练塘	1038.5	1037.3	−0.12%

表 7-3　　　　　　　　　　　　　　主要线路潮流对比

序号	名称	在线数据 P（MW）	全电磁实时仿真 P（MW）	偏差值
1	东吴—练塘	413.1	410.7	0.58%
2	芜湖—安吉	2463.8	2479.2	0.63%
3	淮南—芜湖	849.2	869.7	2.41%
4	莲都—兰江	400.0	390.0	2.50%
5	汾湖—三林	484.6	486.6	0.41%
6	练塘—泗泾	948.6	950.5	0.20%

表 7-4　　　　　　　　　　　　　　主要母线短路电流对比

序号	名称	在线数据结果（kA）	全电磁实时仿真结果（kA）	偏差值
1	远东（525kV）	58.73	57.57	−1.98%
2	金华（525kV）	62.37	62.92	0.88%
3	苏州（525kV）	53.50	51.84	3.10%
4	苍岩（525kV）	43.28	43.67	0.90%
5	高邮（525kV）	36.50	38.20	4.65%

7.1.4　试验内容

7.1.4.1　故障简况

故障地点：某区特高压站 1000kV ♯1M 母线。

故障现象：1000kV ♯1M 母线双套母差保护动作跳闸（A 相短路故障约 40ms 后清除）。

故障后果：导致 6 回直流工程各发生一次换相失败。

故障原因：现场检查发现，故障母线电压互感器 A 相气室 SO_2、H_2S 含量超标。

7.1.4.2　故障复现

按照前述故障场景，在特高压站 1000kV 母线设置同样的 A 相短路接地故障，约 40ms 故障清除。由于交流系统的故障时刻对短路电流的大小有影响，在故障模拟时可通过故障点现场录波确定故障具体发生时的相位位置，并在仿真系统的同一个相位时刻设置故障。在确定故障时刻后，还需通过拟合故障点短路电流的大小来确定故障接地电阻阻值，在此基础上对比交直流系统的故障响应特性，如图 7-1～图 7-5 所示，蓝色为仿真系统波形，红色为现场录波。由对比结果可知，仿真系统试验结果与现场一致。

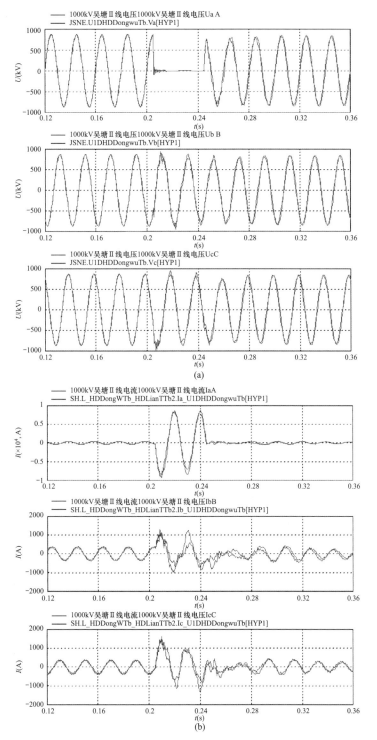

图 7-1 故障发生时段故障站点电压电流波形

（a）故障 1000kV 母线三相电压；（b）1000kV 交流线路三相电流

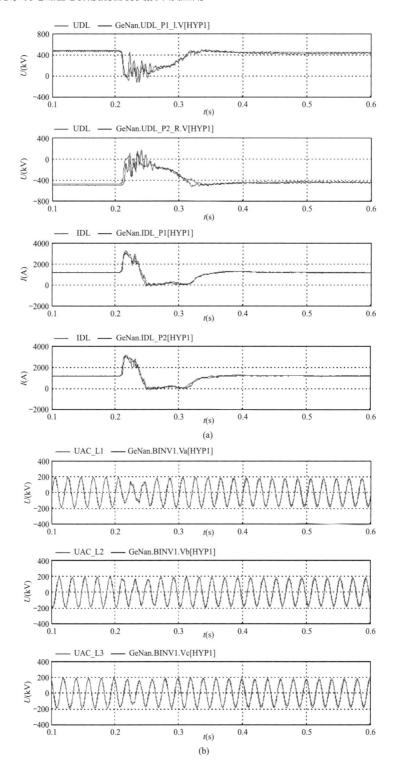

图 7-2　直流 1 波形比对

（a）极 1 和极 2 直流电压和电流波形；（b）换流母线电压波形

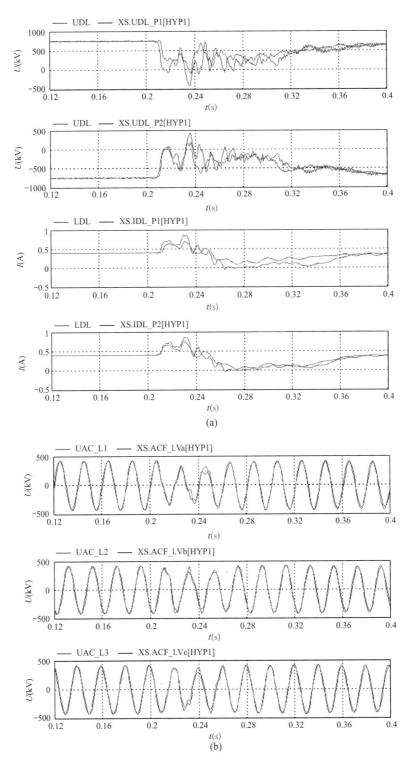

图 7-3 直流 3 波形比对

(a) 极 1 和极 2 直流电压和电流波形；(b) 换流母线电压波形

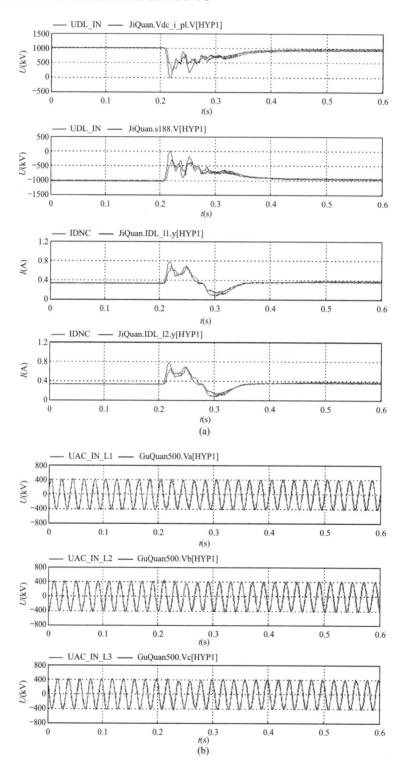

图 7-4　直流 5 波形比对

（a）极 1 和极 2 直流电压和电流波形；（b）换流母线电压波形

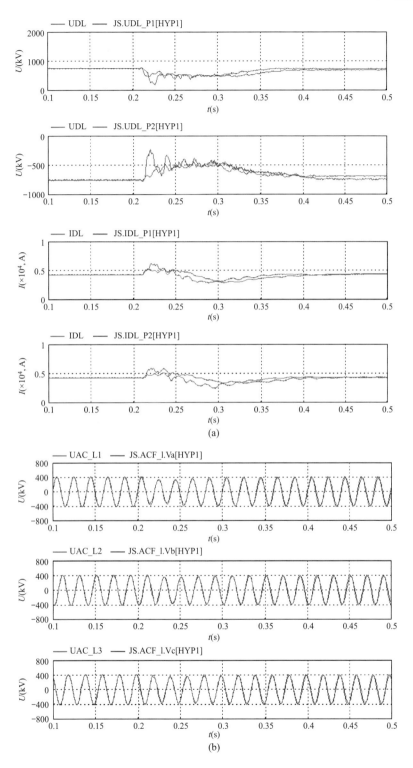

图 7-5 直流 6 波形比对

（a）极 1 和极 2 直流电压和电流波形；（b）换流母线电压波形

7.2 特高压直流系统严重故障后的功率振荡及抑制措施仿真研究

7.2.1 背景

随着中国特高压骨干网架逐步建成，特高压直流回数不断增加，落点更为密集，交直流混联特征更加突出，交直流之间的相互影响加剧，大电网稳定特性将更加复杂。直流系统的快速响应特性将在更大范围内引起交直流系统的交互响应，交直流连锁反应影响面有可能波及整个电网。本节介绍在基于某区域电网开展交直流相互影响的大电网特性仿真研究过程中，发现在某特高压直流落点附近交流系统发生严重故障时，直流功率在故障恢复暂态过程中发生非换相失败性质的大幅度振荡的隐患。通过深入分析引起振荡的原因，并经过试验验证提出了抑制振荡的优化策略，在不影响原有直流工程控制策略的基础上，确保在故障恢复期间有效抑制直流功率振荡，使直流工况快速稳定恢复。

7.2.2 技术路线

基于电磁暂态仿真软件建立等值区域电网的全电磁暂态仿真研究模型，针对某特高压直流输电系统在三相接地故障单相开关拒动等严重故障工况下直流功率发生大幅振荡的问题开展分析研究，直流故障恢复期间交流电压恢复速度缓慢，导致直流控制模式的频繁切换是引发直流功率振荡的主要原因。研究提出修改 VDCOL（低压限流环节）的电压上升惯性时间和斜率以抑制直流功率振荡的直流控制优化策略，基于区域电网全电磁暂态模型，开展优化策略参数的灵敏度分析，通过对试验结果的对比分析，给出了直流控制抑制振荡的最优参数。最后，在原始区域电网模型对该策略的有效性和可靠性进行了验证，确保发生严重故障时能有效抑制功率振荡、其他故障时优化策略可靠不动作。

7.2.3 仿真模型

本研究搭建的基于 HYPERSIM 的某区域电网全电磁暂态交/直流仿真模型，涵盖 4 省 1 市交流 220kV 及以上网架结构，以及馈入该区域的 10 回超/特高压直流输电工程。

其中交流网电磁暂态模型按照该区域经典夏低极限方式机电暂态数据搭建。仿真规模超过 6000 个三相节点，含 364 台发电机模型以及 1300 台感应电动机模型。其中直流工程采用接入实际控保装置的详细数模混合实时仿真模型，仿真步长为 $50\mu s$。

7.2.4 仿真研究

7.2.4.1 问题发现

在某直流落点逆变站 I 附近的某变电站 S1 进行交流系统严重故障仿真试验，即 S4

站—S1 站 500kV 交流线路 1 靠近 S1 站侧发生三相接地短路故障单相开关拒动试验时，直流系统发生了较长时间的功率振荡。故障时序：故障发生起始时刻 S1 站侧三相接地故障，故障后 0.09s 跳近端 S1 站 B、C 两相开关，故障后 0.1s 跳远端 S4 站 A、B、C 三相开关，故障后 0.35s 跳近端 S1 站 A 相开关。直流落点附近电网接线示意图见图 7-6，直流故障波形如图 7-7 和图 7-8 所示。

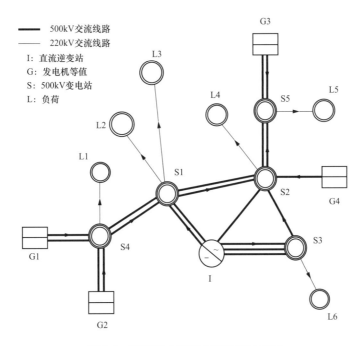

图 7-6　直流落点附近电网接线示意图

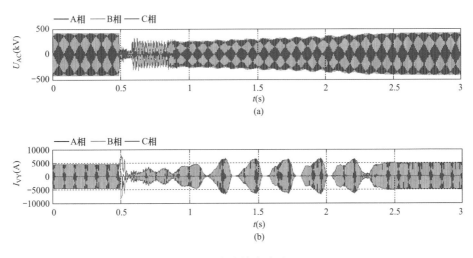

图 7-7　逆变站故障波形（一）

（a）逆变侧交流母线电压；（b）逆变侧极 I 高端 Y/Y 换流变压器阀侧电流

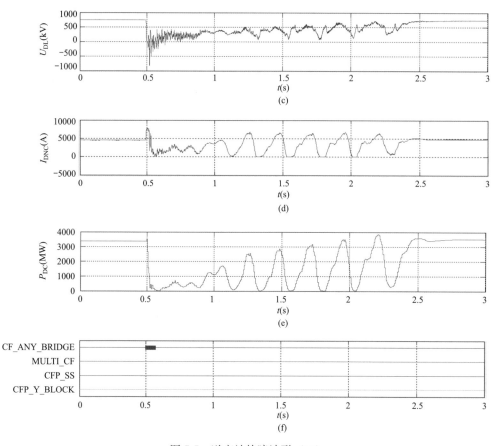

图 7-7 逆变站故障波形（二）

（c）逆变侧极Ⅰ直流电流；（d）逆变侧极Ⅰ直流电压；（e）逆变侧极Ⅰ直流功率；（f）逆变侧换相失败信号

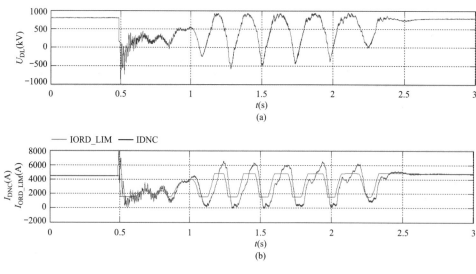

图 7-8 整流站故障波形（一）

（a）整流侧极Ⅰ直流电压；（b）整流侧极Ⅰ直流电流及电流限制指令

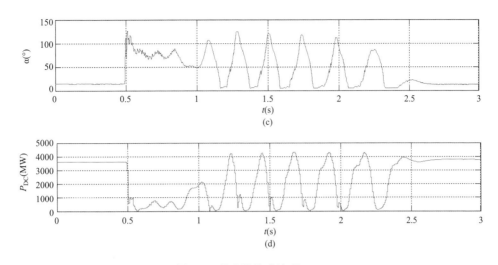

图 7-8 整流站故障波形（二）

(c) 整流侧触发角；(d) 整流侧极 I 直流功率

在交流系统发生三相接地故障的 90ms 内，逆变站 I 发生 1 次换相失败，期间直流电压降低，直流电流升高，直流功率降低。

开关拒动的 250ms 内，由于此时 A 相接地故障仍存在，导致逆变站 I 直流电压、直流电流、直流功率大幅降低，整流站直流功率几乎无法外送。

故障清除后，逆变侧的交流电压恢复非常缓慢，如图 7-7 所示。在故障恢复过程中，整流站的触发角在 5°和 120°间来回振荡，直流电压、直流电流、直流功率开始振荡性恢复，振荡趋势、频率基本一致，整流站故障波形见图 7-8。

7.2.4.2 问题定位

（1）非换相失败引起的振荡。换相失败是直流系统中的常见故障，直流输电系统中对于换相失败的判别方法大致可分为最小电压降落法、关断角判断法和阀电流判别法三类。

本节重点研究的直流工程其控制保护所采用的换相失败判据是其中的第 3 种，即阀电流判别法，以 Y 桥为例，具体为：

1）阀组解锁。

2）直流侧电流（I_d）与换流变压器阀侧电流（I_{VY}）的差流（I_{d_DIFF}）大于差流定值，即

$$\begin{cases} I_{d\_DIFF} = I_{d\_MAX} - I_{VY\_MAX} \\ I_{d\_DIFF} > 0.1 I_{d\_MAX} + 315 \end{cases} \tag{7-1}$$

$$I_{d\_MAX} = \max(I_{DCP}, I_{DCN})$$

式中：I_{d_MAX} 取直流侧电流的最大值；I_{VY_MAX} 取换流变压器阀侧三相电流的最大值；I_{DCP} 换流阀高压侧电流；I_{DCN} 为换流阀低压侧电流。

3）换流变压器阀侧电流（I_{VY}）小于直流侧电流的 0.65 倍，即

$$I_{VY\_MAX} < 0.65 I_{d\_MAX} \tag{7-2}$$

三个条件同时满足后，延时 2ms，发出该桥换相失败信号。Y 桥、D 桥逻辑一样。

分析图 7-9 逆变站波形，故障发生后的 350ms 内，发生了 1 次换相失败，没有达到连续换相失败闭锁双极的定值（直流控制保护的定值为 4 次）。尝试将开关拒动时间增至 600ms，逆变站交流电压恢复的更慢、直流功率持续振荡的时间更长，换相失败发生 3 次，依然没有达到连续换相失败闭锁双极的定值。

因此故障清除后的直流功率振荡，已经不是换相失败所引起的系统振荡，此时没有相关的保护或者控制逻辑对此采取相应的措施。如果实际生产运行中发生此类振荡，将是对送受端电网稳定性极大的考验。

（2）低压限流环节（VDCOL）的影响。进一步分析整流站波形，如图 7-8 所示，直流电流限制指令（I_{ORD_LIM}）在反复进出低压限流环节，直流电流（I_{DNC}）跟随电流限制指令变化但存在过调现象。

电流限制指令是 VDCOL 的输出值，其作用是送入电流调节器，与直流电流实测值比较后，得到的电流差值经过比例积分环节，输出触发角指令值给触发脉冲控制。VDCOL 逻辑框图见图 7-9。

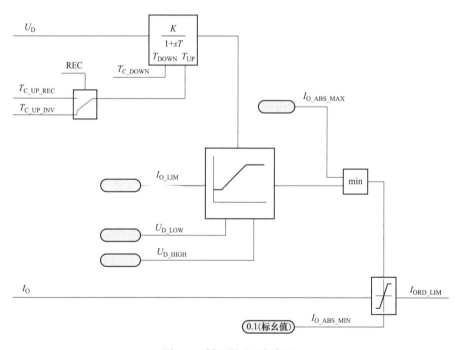

图 7-9　低压限流逻辑框图

当直流电压 U_D 低于某一定值 U_{D_HIGH} 时，电流限制指令 I_{ORD_LIM} 将按照 VDCOL 的特性曲线进行变化，即低压限流环节的输入值是直流电压 U_D，输出值对电流指令 I_o 的上限进行限幅。VDCOL 特性曲线见图 7-10。VDCOL 的作用是通过减小直流电流指令值以降低直流功率，这样可以减小故障期间换流站对交流系统的无功需求，帮助恢复交流电压，降低换相失败的概率。

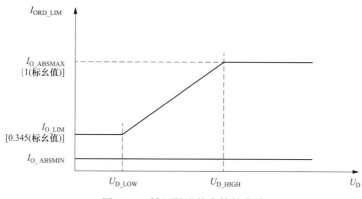

图 7-10　低压限流静态特性曲线

图 7-9 和图 7-10 中，U_{D_LOW} 和 U_{D_HIGH} 是直流电压（U_D）的定值；I_{O_ABSMAX}、I_{O_ABSMIN}、I_{O_LIM} 是电流限制指令（I_{ORD_LIM}）的定值；REC 代表整流站；INV 代表逆变站；T_{C_UP}、T_{C_DOWN} 均为直流电压滤波一阶惯性环节的时间常数；T_{C_UP} 的值代表着直流电压上升到固定值的时长，当直流电压上升至定值 U_{D_HIGH} 后退出 VDCOL；T_{C_DOWN} 的值代表着直流电压下降到固定值的时长，直流电压低于 U_{D_HIGH} 后进入 VDCOL。不同工程设置的定值不同，各工程定值可参见表 7-5。I_O 是故障前的电流指令。

根据 VDCOL 特性曲线可以得出电流指令与直流电压的关系，即

$$I_{ORD\_LIM} = \begin{cases} I_{O\_LIM}, U_D < U_{D\_LOW} \\ I_{O\_LIM} + K(U_D - U_{D\_LOW}), U_{D\_LOW} \leqslant U_D \leqslant U_{D\_HIGH} \\ I_{O\_ABSMAX}, U_D > U_{D\_HIGH} \end{cases} \qquad (7\text{-}3)$$

其中，特性曲线的斜率 K 由 U_{D_HIGH}、U_{D_LOW}、I_{O_ABSMAX}、I_{O_LIM} 四个值确定，其关系为

$$K = \frac{I_{O\_ABSMAX} - I_{O\_LIM}}{U_{D\_HIGH} - U_{D\_LOW}} \qquad (7\text{-}4)$$

对于不同的工程，VDCOL 的动作方式和参数值有所不同。表 7-5 列举了 4 个工程的 VDCOL 参数比对。

表 7-5　　　　　　　　　　　　　不同工程 VDCOL 参数

参数	ABB 技术路线直流工程 1（本节研究的直流工程）	ABB 技术路线直流工程 2	许继技术路线直流工程 3	许继技术路线直流工程 4
$T_{C\_UP\_REC}$（s）	0.025	0.04	0.06	0.06
$T_{C\_UP\_INV}$（s）	0.04	0.04	0.06	0.06
T_{C_DOWN}（s）	0.015	0.015	0.015	0.015
U_{D_HIGH}（标幺值）	0.8	0.8	0.8	0.8
U_{D_LOW}（标幺值）	0.15	0.15	0.3	0.3
I_{O_ABSMAX}（标幺值）	2.0	2.0	1.0	1.0
I_{O_LIM}（标幺值）	0.345	0.345	0.345	0.345

根据式（7-4），对比不同工程的 VDCOL 参数，本节重点研究的直流工程的 VDCOL 特性曲线斜率 K（即由表 7-5 的第 1 列参数计算得出）较大，说明同样的直流电压变化对应的电流指令恢复速度较其他工程要快；直流电压上升时间常数（T_{C_UP}）较小，直流电压上升变化较快，退出 VDCOL 环节比其他工程要快。该直流工程的 VDCOL 参数相对其他工程来说较为苛刻。

图 7-7 逆变侧故障波形表明，虽然故障在 350ms 后清除，但是受端交流电压恢复缓慢，在故障发生后 1.5s 时，恢复至正常电压的 0.7（标幺值）。这与直流落点地区的负荷特性有很大关系，其负荷中感应电动机负荷占比较高。当交流系统发生开关拒动等严重故障时，在故障恢复期间感应电动机负荷对无功的需求会造成交流电压恢复缓慢，进而使逆变侧直流电压不能稳定建立。在这种情况下直流控制系统调节速度过快，会使直流电流指令反复进出低压限流环节，引起直流功率振荡，从而影响直流功率平稳恢复。

这种因为反复进出 VDCOL 引起的功率振荡，实际是控制模式的频繁切换引起的振荡。需要对控制保护策略进行优化，将控制模式限制在一种模式下，通过避免来回切换起到抑制振荡的作用。

7.2.4.3 解决措施

（1）搭建仿真模型。为了开展振荡原因分析及抑制振荡措施的研究，搭建了基于 HYPERSIM 的全电磁暂态仿真模型。该模型是对原网模型的等值及简化，可以准确再现该直流工程功率振荡现象，便于开展控制策略研究及相应参数测试的各项试验。待最终确定抑制振荡策略优化的方案后，再在原网模型上进行验证，可以有效提高科研效率。

仿真模型中对直流落点附近交流电网进行了等值简化，简化后的等值网模型能够体现感应电动机负荷较大比例下，交流系统严重故障电压恢复缓慢的特性，与原始网保持基本一致。含电压节点 42 个，发电机总出力 4304MW，其中发电机 7 台，线路 20 条，变压器 23 台，感应电动机 7 台。等值电网仿真算例拓扑见图 7-11。

在模型中，选择在 S1 站—S4 站之间的 500kV 线路靠近 S1 站侧进行三永单相开关拒动故障，对直流落点原网及等值网的交流系统故障波形进行比对。图 7-12 为逆变站换流母线电压波形对比图，红色为原网电压曲线，蓝色为是等值电网电压曲线。对比结果表明等值网 HYPERSIM 模型电压恢复特性基本与原网模型保持一致，满足研究需要。

（2）控制策略优化目标。抑制功率振荡控制策略的优化目标是在逆变侧交流故障清除后，交流电压恢复缓慢、直流电压无法稳定建立期间，通过减缓电流限制指令（I_{ORD_LIM}）恢复速度，将其控制在 VDCOL 环节里，直至直流电压恢复较为稳定的水平。

根据 VDCOL 的控制逻辑，电流限制指令的恢复速度与 VDCOL 特性曲线的斜率、直流电压滤波一阶惯性环节的时间常数密切相关。因此降低电流指令恢复速度的方法有两个：①降低直流电压 U_D 的上升恢复速度；②降低 VDCOL 特性曲线的斜率。

（3）控制策略的优化依据。通过大量的仿真试验，可以得出以下控制策略优化依据。

1）单一修改电压上升惯性时间或 VDCOL 的斜率，抑制振荡效果并不理想。需要同时采用这两种方法才能有效抑制电流指令的上升速度，进而抑制功率振荡。

2）考虑到整流站和逆变站的相互配合，修改 VDCOL 参数的抑制策略需要同时在整流、逆变站实施。为保证切除故障后系统再启动正常，整流器的直流电压上升时间常数应小于逆变器的时间常数。

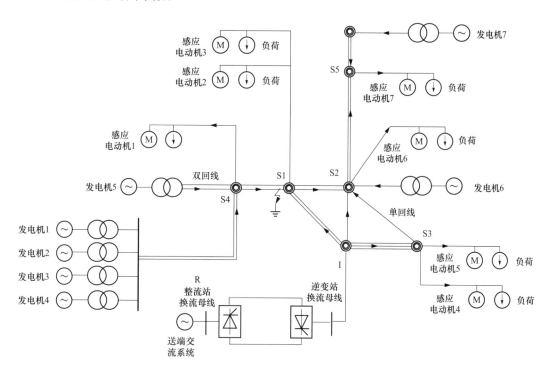

图 7-11　等值电网仿真算例拓扑图

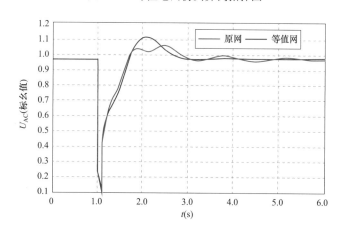

图 7-12　逆变站换流母线电压对比

3）通过采用增加新的辅助功能的方式来实现抑制振荡的优化策略，以尽量减少对实际工程在运控制策略的修改，避免影响直流系统各工况下的动态性能。优化策略的启动和退出判据采用逆变侧换流母线线电压有效值 $U_{\text{AC\_MAX\_HOLD}}$ 以及交流相电压 $U_{\text{AC\_MIN\_HOLD}}$ 作为目标变量，从而能够覆盖单相故障和三相故障。

4）为抑制振荡优化策略增加启动退出判据，逻辑为：检测到逆变侧交流电压的标幺值低于0.8后，延时300ms启动策略；检测到逆变侧交流电压的标幺值高于0.85后，延时50ms退出策略。300ms的延时能在发生故障时优先执行工程的原有控制保护策略，保证既不影响工程的动态特性，又能起到抑制振荡的作用。

7.2.4.4 解决措施的验证

（1）最优参数的确定。以原工程参数为基准，通过仿真试验测试出可以起到振荡抑制效果的一组参数。按照优化依据，在这组参数的基础上对VDCOL参数进行调整，以此选取10组参数进行仿真验证试验，用以确认优化策略的最优参数。试验结果表明，其中能起到抑制振荡效果的参数有6组。表7-6为试验结果，其中0表示不能起到抑制振荡效果，1表示能有效抑制振荡。

表 7-6 VDCOL 参数的确定（最优抑制振荡效果）

序号	U_{D_HIGH}（标幺值）	$T_{C\_UP\_REC}$(s)	$T_{C\_UP\_INC}$(s)	试验结果
1	0.85	0.06	0.075	0
2	0.85	0.07	0.085	0
3	0.85	0.08	0.095	0
4	0.9	0.06	0.075	1
5	0.9	0.07	0.085	1
6	0.9	0.08	0.095	1
7	0.95	0.06	0.075	0
8	0.95	0.07	0.085	1
9	0.95	0.08	0.095	1
10	0.8	0.1	0.115	1

通过试验比对，在起到抑制振荡效果的参数中，第9组参数的抑制效果最好，在故障后的恢复过程中，直流电压、直流电流、交流电压均平稳、快速恢复，直流双极功率恢复效果最优。第9组参数的抑制效果见图7-13。

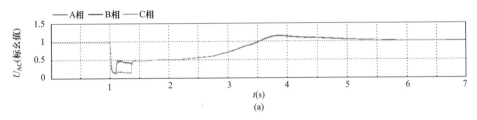

图 7-13 采用最优抑制振荡策略的逆变侧故障波形（一）

（a）逆变侧交流母线电压有效值

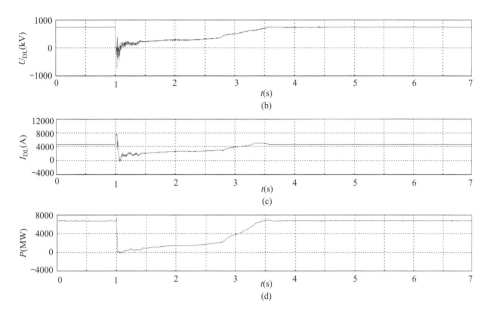

图 7-13 采用最优抑制振荡策略的逆变侧故障波形（二）

（b）逆变侧极 I 直流电压；（c）逆变侧极 I 直流电流；（d）逆变侧双极直流功率

将双极直流功率恢复情况与未采用抑制策略的最严重故障工况进行比较，恢复至额定功率的时间约提前 1s，对比效果见图 7-14。

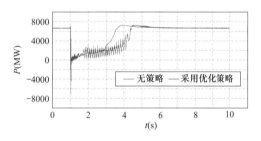

图 7-14 无策略和采用优化策略的受端双极功率比对

因此选取第 9 组参数作为该直流工程抑制直流功率振荡策略的最优参数，即：以逆变侧交流电压为判据，标幺值低于 0.8 后，延时 300ms 启动策略，VDCOL 使用抑制振荡参数；标幺值高于 0.85 后，延时 50ms 退出策略。策略未启动前及策略退出后，都采用原工程参数。抑制振荡优化策略见表 7-7。

表 7-7　　　　　　　　　　　抑制振荡策略最优 VDCOL 参数

VDCOL 参数	U_{D_HIGH}（标幺值）	$T_{C\_UP\_REC}$(s)	$T_{C\_UP\_INC}$(s)
策略未启动	0.8	0.025	0.04
策略启动	0.95	0.08	0.095

（2）最优参数的验证。新策略确定后，还需要进一步对策略的有效性和可靠性进行验证。为此选择了一些交直流交互影响较大的交流、直流扰动及故障，在原始的区域电网仿真模型上，对新策略抑制振荡的效果进行验证试验。

对于单瞬、单永等故障，试验结果表明，由于故障清除后，未发生功率振荡，交流电压恢复较快，不会启动抑制振荡措施；对于单永单相开关拒动、三永、三永单相开关拒动故障，策略可以有效抑制功率振荡。试验同时验证了抑制振荡策略的判据及判据进入、退出时间（300ms、50ms）设置合理，可以根据故障后电压跌落及恢复情况，让直流原有控制策略先动作，再对直流振荡进行抑制。

此外，选取电流阶跃、功率阶跃、电压阶跃、关断角阶跃、直流线路故障、整流侧阀短路故障等直流扰动及故障进行验证试验。试验结果表明，所选取的扰动或故障对于逆变侧交流系统的影响较轻微，未达到策略的启动条件，仍按照工程原有控制保护策略进行控制。抑制振荡优化策略对直流系统的动态性能未产生影响。

7.3 大规模新能源经特高压直流工程送出的仿真研究

7.3.1 背景

随着我国特高压交直流电网的发展、配套电源的陆续投产，电网稳定水平、清洁能源外送能力、负荷集中地区接纳外电能力得到提升，作为目前最成熟和最具发展前景的可再生能源，风力发电和光伏发电近年来保持着强劲的发展势头。"十四五"期间，中国仍将进一步推动能源清洁低碳安全高效利用，可以预见，不远的将来某些局部电网新能源占比可能达到更高，超高占比新能源并网运行将成为未来电源结构的重要特征。另一方面，随着我国大容量特高压直流输电工程的陆续投运，目前已逐步形成了大规模新能源经特高压直流外送系统。迄今为止，我国已建成世界上第一条专为清洁能源外送建设的特高压通道，形成典型的千万千瓦级新能源交直流混联外送型电网。由于千万千瓦级新能源基地中机组数量庞大且类型多样，不同机组故障下动态行为各异；而且在高比例新能源系统中，不同类型的新能源发电设备接入电网与系统耦合后表征出的暂态特性也越发复杂。更精准地表征电网特性是研究高比例新能源电网的重要前提和必要条件。如前文所述，电力系统数模混合仿真兼有物理和数字仿真技术特点，可进行从电磁暂态到机电暂态的全过程实时仿真研究，能较精确地模拟交/直流电网的运行特性和动态过程以及新能源场站的响应特性，因此，在高比例新能源经特高压直流送出系统的研究中也具有显著优势。

7.3.2 技术路线

研究中采用的算例基于 HYPERSIM 电磁暂态数模混合仿真平台（见图 7-15），构建含高比例新能源的交流系统电网及特高压直流输电系统的全电磁暂态实时仿真模型；其中交流电网、新能源机组及其控制器、直流系统一次模型采用数字模型，直流控保接入与现场一致的实际控保装置，通过数模接口装置形成实现大规模电网电磁暂态数字模型和实际物理控保装置闭环实时仿真。

（1）大规模新能源经特高压直流工程送出系统数模混合全电磁暂态仿真模型的建立和启动。随着电磁暂态仿真电网规模的增大，建模元器件特性越来越复杂，对仿真建模的要求也越来越严苛，仿真启动过程的各个元器件的相互影响也更为胶着。多台发电机

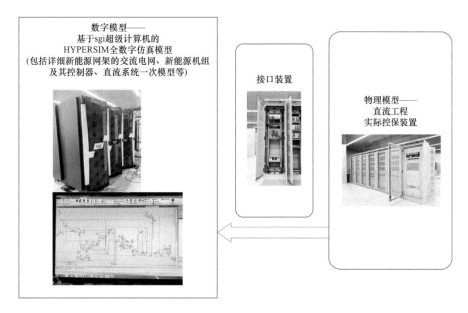

图 7-15　基于 HYPERSIM 的数模混合仿真平台示意图

之间的启动协调、高比例电力电子装置在启动过程中对电网电压的影响、直流输电工程解锁与升功率对电网负荷/电源变化响应速度的要求，这些因素都会大大地影响大电网仿真模型的稳态建立，尤其是当接入交流系统较弱时，这种启动过程的相互干扰会大大增加整个电网稳态建立的时间，甚至导致稳态建立失败。因此，针对大规模新能源经特高压直流工程送出系统的全电磁暂态仿真模型的稳态启动，需要统筹考虑传统发电机组、风机和光伏等可再生能源机组、传统直流输电系统等的协调调控启动方法。

在数模混合仿真平台建模过程中，可采用传统发电机与电力电子装置，相对独自地建立稳态且能快速平滑切换至联网运行的方法，启动电磁暂态大规模电网仿真。这种方法可以解决含多台发电机、高比例电力电子装置的电磁暂态实时仿真模型难以建立稳态运行方式的问题。

（2）大规模新能源经特高压直流工程送出系统的特性研究。由于新能源的大规模上网，当系统发生扰动或故障时，各点新能源表现特性也各有不同。一般而言，大规模新能源经特高压直流工程送出系统的特性研究包括两部分内容：①稳态特性研究，即高比例新能源接入系统后是否能正常建立稳定运行系统；②暂态特性研究，即在该系统发生严重的交流或直流故障后是否能快速恢复稳定运行以及各类故障的恢复特性。

（3）提升大规模新能源经特高压直流工程送出比例的措施。提升大规模新能源经特高压直流工程送出比例是个多系统协调控制的过程，可以从新能源自身控制策略及控制特性优化、直流输电系统控制策略优化、交流系统暂稳态特性提升等多个方面展开研究。

7.3.3　仿真模型

交流电网建模规模为 110kV 及以上交流系统全部保留并进行了详细仿真，在不影响仿真精度的基础上，将送端电网与其他省级、大区级电网界面进行动态等值；直流建模时采用接入实际控制保护装置的数模混合仿真模型模拟特高压直流工程，在仿真建模时根据特高压直流实际系统参数进行一次系统模型修正，同时直流控制策略与现场实际控制策略保持一致；新能源机组仿真模型采用详细的典型参数结构化电磁暂态模型，并根据与厂家提供的数字封装控制器进行对比优化，在仿真中结合整体建模规模及仿真能力，进行了颗粒度尽可能小的新能源场站等值，最大程度保留联络线、变压器等场站入网元件，并适当考虑新能源场站内阻抗特性，采用等损耗法进行了场站等值（具体方法详见第 4 章内容）。

该算例仿真规模为三相节点 1000 个，包含发电机 35 台，感应电动机 45 台，搭建中考虑原动机、变流器、控制器、汇集线等的详细电磁暂态新能源场站等值模型。算例中共接入 162 个新能源场站，其中光伏场站 129 座，风机场站 33 座；且接入一回带实际控制保护装置的特高压直流。仿真步长为 $50\mu s$，能够满足对直流输电及新能源发电的精细仿真需求。

7.3.4 试验内容

7.3.4.1 高比例新能源经特高压直流送出系统运行特性

新能源大规模接入有可能引起系统振荡或失稳等问题，但应用传统的机电暂态仿真无法真实再现高比例新能源接入后的振荡和失稳等现象，需采用能够反映电力电子高频快速响应特性的电磁暂态仿真手段，研究新能源高比例接入系统的稳定性问题。

基于上述电网电磁暂态仿真模型，对该双高电网新能源出力占比 72%（约 1230 万 kW）的运行方式进行实时仿真研究。仿真试验中发现，系统在小扰动下会发生 7～10Hz 的振荡，仿真波形如图 7-16 所示。

对该电网模型进行修改，进一步增加新能源比例后发现，系统在小扰动下新能源大面积脱网，严重时引起整个系统失稳。

7.3.4.2 高比例新能源经特高压直流送出系统振荡及失稳问题的定位

通过对单个新能源机组或场站接入等值电网的电磁暂态实时仿真研究发现，新能源接入点的系统强度较强时，系统能保持安全稳定运行；随着新能源接入点系统强度不断变弱，出现了与上节大电网仿真试验中类似的系统振荡现象，振荡波形和频率基本一致，进一步降低系统强度，新能源机组直接脱网。根据此现象初步判断大电网试验中的振荡和脱网有可能是由于新能源接入点系统强度较弱引起。某光伏机组随系统强度由强到弱开始振荡的波形如图 7-17 所示。

多新能源场站接入情况下，新能源多场站短路比（multiple renewable energy station shortcircuit ratio，MRSCR）是计及多新能源场站间相互影响的系统强度量化评估指标。新能源多场站短路比反映了电网对新能源发电设备电网侧接入点或场站并网点无功电压支撑的能力。

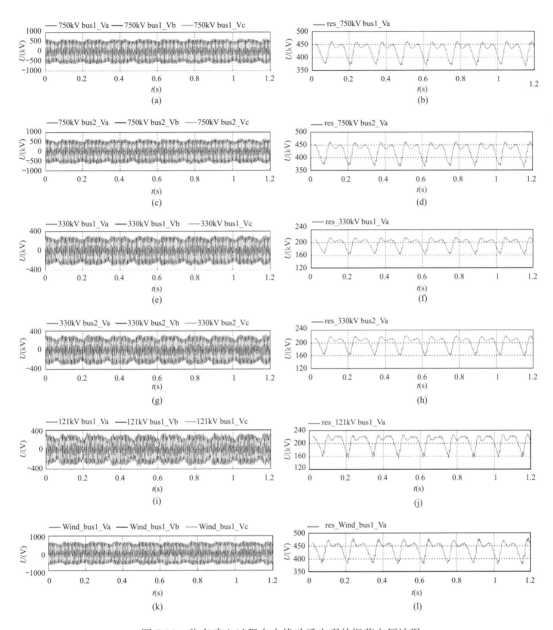

图 7-16 稳态建立过程中小扰动后出现的振荡电压波形

（a）某 750kV 母线 1 电压瞬时值；（b）某 750kV 母线 1 电压有效值；（c）某 750kV 母线 2 电压瞬时值；

（d）某 750kV 母线 2 电压有效值；（e）某 330kV 母线 1 电压瞬时值；（f）某 330kV 母线 1 电压有效值；

（g）某 330kV 母线 2 电压瞬时值；（h）某 330kV 母线 2 电压有效值；（i）某 121kV 母线电压瞬时值；

（j）某 121kV 母线电压有效值；（k）某风机机端母线电压瞬时值；（l）某风机机端母线电压有效值

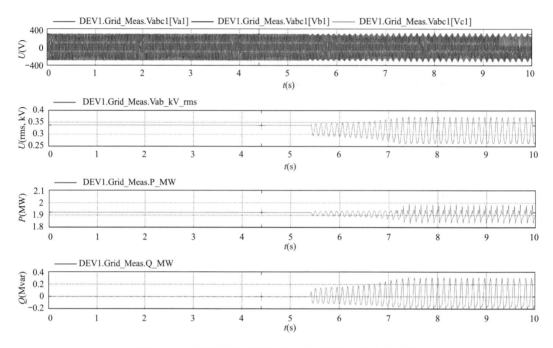

图 7-17   光伏机组随系统强度由强到弱开始振荡的波形

下面简单介绍新能源多场站短路比的定义及表达式。

戴维南等值方法可将新能源接入的交流系统简化为一个理想电压源串联等值阻抗。利用多端口戴维南等值，可以得到图 7-18 所示的 i（$i=1,2,\cdots,n$）个新能源场站同时接入交流系统的简化等值模型示意图。

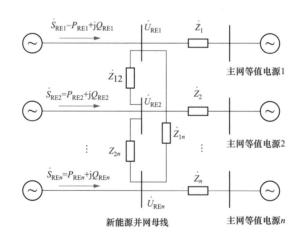

图 7-18   多新能源场站接入的交流系统简化模型

图 7-18 中 $\dot{S}_{REi}$、P_{REi}、Q_{REi}、$\dot{U}_{REi}$ 分别为新能源发电设备/场站 i 的视在功率、有功功

率、无功功率和并网母线电压，$\dot{Z}_{ij}$ 为折算的并网点 i、j 间等值阻抗，$\dot{Z}_i$ 为主网等值电源 i 与对应并网点间的系统侧折算等值阻抗。

图 7-18 中新能源并网母线可分别表示新能源发电设备电网侧接入点或新能源场站并网点（新能源场站升压站高压侧母线或节点）。设备新能源并网母线注入交流系统的电流分别为 $\dot{I}_1$，$\dot{I}_2$，$\cdots$，$\dot{I}_n$，则各并网母线节点电压 $\dot{U}_{RE1}$，$\dot{U}_{RE2}$，$\cdots$，$\dot{U}_{REn}$ 可表示为

$$\begin{bmatrix} \dot{U}_{RE1} \\ \dot{U}_{RE2} \\ \vdots \\ \dot{U}_{REn} \end{bmatrix} = \begin{bmatrix} \dot{Z}_{eq11} & \dot{Z}_{eq12} & \cdots & \dot{Z}_{eq1n} \\ \dot{Z}_{eq21} & \dot{Z}_{eq22} & \cdots & \dot{Z}_{eq2n} \\ \vdots & \vdots & & \vdots \\ \dot{Z}_{eqn1} & \dot{Z}_{eqn2} & \cdots & \dot{Z}_{eqnn} \end{bmatrix} \begin{bmatrix} \dot{I}_1 \\ \dot{I}_2 \\ \vdots \\ \dot{I}_n \end{bmatrix} \tag{7-5}$$

式中：$\dot{Z}_{eqij}$ 为新能源并网母线处的交流电网等值阻抗矩阵 Z_{eq} 的第 i 行、第 j 列元素。注意，图 7-18 中的 $\dot{Z}_{ij}$ 和 $\dot{Z}_n$ 仅用于示意，与 $\dot{Z}_{eqij}$ 间并无实际对应关系。

短路比用于衡量设备接入系统后，系统标称电压与设备产生电压之间的相对大小。基于上述物理意义，系统中第 i 个新能源并网母线处的新能源多场站短路比为

$$MRSCR_i = \frac{|\dot{U}_{Ni}|}{|\dot{U}_{REi}|} = \frac{|\dot{U}_{Ni}|}{\left| \dot{Z}_{eqii} \dot{I}_i + \sum_{j=1, j \neq i}^{n} \dot{Z}_{eqij} \dot{I}_j \right|} \tag{7-6}$$

式中：$\dot{U}_{Ni}$ 为第 i 个并网母线节点标称电压；$\dot{U}_{REi}$ 为设备（新能源）发电功率在第 i 个节点上产生的电压，下标 RE 表示新能源发电设备/场站；$\dot{I}_i$ 为第 i 个新能源发电设备/场站提供的短路电流。令第 i 个并网母线节点的实际运行电压为 $\dot{U}_i$，将式（7-6）分子分母同乘以 $\dot{U}_i^* / \dot{Z}_{eqii}$，可得

$$MRSCR_i = \frac{|\dot{U}_i^* \dot{U}_{Ni} / \dot{Z}_{eqii}|}{\left| \dot{U}_i^* \dot{I}_i + \sum_{j=1, j \neq i}^{n} \frac{\dot{Z}_{eqij}}{\dot{Z}_{eqii}} \dot{U}_i \dot{I}_j \right|} = \left| \frac{\dot{U}_i^* \dot{U}_{Ni}}{\dot{Z}_{eqii}} \right| / \left| \dot{S}_{REi} + \sum_{j=1, j \neq i}^{n} \dot{\Pi}_{ij} \dot{S}_{REj} \right| \tag{7-7}$$

$$\dot{\Pi}_{ij} = \dot{Z}_{eqij} \dot{U}_i^* / \dot{Z}_{eqii} \dot{U}_j^*$$

式中：$\dot{S}_{REi}$ 为第 i 个新能源并网母线节点注入的新能源实际视在功率；$\dot{\Pi}_{ij}$ 为新能源并网母线 i 和 j 之间的复数功率折算因子，反映了各新能源发电设备电网侧接入点/新能源场站并网点电气量之间相位和幅值差异。

根据新能源多场站短路比 MRSCR 定义和式（7-7），可分别计算得到新能源发电设备电网侧接入点的 $MRSCR_G$。对上述新能源高比例接入的双高电网进行了新能源多场站短路比的计算，各新能源机端多场站短路比 $MRSCR_G$ 如表 7-8 所示。

新型电力系统电磁暂态数模混合仿真技术及应用

表7-8　全网新能源机端多场站短路比结果

新能源节点	机端多场站短路比	新能源节点	机端多场站短路比	新能源节点	机端多场站短路比	新能源节点	机端多场站短路比	新能源节点	机端多场站短路比	新能源节点	机端多场站短路比	新能源节点	机端多场站短路比	新能源节点	机端多场站短路比	新能源节点	机端多场站短路比
1	1.470449	19	1.606316	37	1.220458	55	1.395229	73	1.267463	91	1.3718	109	1.288151	127	1.205888	145	1.316529
2	1.238138	20	1.59881	38	1.220458	56	1.359656	74	1.326492	92	1.371752	110	1.127359	128	1.126693	146	1.14156
3	1.308256	21	1.61665	39	1.216692	57	1.36071	75	1.326492	93	1.3718	111	1.152105	129	1.126693	147	2.009049
4	1.672665	22	1.712697	40	1.216692	58	1.361551	76	1.325818	94	1.3718	112	1.164856	130	1.190326	148	2.159994
5	1.516981	23	1.759078	41	1.736353	59	1.611632	77	1.325818	95	1.414335	113	1.164856	131	1.199407	149	2.304748
6	1.235046	24	1.643535	42	1.736353	60	1.338936	78	1.325818	96	1.414335	114	1.16828	132	1.148179	150	2.015619
7	1.322964	25	1.661973	43	1.660872	61	1.339989	79	1.443462	97	1.640876	115	1.132177	133	1.691393	151	1.238135
8	1.340417	26	1.394689	44	1.660872	62	1.338936	80	1.208798	98	1.416938	116	1.136217	134	1.527412	152	1.305775
9	1.365283	27	1.474334	45	1.205325	63	1.339989	81	1.254706	99	1.250097	117	1.136217	135	1.527412	153	1.254159
10	1.204498	28	1.824229	46	1.205325	64	1.362649	82	1.252385	100	1.250097	118	1.147297	136	1.549175	154	1.254159
11	1.2172	29	1.442315	47	1.278645	65	1.361551	83	1.262998	101	1.250097	119	1.140964	137	1.549175	155	1.401293
12	1.509405	30	1.442315	48	1.279599	66	1.362649	84	1.551632	102	1.339971	120	1.140964	138	1.668006	156	1.309949
13	1.20752	31	1.540468	49	1.278645	67	1.361551	85	1.435372	103	1.339971	121	1.147382	139	1.156898	157	1.283494
14	1.369265	32	1.571472	50	1.279599	68	1.362649	86	1.197946	104	1.282053	122	1.122353	140	1.156898	158	1.272739
15	1.804291	33	1.560156	51	1.278645	69	1.242745	87	1.190964	105	1.282053	123	1.122353	141	1.155881	159	1.303276
16	1.515131	34	1.572893	52	1.279599	70	1.242745	88	1.190964	106	1.280816	124	1.19844	142	1.155881	160	1.867291
17	1.644706	35	1.216992	53	1.278645	71	1.242745	89	1.193881	107	1.280816	125	1.129382	143	1.240233	161	1.867291
18	1.707658	36	1.216992	54	1.279599	72	1.242745	90	1.197723	108	1.288151	126	1.129382	144	1.18649	162	1.640876

注：表中数据为新能源出力占比72%运行方式下的结果。

计算结果表明，新能源出力占比 72% 运行方式中 123 个新能源场站（约占总新能源机组台数的 70%）机端多场站短路比均小于 1.5，最低机端多场站短路比为 1.12，新能源接入的交流系统强度较弱，有极大可能出现系统振荡。

通过优化运行方式，减小新能源出力占比，提升传统发电机比例，从而提高各新能源机端多场站短路比。试验结果表明，当新能源出力调整为占比 50%（850 万 kW）时，各新能源机端多场站短路比均提高至 1.5 之上，基于此方式进行的时域仿真结果为，系统在小扰动下能够稳定运行，新能源未出现振荡和脱网。

上述仿真研究结果进一步证实了含高比例新能源的大电网试验中的振荡和脱网是由于新能源接入点系统强度较弱引起。

7.3.4.3 高比例新能源经特高压直流送出系统振荡及失稳问题的解决方法

同步调相机是一种特殊运行状态的同步电机，不带机械负荷，只向电力系统提供或吸收无功功率。同步调相机作为一种无功补偿装置，可在稳态、暂态、次暂态多时间尺度，体现不同的运行特性，为系统提供稳定的动态无功。尤其具有良好的次暂态特性，可在故障发生瞬间保持电网电压稳定，并瞬时发出或吸收无功，可以为系统提供短路容量，增强系统强度，提高系统稳定性。

对于含高比例新能源的电网，可以考虑通过加装调相机提高系统强度从而提升新能源出力比例。在确保相同比例新能源出力接入的情况下，需要对调相机接入的位置和容量进行优化，使得加装调相机的台数尽可能少，以更经济高效的调相机配置方案提升更大范围新能源接入点的系统强度。基于此考虑，调相机的配置应该遵循两点原则：①加装调相机后提升系统强度的新能源接入点覆盖范围尽可能大；②加装调相机后确保需要接入的全部新能源能够稳定运行。

调相机的配置方案可采用一种时域仿真与计算新能源接入点多场站短路比相互迭代校核的方式。具体配置流程如下：首先，采用时域仿真方法测试电网是否能够安全稳定运行；其次，若不能安全稳定运行，则计算各新能源场站机端多场站短路比 $MRSCR_G$，找出新能源机端多场站短路比 $MRSCR_G$ 较低的节点，在电网较薄弱点加装调相机，将全网最小短路比提升至某一值；再次，对于可将全网最小短路比提升至同一值的不同调相机方案，则依据调相机配置原则，对不同方案调相机的数量、容量和电压等级进行对比，选取最优调相机方案；最后，反复进行这一迭代过程，直至电网能够安全稳定运行，形成最优调相机方案。

基于上节新能源出力比例 72% 的电网运行方式，按照上述调相机配置原则及流程，得出最优调相机配置方案：在 3 个 330kV 汇集母线加装 8 台 300Mvar 调相机。配置调相机后，全网各新能源机端多场站短路比最小为 1.476。加装调相机后，系统可稳定运行，330kV 交流母线三相永久性 $N-1$ 故障后，故障及恢复期间电网各电压等级母线电压波形如图 7-19 所示。

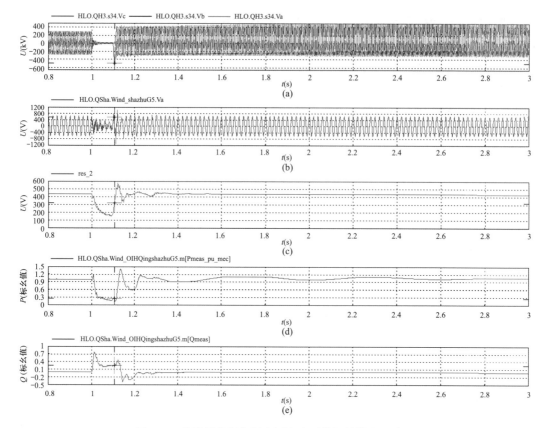

图 7-19 故障及恢复期间电网各电压等级母线电压波形

(a) 某 330kV 母线电压瞬时值;(b) 某风机机组机端电压瞬时值;(c) 机端电压有效值;

(d) 有功功率标幺值;(e) 无功功率标幺值

7.3.4.4 高比例新能源经特高压直流送出系统暂态特性研究

基于上节提到的新能源出力比例72%且加装最优调相机后运行方式的全电磁暂态模型,分别进行交流故障和直流故障仿真试验,交流故障包括特高压直流工程换流站附近不同电压等级交流线路的单相接地、相间、三相接地等故障,直流故障包括直流线路接地、换相失败等故障,故障后系统均能恢复稳定,新能源出力也能恢复至故障前状态。

(1) 交流故障。以对新能源恢复出力及系统暂态性能影响最为严重的某 330kV 交流线路三相永久性故障为例,本书给出了交流故障及故障恢复期间交流电网各级母线电压及新能源机端的仿真波形,见图 7-20。

由图 7-20 可知:在 330kV 线路一侧发生三相永久性故障后,新能源先进入低电压穿越状态,在此期间,新能源有功出力下降,无功出力上升;故障清除后,系统中各电压等级母线电压上升,部分新能源机组进入高电压穿越状态,无功出力开始下降,有功出力则根据最大电流限制原则而调节,通常会在正常出力上下波动;待电压标幺值恢复至 1.1 并有所下降后,新能源退出高电压穿越状态,逐步恢复正常稳定运行状态,故障恢复阶段结束,全网恢复稳态运行状态,故障总恢复过程大约需要 300ms。

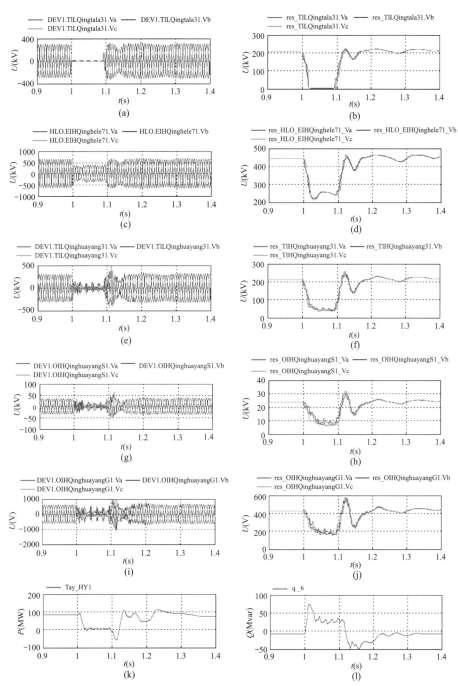

图 7-20 某 330 线路三相永久性接地故障及故障恢复期间交流电网各级
母线电压及新能源机端输出仿真波形

(a) 故障点三相电压瞬时值；(b) 故障点三相电压有效值；(c) 某 750kV 母线电压瞬时值；
(d) 某 750kV 母线电压有效值；(e) 非故障点 330kV 母线三相电压瞬时值；(f) 非故障点 330kV 母线三相电压有效值；
(g) 某 35kV 母线三相电压瞬时值；(h) 某 35kV 母线三相电压有效值；(i) 某风机机端 690V 母线三相电压瞬时值；
(j) 某风机机端 690V 母线三相电压有效值；(k) 有功出力；(l) 无功出力

（2）直流故障。以直流逆变侧交流线路单相瞬时性接地故障（即直流发生换相失败）为例，给出了直流故障及恢复期间该直流及其送端电网各级母线电压、新能源机端的仿真波形，如图 7-21～图 7-23 所示。

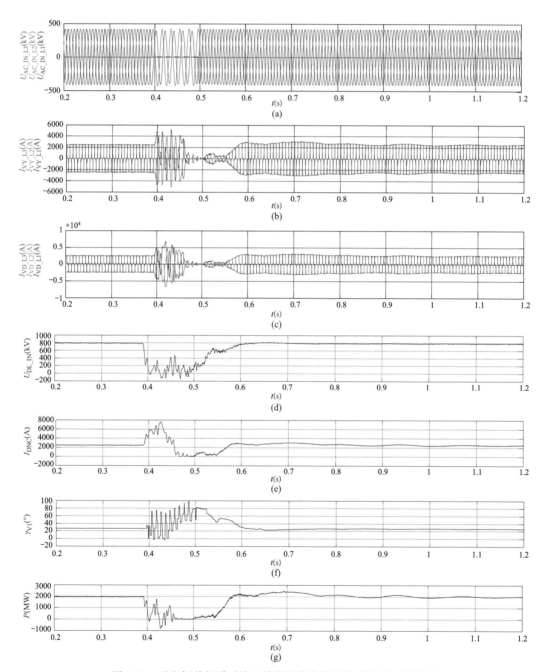

图 7-21　逆变侧单相瞬时接地故障及恢复期间某直流逆变侧波形

（a）故障点电压；（b）极 1 逆变侧 Y 接换流变压器电流；（c）逆变侧 Δ 接换流变压器电流；
（d）极 1 逆变侧直流电压；（e）极 1 逆变侧直流电流；（f）关断角；（g）逆变侧功率波形

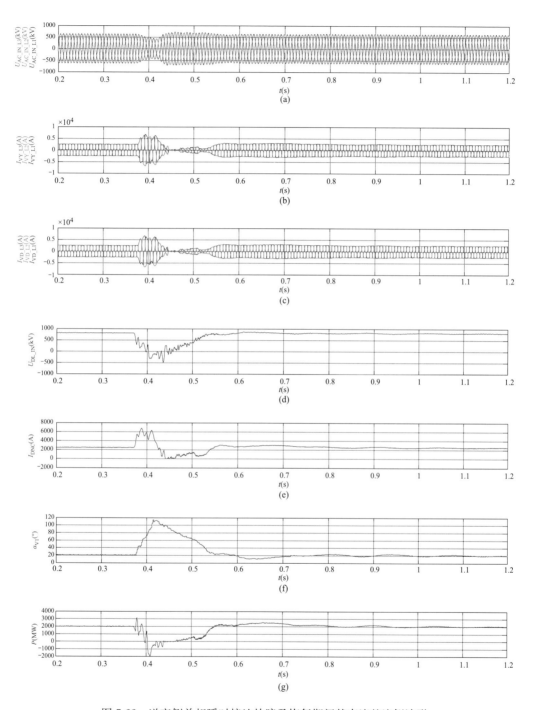

图 7-22 逆变侧单相瞬时接地故障及恢复期间某直流整流侧波形

（a）极 1 整流侧交流电压；（b）整流侧 Y 接换流变压器电流；（c）整流侧 △ 接换流变压器电流；
（d）直流电压；（e）直流电流；（f）触发角；（g）整流侧功率波形

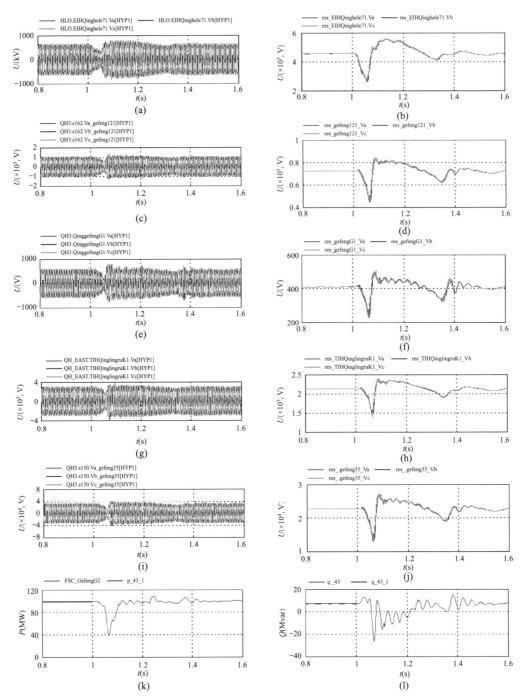

图 7-23　逆变侧单相瞬时性接地故障及恢复期间交流电网各级母线电压及新能源机端仿真波形

（a）某 750kV 母线电压瞬时值；（b）某 750kV 母线电压有效值；（c）某 121kV 母线三相电压瞬时值；

（d）某 121kV 母线三相电压有效值；（e）某风机机端 690V 三相电压瞬时值；（f）某风机机端 690V 三相电压有效值；

（g）某 330kV 母线三相电压瞬时值；（h）某 330kV 母线三相电压有效值；（i）某 35kV 母线三相电压瞬时值；

（j）某 35kV 母线三相电压有效值；（k）有功出力；（l）无功出力

由以上波形可知：故障发生后，逆变侧会发生换相失败，直流功率跌落至零，约在故障后 180ms 直流功率基本恢复至正常水平；故障及恢复期间新能源的响应特性与交流故障相似，会先后进入低穿和高穿，该交流网在直流逆变侧单相瞬时接地故障后约 270ms，系统恢复稳态运行状态。

（3）过电压情况。基于上述故障仿真试验，研究加装调相机运行方式下交流故障后系统的过电压水平。表 7-9 为上述故障及恢复期间该电网各级母线及新能源机端过电压统计情况。

表 7-9　新能源出力 1250 万 kW 加装调相机方式下交流故障及恢复期间电网各级母线过电压情况

故障类型		750kV（800kV）		330kV（363kV）		110kV（121kV）		35kV（38.5kV）		新能源机端（690V/360V）	
		瞬时值（标幺值）	有效值（标幺值）	瞬时值（标幺值）	有效值（标幺值）	瞬时值（标幺值）	有效值（标幺值）	瞬时值（标幺值）	有效值（标幺值）	瞬时值（标幺值）	有效值（标幺值）
750kV 交流线路故障	单永 $N-1$	1.19	1.05	1.45	1.17	1.33	1.16	1.51	1.28	1.71	1.27
	三永 $N-1$	1.30	1.01	1.38	1.09	1.21	1.15	1.62	1.26	1.93	1.37
	相间 $N-1$	1.08	1.03	1.31	1.14	1.15	1.06	1.75	1.29	1.86	1.15
330kV 交流线路 1 故障	单永 $N-1$	1.16	1.05	1.53	1.24	1.22	1.12	1.81	1.41	1.83	1.41
	三永 $N-1$	1.01	1.01	1.6	1.23	1.17	1.15	1.99	1.45	1.94	1.44
	相间 $N-1$	1.16	1.07	1.68	1.29	1.23	1.13	1.97	1.44	1.95	1.47
330kV 交流线路 2 故障	单永 $N-1$	1.1	1.01	1.27	1.11	1.21	1.17	1.44	1.19	1.63	1.28
	三永 $N-1$	1.1	1.02	1.48	1.16	1.21	1.15	1.63	1.27	1.99	1.44
	相间 $N-1$	1.16	1.02	1.27	1.12	1.26	1.15	1.52	1.26	1.64	1.20

经过上述交流故障仿真研究结果可以看出，加装调相机后新能源出力 1250 万 kW，各级母线在故障及恢复期间会出现不同程度的过电压，新能源机端电压瞬时值最高达到 1.99（标幺值），有效值高达 1.44（标幺值），新能源机组有过电压脱网的可能。

7.3.4.5　高比例新能源经特高压直流送出系统过电压抑制措施

工程中通常采用可控避雷器抑制暂态过电压，图 7-24 所示为可控避雷器的结构示意图，主要由断路器、固定部分和可控部分组成。避雷器初始状态时断路器常闭，可控部分的反并联晶闸管常分、旁路开关常分；当监测到 20ms 内电压峰值低于低电压限值或者瞬时电压超过过电压限值，即令反并联晶闸管导通、令旁路开关闭合，检测加晶闸管动作延时一般按 5ms 考虑，旁路开关按再加 40ms 考虑，旁路开关闭合后晶闸管停止触发，保持 200ms 后旁路开关分闸，分闸时间按 40ms 考虑，分闸后恢复初始状态。

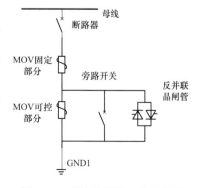

图 7-24　可控避雷器电路示意图

由可控避雷器的工作原理可知，当母线电压超过阈值时，避雷器可控部分旁路开关闭合，避雷器支路电流增大，起到抑制母线过电压的作用。针对新能源机端过电压问题，根据可控避雷器的原理，在前文提到的占比72%新能源送出系统新能源汇集线 35kV 母线接入可控避雷器。算例中可控避雷器低电压动作限值为 0.5（标幺值），高电压动作限值为 1.1（标幺值）（标幺值为 1.0 时对应 38.5kV）。

为了测试加装可控避雷器对电压的抑制效果，分别在机端过电压较为严重的风机 35kV 汇集母线和光伏机组 35kV 汇集母线上加装可控避雷器，对比相同故障形态下新能源机端过电压的响应情况，加装避雷器后均有不同程度降低，约为加装避雷器前的相同工况相同故障下过电压的 70%～80%。由此可见，在新能源机端过电压较高的 35kV 母线加装可控避雷器，对于 35kV 母线和相应机端母线电压的过电压抑制效果显著。当然，具体抑制效果还需根据工程实际系统条件进行仿真计算得出。

7.3.4.6　高比例新能源经特高压直流送出系统新能源机组入网测试

研究结果表明，待测试新能源机组接入不同新能源多场站短路比的入网点后暂稳态特性不同。若新能源机组在所接入点无法通过相应的暂稳态测试，说明该机组特性对接入点所对应的系统强度是不适应的，需要通过参数调整或其他方式进行优化；若新能源机组在所接入点可以通过相应的暂稳态测试，说明该机组特性对接入点所对应的系统强度是可以适应的。上文提到的高比例新能源送出电网为确定新能源机组对系统强度的适应性提供了一个典型测试环境。具体测试方案可分为以下几个步骤：

（1）待测试新能源模型的搭建。测试电网中的新能源模型均采用经典的光伏数字模型和风机数字模型，而待测试新能源模型则根据各厂家实际参数搭建并接入实际控制器模型。首先建立待测新能源发电机组的单机电磁暂态模型，其中一次回路按照实际机组结构和参数进行搭建，控制保护系统可采用厂家提供的数字封装模型，也可接入控制器装置进行半实物仿真。

其次，将新能源单机模型进行倍乘等值，使其装机容量和有功无功出力与测试系统接入点相匹配，在进行场站等值时，需要按照等损耗法对场站汇集线进行等值，模拟厂站汇集线等值阻抗。

（2）稳态特性建立。将待测试新能源模型按照新能源机端多场站短路比接入测试电网中多场站短路比最小的入网点，经过升压变压器和等值汇集线后接入电网，进行稳态特性测试，测试电网结构示意如图 7-25 所示。确定测试电网稳定运行需满足以下几个条件：

1）接入待测试新能源机组前后，网内新能源机组出力均按照设定值正常运行；

2）接入待测试新能源机组前后，关键母线节点电压基本不变；

3）接入待测试新能源机组前后，直流模型输送功率基本不变。

如果待测试新能源模型接入测试电网后能够持续稳定运行且满足以上三个条件，则继续进行下一步的故障穿越特性测试。若未能通过稳态特性测试，例如发生振荡或者出

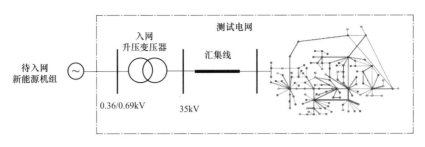

图 7-25 待测试机组接入测试电网示意图

力不正确，则需要接入多场站短路比更大的入网点重新进行稳态特性测试。

（3）故障穿越特性测试。待测试新能源模型通过稳态特性测试后，在该入网点附近进行典型故障（包括 330kV、750kV 及 35kV 交流线路单永、三永、相间故障等）穿越能力的测试，若待测试新能源机组在典型故障后恢复正常运行，则说明该新能源模型在该入网点对应的系统强度下是适应的。

（4）新能源机组的系统适应性研究和测试。若待测试新能源机组在当前系统强度的入网点未能通过故障穿越测试，则需将该待入网机组接入多场站短路比更高的机组入网点，并依照上述稳态特性建立、故障穿越特性以及新能源机组的系统适应性研究的顺序进行下一轮测试，直至最终通过系统适应性测试。具体的测试步骤如图 7-26 所示。

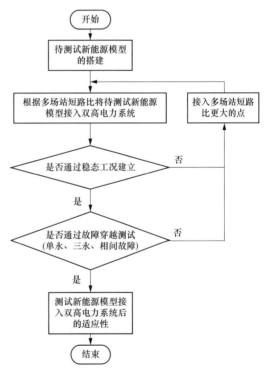

图 7-26 待入网新能源机组接入测试电网后适应性测试方案流程图

根据以上测试方案，可以将任何待测试新能源厂家模型接入至该典型测试电网中，判断其在不同新能源多场站短路比指标下的系统强度适应性。值得一提的是，该测试方案可以引申至任何可计算新能源多场站短路比的算例电网中。对于新能源多场站接入交流系统情况，新能源发电单元升压变低压侧的多场站短路比不应低于1.5。

通过对各新能源厂家机组测试可知，不同类型和特性的新能源机组在不同新能源场站短路比下的适应性不同，对于在较低多场站短路比下仍无法适应的机组，建议进行参数优化，提升其适应性。该测试方案为今后含高比例新能源的系统规划、运行以及新能源机组特性优化提供了重要的支撑手段。

7.4　大规模新能源经柔性直流电网送出的仿真研究

7.4.1　背景

接入大规模新能源的柔性直流电网是一个典型的高比例电力电子装备电力系统。高比例电力电子装备接入电力系统，既给系统带来灵活快速的调控手段，又在电压频率支撑等方面带来新问题，深刻改变了电力系统稳定形态和运行特点，系统整体动力学特性由机电过程主导转化为切换控制为主导，电网响应更加快速、动态特性更加复杂，必须通过电磁暂态仿真分析故障耦合机理。

大规模新能源经柔直电网外送系统的电磁暂态实时仿真模型是包含大规模新能源、多端柔直电网、交流系统三大子系统的联合仿真模型。该联合仿真模型规模大，复杂程度高，实时性要求高，对系统建模、电路解耦技术、计算任务分配技术、联合模型的初始化等都提出了巨大的挑战。

当大规模新能源经柔性直流输电外送时，送受端交流电网无法相互提供惯性支撑，两端交流系统发生故障时还有可能导致直流系统闭锁而无法实现故障穿越，系统稳定性问题更加复杂，亟须开展大规模新能源、柔直电网以及交流电网耦合特性的研究。

7.4.2　技术路线

大规模新能源经柔直电网外送系统的准确建模是研究系统特性的基础。在大规模新能源经柔直电网外送系统的电磁暂态实时仿真建模方面，拟首先按照分块建模的思路采用 2～4 章中的核心技术分别搭建大规模新能源送出网架、柔性直流电网以及交流电网三个子系统的仿真模型；然后通过提出一种联合仿真模型初始稳态建立方法实现大规模新能源经柔性直流电网送出系统的数模混合实时仿真；最后，通过将仿真数据与工程现场的实际运行数据对比验证所建模型的准确性，为系统特性分析奠定坚实基础。在大规模新能源经柔直电网外送系统交互耦合特性分析方面，基于所建电磁暂态数模混合仿真模型，对不同故障下的系统交互耦合响应特性开展时域仿真。通过分析柔性直流电网、新能源场站以及交流电网的暂态响应特性，掌握耗能装置投切、安控切机对新能源场站和柔性直流电网的影响，为大规模新能源经柔性直流电网送出系统的安全稳定运行提供技术指导。

7.4.3　仿真模型

大规模新能源经柔性直流电网送出系统仿真模型包括柔性直流、大规模新能源送出网架，交流电网以及联合仿真模型，其技术路线如图 7-27 所示。本节从柔性直流、大规模新能源送出电网、交流系统以及系统联合仿真模型初始稳态建立四方面详细介绍大规模新能源经柔性直流电网送出系统的数模混合实时仿真方法。

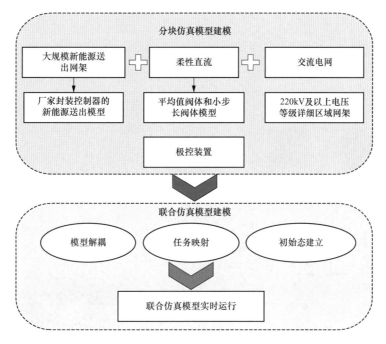

图 7-27　大规模新能源经柔性直流电网送出系统仿真建模技术路线

7.4.3.1　柔性直流仿真建模

国内某柔性直流工程端对端数模混合电磁暂态实时仿真模型如图 7-28 所示，两端为包含正负两极 MMC 的真双极系统，通过同塔架设的正负极线以及金属回线相连，额定输送功率为 3000MW。联网站接入交流主网，采用定有功功率和定无功功率控制模式，孤岛站接入新能源送出网架，采用定交流电压控制模式，为孤岛新能源网提供电压支撑。两端 MMC 分别采用第 3.2.2.2 节所提平均值阀模型和小步长阀模型搭建，其中，平均值阀模型对应的阀控模型采用厂家封装 CPU 阀控模型，小步长阀模型对应的阀控模型为厂家封装的基于 CPU＋FPGA 构架的阀控模型。每个 MMC 的直流出线配置一台直流断路器，其阀体模型为阻抗合并的等效模型，控制器为根据实际动作时序开发的典型数字模型。柔性直流仿真系统的极控系统如图 7-29 所示。

7.4.3.2　大规模新能源送出电网

新能源机组控制策略、送出系统网架结构以及新能源场站 SVG 控制方法是影响大规模新能源送出电网特性以及与柔性直流间的交互耦合特性的主要因素。为了详细研究复杂大规模新能源送出电网的特性，本节所搭建的大规模新能源送出电网的模型，网架结构如图 7-30 所示，包含 8 条 220kV 汇集线路，共 15 个等值双馈风机场站，10 个等值光伏场站，装机容量为 4500MW。新能源机组一次电路参数与工程所用机型参数保持一致，控制器为与现场控制特性保持一致的厂家封装数字控制器。新能源场站模型采用考虑馈线等值的含有厂家封装控制器的场站等值模型，其中，馈线等值方法以及新能源倍乘机组建模方法详见第 4 章。

新型电力系统电磁暂态数模混合仿真技术及应用

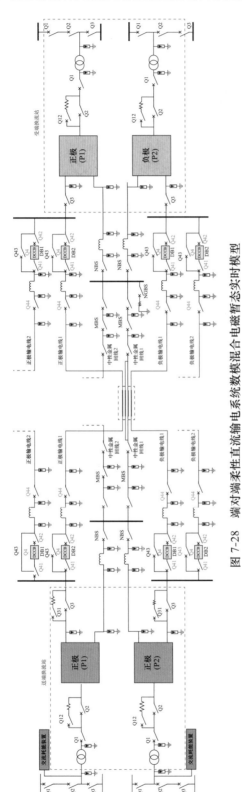

图 7-28 端对端柔性直流输电系统数模混合电磁暂态实时模型

图 7-29 含安控装置的新能源柔直端对端送出系统仿真平台实物图

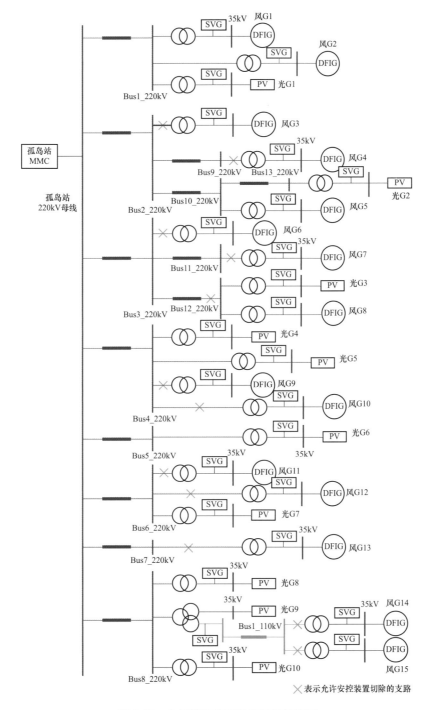

图 7-30　大规模新能源送出网架结构图

　　为保证大规模新能源经柔直并网系统的安全稳定性，本案例为新能源送出电网配置了安控装置。安控装置切机的 12 条送出线路如图 7-30 所示，选取新能源场站箱变高压侧为切机点。当送端柔直发生故障后，根据运行工况计算新能源切机量保证系统有功功率平衡。切机量的计算方法是：故障前断面功率—故障后直流网能输送的最大功率（送端换流器功率和、受端换流器功率和、直流线路承载功率和，三者取最小）。多轮次的切机，以过切为原则，但是第一轮次的过切量会计算入第二轮次的切机量中，如两轮各应切 375MW，第一轮实际切 400MW，则第二轮应切量实时更新为 350MW，最大切机量为 1520MW。

7.4.3.3 交流系统建模

受端交流网模型为包含 220kV 及以上电压等级的区域级网架，交流三相节点数为 2074 个，发电机 153 台。

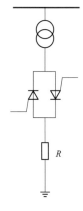

图 7-31 交流耗能电阻结构图

柔直送端交流场中包含 8 组交流耗能装置，结构如图 7-31 所示，主要功能为当发生直流电压过压或送端断流器闭锁时，通过电力电子器件将大功率电阻快速投入交流系统中将电网聚集的能量进行耗散。

交流耗能装置的投入和复归条件为：

（1）对于送端换流器闭锁故障，孤岛运行的换流站任一极出现送端闭锁，将触发该极耗能投入逻辑；在固定延时（双极闭锁 160ms，单极闭锁 300ms）或者收到稳控切机命令后退出耗能装置。

（2）对于直流过压工况：孤岛运行的换流站任一运行极出现极间直流电压 U_{dc} 过压后，将触发该极耗能投入逻辑。直流过压投入耗能装置的判据为 $U_{dc}>580kV$，退出耗能装置判据为 $U_{dc}<520kV$ 后延时 5ms。送端换流器正负极独立判断。

7.4.3.4 初始稳态建立

受端详细交流电网模型将模型稳态潮流计算结果作为初始值，建立特定运行方式下的初始稳态。由于控制装置在启动前为零状态，柔直电网数模混合仿真模型需要逐步建立系统所需要的初始稳态。在柔直孤岛站解锁前，送端新能源电网的交流电压由无穷大电源提供，从而形成初始稳态。由此可见，三类模型的初始稳态建立机制存在明显差异，对联合模型的初始稳态建立提出了挑战。

在本实例中，设计了一种基于功率自动转移的投切连接初始态建立策略，如图 7-32 所示，共包括三个步骤：①三个独立模型的初始稳态建立，新能源送出电网模型达到送出功率为 0.1（标幺值）稳态，柔直电网模型实现零功率解锁，交流电网模型达到与目标潮流相同的功率稳态；②切除柔直联网站交流侧无穷大电源，连接柔直和交流电网，然后切除柔直孤岛站交流侧新能源送出电网无穷大电源，连接柔直和交流电网；③检查系统如果处于稳态，则投入交流电网动态负荷自动降功率算法，而后提高新能源出力达到最终目标功率并切除动态负荷，投入新能源高低穿策略，复归耗能装置状态，完成联合模型的初始稳态建立，具备开展故障试验的条件。

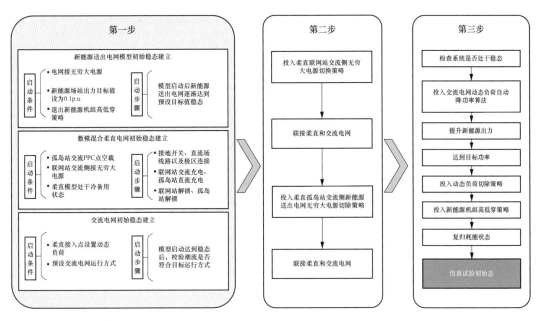

图 7-32　联合模型初始态建立示意图

7.4.3.5　仿真模型准确性验证

选取 35kV 交流线路相间短路故障工况，通过比对实验室仿真波形和现场录波验证仿真模型的准确性。现场故障工况为：某光伏场站母线侧 AC 相发生相间短路故障，故障后约 50ms，光伏交流线路三相开关跳开，系统恢复稳定运行。

为了更加准确模拟现场交流故障场景，按照一比一搭建了故障所在光伏场站详细模型，共含有 200 台光伏机组，100 台三绕组升压变压器以及与现场相同的汇集线拓扑。按照现场交流短路故障场景，在 35kV 光伏线路母线侧设置同样的 AC 相间短路故障，在仿真系统中再现故障场景。图 7-33 为故障发生时，柔直送端换流站进线开关三相电流及三相母线电压波形对比，红色为现场录波，蓝色为实验室仿真波形。图 7-34 为故障发生时，35kV 光伏场站进线开关电流及母线电压波形对比。仿真故障模拟完整再现了故障地点及交流系统的故障响应特性，扰动过程波形均与现场实录波形高度一致。

7.4.4　试验内容

为充分反映故障下送端新能源网架、受端交流电网以及柔直电网之间的交互耦合影响，基于所建大规模新能源经柔直电网送出系统数模混合仿真平台，分别开展了直流输送不同功率等级（0.1、0.5、0.75 和 1.0，均为标幺值）下，送受端交流系统故障以及直流系统两大类故障仿真。送受端交流系统故障主要包括送端柔直出线故障、新能源电网出线故障以及受端电网的典型交流故障。直流系统故障主要包括单极闭锁、换流器区交流故障、直流母故障以及直流线路故障。

下面以两项典型故障为例，介绍试验及分析过程。

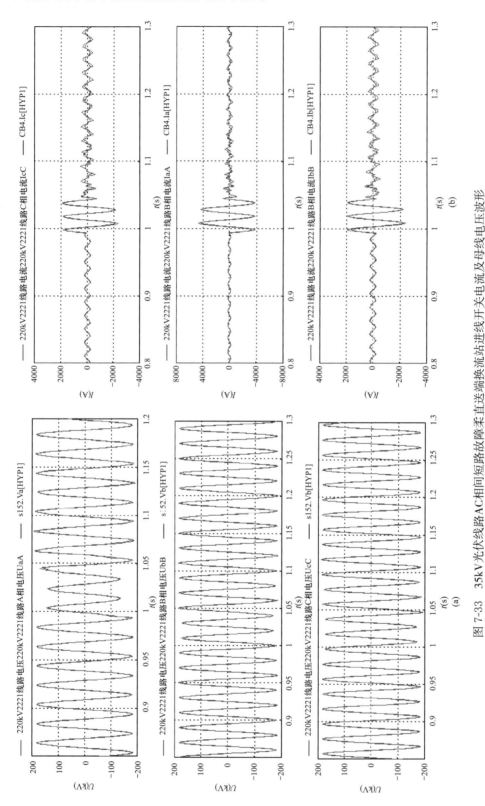

图 7-33　35kV 光伏线路 AC 相间短路故障柔直送端换流站进线开关电流及母线电压波形
(a) 三相电压;　(b) 三相电流

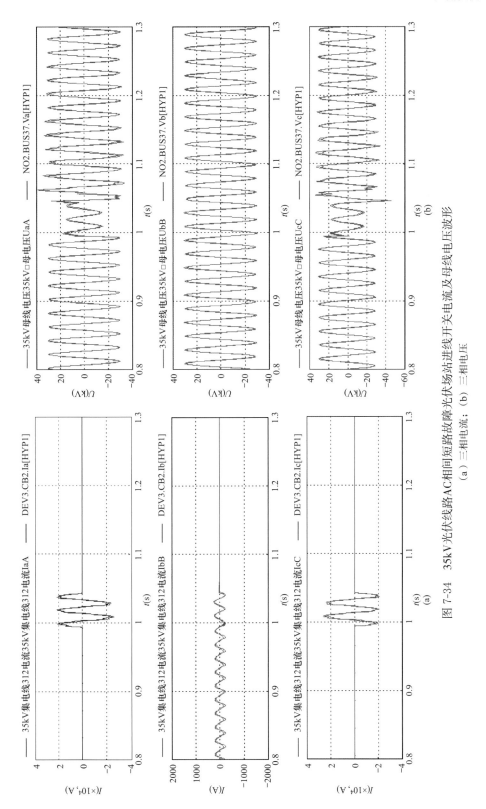

图 7-34 35kV光伏线路AC相间短路故障光伏场站进线开关电流及母线线电压波形

(a) 三相电流；(b) 三相电压

新型电力系统电磁暂态数模混合仿真技术及应用

【故障工况 1】 额定工况下送端换流站正极紧急停运直接闭锁故障（永久性）。

双极额定功率 3000MW 下，送端换流站正极紧急停运闭锁后，试验波形如图 7-35～图 7-41 所示。从图中可以看出，送端正极闭锁导致柔直传输功率的能力降低到 1500MW，3ms 后投入 4 组交流耗能装置，吸收新能源盈余功率。经过安控装置判别故障传输切机信号，51.4ms 后极控发出切机指令，59.5ms 断路器收到安控切机指令，129.5ms 后 12 条线路全部切除，切机量为 1520MW。在 12 条线路全部切除前，直流电压最高上升到 521kV，切除后直流电压迅速下降到 403kV。故障发生后 244.8ms，柔直电网直流电压降低，四组耗能装置全部退出。由于柔直孤岛站交流电压未恢复，新能源机组仍处于故障穿越状态，出力偏大，导致直流电压逐渐升高，引起一组耗能装置反复投切 5 次。在故障发生 1.17s 后系统恢复稳定。故障穿越期间，送端换流站交流电压产生波动，电压有效值最小为 200kV，最大为 270kV，新能源场站 35kV 馈线电压最大值为 1.2（标幺值）。故障发生时柔直馈入受端交流网的功率突降，引起电网潮流波动，其中一台发电机的扰动过程如图 7-42 所示，在故障发生时刻有功功率和无功功率出现约 50MW 和 50Mvar 的功率冲击，随后振荡衰减，经过约 6s 恢复稳定。

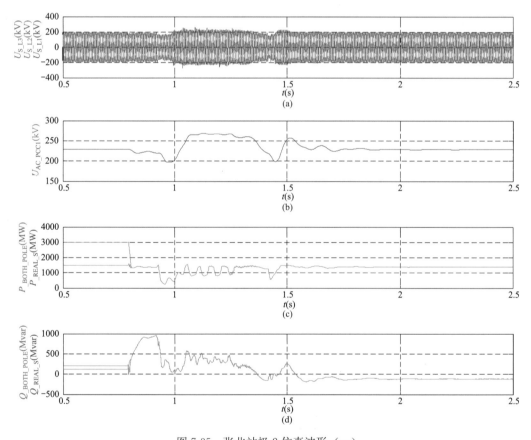

图 7-35　张北站极 2 仿真波形（一）

（a）交流电压；（b）交流电压有效值；（c）有功功率；（d）无功功率

232

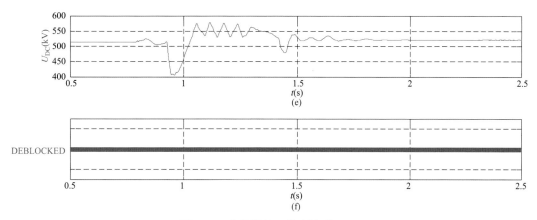

图 7-35 张北站极 2 仿真波形（二）

（e）直流电压；（f）解闭锁信号

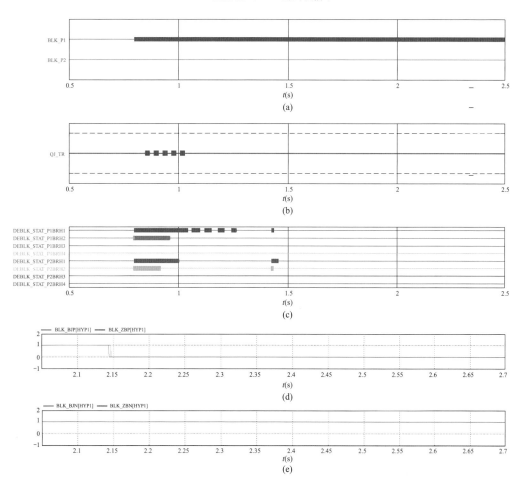

图 7-36 安控耗能动作仿真波形（一）

（a）极控解闭锁信号；（b）极控安控切机信号；（c）极控耗能动作信号；

（d）正极阀体解闭锁状态；（e）负极阀体解闭锁状态

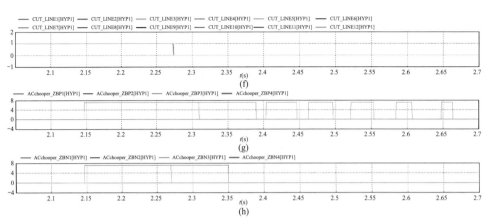

图 7-36　安控耗能动作仿真波形（二）

（f）安控切机状态；（g）正极耗能动作状态；（h）负极耗能动作状态

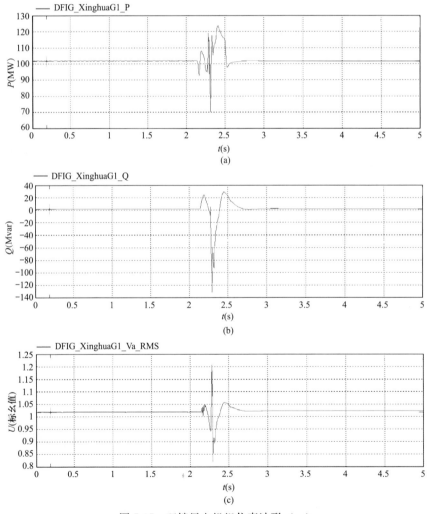

图 7-37　双馈风电机组仿真波形（一）

（a）有功功率；（b）无功功率；（c）机端电压标幺值

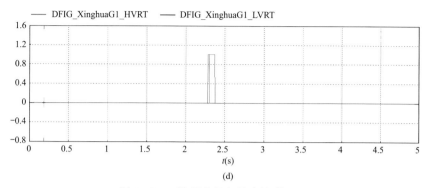

图 7-37 双馈风电机组仿真波形（二）

（d）高低穿标志位

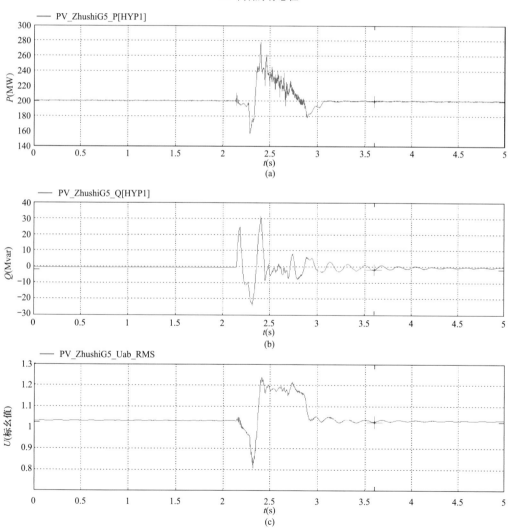

图 7-38 光伏机组仿真波形

（a）有功功率；（b）无功功率；（c）机端电压标幺值

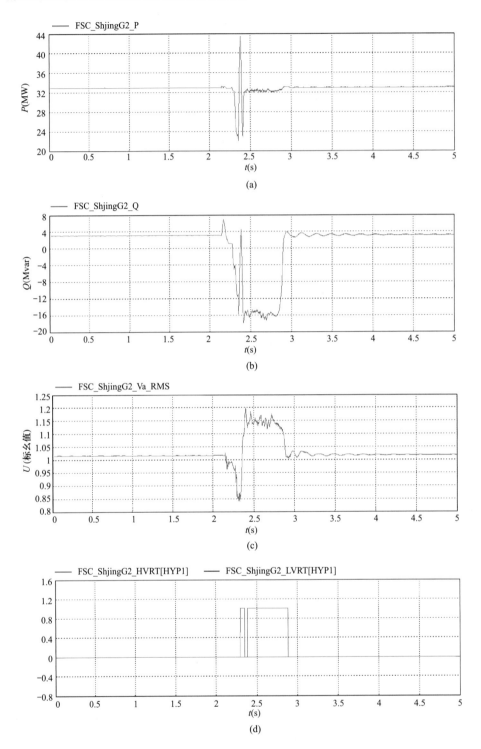

图 7-39　直驱机组仿真波形

（a）有功功率；（b）无功功率；（c）机端电压标幺值；（d）高低穿标志位

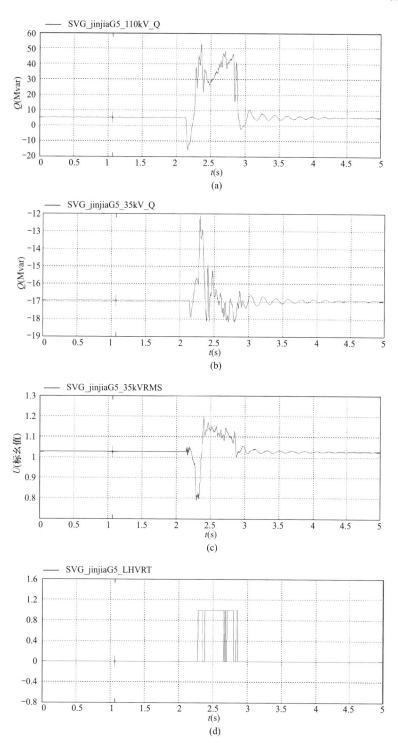

图 7-40　SVG 仿真波形

（a）高压侧无功功率；（b）35kV 侧无功功率；（c）机端电压标幺值；（d）高低穿标志位

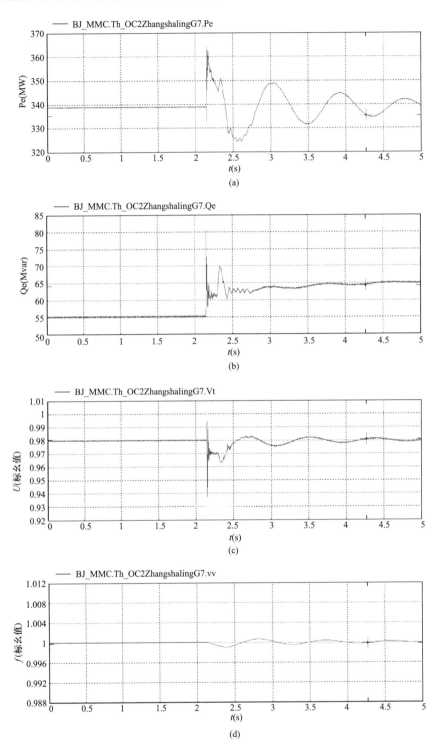

图 7-41 受端交流网典型发电机仿真波形

（a）有功功率；（b）无功功率；（c）交流电压；（d）频率

【故障工况 2】受端电网柔直换流器侧 500kV 线路三永 $N-3$ 故障（金属性接地）。

大规模新能源经端对端柔直系统孤岛站送出 250MW 有功功率。受端换流站经过两回 500kV 线路（记为 LM1 和 LM2）接入到 500kV 变电站 S1 下网功率。变电站 S2 与 S1 通过三回 500kV 线路（分别记为 L1、L2 和 L3）相连。试验模拟当受端电网不带安控策略时，在变电站 S2 与 S1 间三回 500kV 线路的 S1 侧发生三永 $N-3$ 故障（金属性接地）。故障仿真时序为 1s 时刻三相同时接地，1.1s 切三回线的送、受两端三相。从图 7-42～图 7-46 可以看出，当故障发生后 1.1s 三永 $N-3$ 跳开三回 500kV 线路后变电站 S2 母线功率不平衡，电压出现振荡，变电站 S1 母线电压开始缓慢下降。7s 后变电站 S1 和变电站 S2 母线电压的标幺值降低到约 0.9。随后变电站 S1 的交流电网电压的标幺值开始在 0.7～1.0 之间振荡，如图 7-45 所示。从图 7-47 可以看出，柔直送出的无功功率随着交流电压在 -50～650Mvar 间波动，由于直流电压波动较小，受端交流电网振荡对柔直送端新能源送出电网影响较小。之后再恢复三回线路的运行，变电站 S1 的 500kV 交流电压标幺值也只能恢复稳定到 0.7，不能再恢复到初始状态。

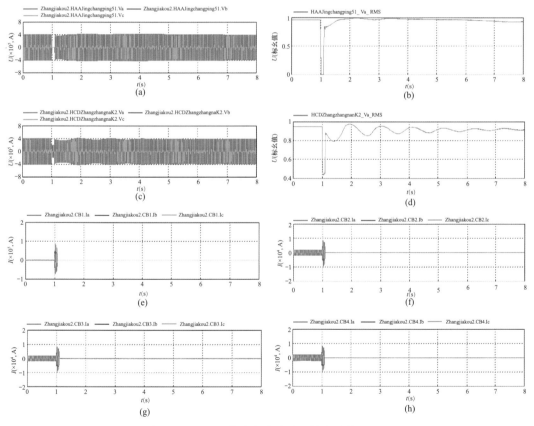

图 7-42　500kV 线路交流波形（故障时刻）（一）

(a) 变电站 S1 的 500kV 母线电压瞬时值；(b) 变电站 S1 的 500kV 母线电压有效值标幺值；(c) 变电站 S2 的母线侧电压瞬时值；(d) 变电站 S2 的母线侧电压有效值标幺值；(e) L1 线受端换流变压器侧电流；(f) L1 线远端母线侧电流；(g) L2 线受端换流变压器侧电流；(h) L2 线远端换流变压器侧电流

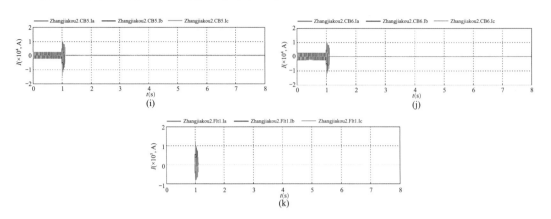

图 7-42　500kV 线路交流波形（故障时刻）（二）

(i) L3 线变电站 S1 侧电流；(j) 变电站 S2 侧电流；(k) 短路点电流

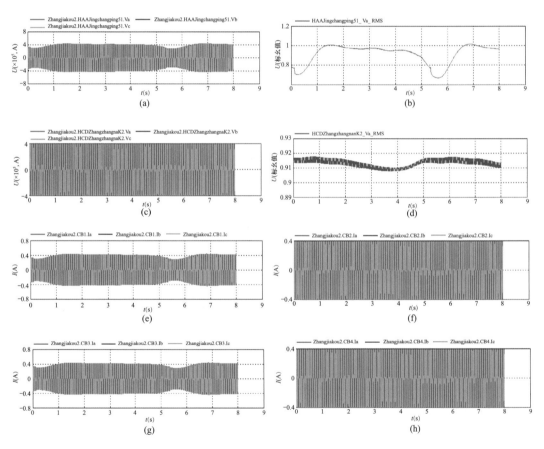

图 7-43　500kV 线路交流波形（故障清除后）（一）

（a）变电站 S1 的 500kV 母线电压瞬时值；（b）变电站 S1 的 500kV 母线电压有效值标幺值；

（c）变电站 S2 的母线侧电压瞬时值；（d）变电站 S2 的母线侧电压有效值标幺值；

（e）L1 线受端换流变压器侧电流；（f）L1 线远端母线侧电流；

（g）L2 线受端换流变压器侧电流；（h）远端换流变压器侧电流

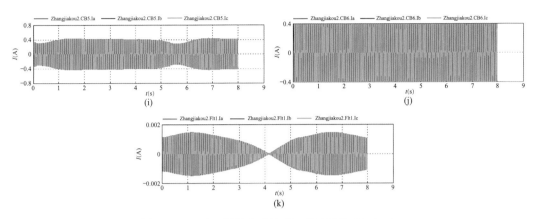

图 7-43　500kV 线路交流波形（故障清除后）（二）

（i）L3 线变电站 S1 侧电流；（j）变电站 S2 侧电流；（k）故障点电流

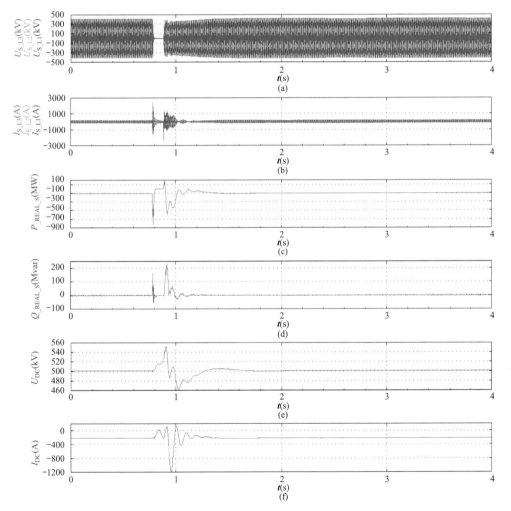

图 7-44　受端换流站极 1 波形（故障时刻）（一）

（a）交流侧电压；（b）交流侧电流；（c）有功功率；（d）无功功率；（e）直流电压；（f）直流电流

241

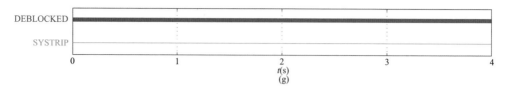

图 7-44　受端换流站极 1 波形（故障时刻）（二）

（g）解锁及跳闸信号

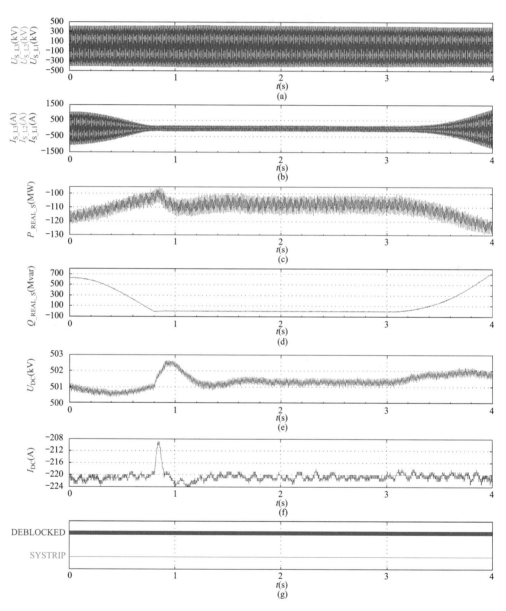

图 7-45　受端换流站极 2 波形（故障清除后）

（a）交流侧电压；（b）交流侧电流；（c）有功功率；（d）无功功率；（e）直流电压；

（f）直流电流；（g）解锁及跳闸信号

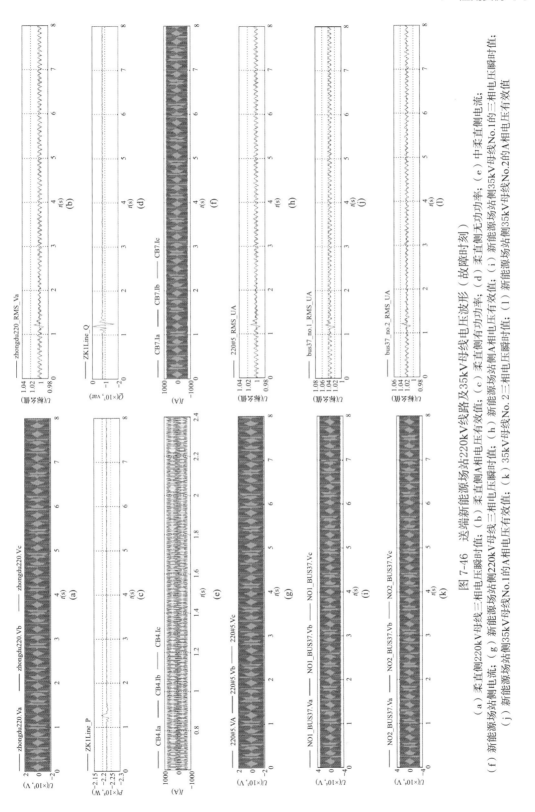

图 7-46　送端新能源场站 220kV 线路及 35kV 母线电压波形（故障时刻）

（a）柔直侧 220kV 母线三相电压瞬时值；（b）柔直侧 A 相电压有效值；（c）柔直侧有功功率；（d）柔直侧无功功率；（e）中柔直侧电流；
（f）新能源场站侧 220kV 母线三相电压瞬时值；（g）新能源场站侧 220kV 母线三相电压有效值；（h）新能源场站侧 35kV 母线 No.1 的三相电压瞬时值；（i）新能源场站侧 35kV 母线 No.1 的 A 相电压有效值；（j）新能源场站侧 35kV 母线 No.2 三相电压瞬时值；（k）35kV 母线 No.2 的 A 相电压瞬时值；（l）新能源场站侧 35kV 母线 No.2 的 A 相电压有效值

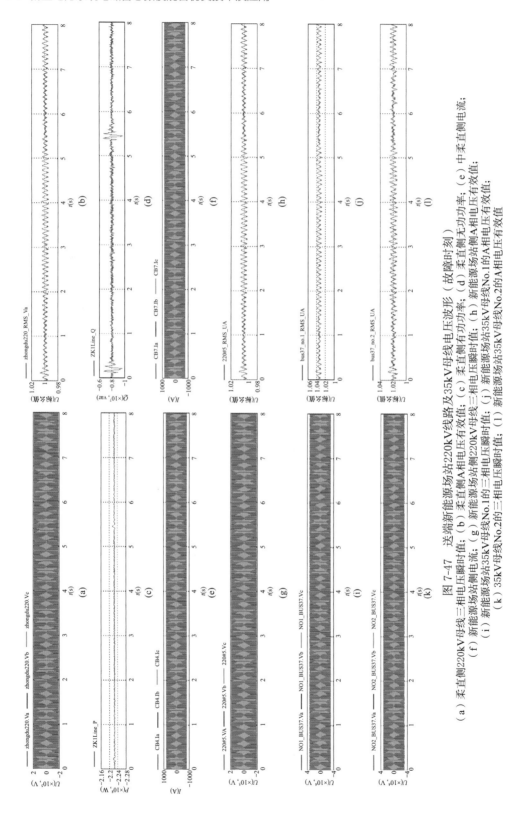

图 7-47　送端新能源场站 220kV 线路及 35kV 母线电压波形（故障时刻）

（a）柔直侧 220kV 母线三相电压瞬时值；（b）柔直侧 A 相电压有效值；（c）柔直侧有功功率；（d）柔直侧无功功率；（e）中柔直侧电流；
（f）新能源场站侧 220kV 母线三相电压瞬时值；（g）新能源场站侧 220kV 母线 A 相电压有效值；（h）新能源场站侧 35kV 母线 A 相电压有效值；
（i）新能源场站 35kV 母线 No.1 的三相电压瞬时值；（j）新能源场站 35kV 母线 No.1 的 A 相电压有效值；（k）35kV 母线 No.2 的三相电压瞬时值；
（l）新能源场站 35kV 母线 No.2 的 A 相电压有效值

当受端电网考虑安控动作切机时，在故障后 1.3s 安全控制装置动作切除变电站 S2 母线上的部分负荷后，从图 7-48～图 7-50 可以看出，经过约 3s 故障变电站 S1 和 S2 以及交流电网其他各点电压均恢复到故障前水平，柔直和新能源送出电网没有出现大幅度振荡。

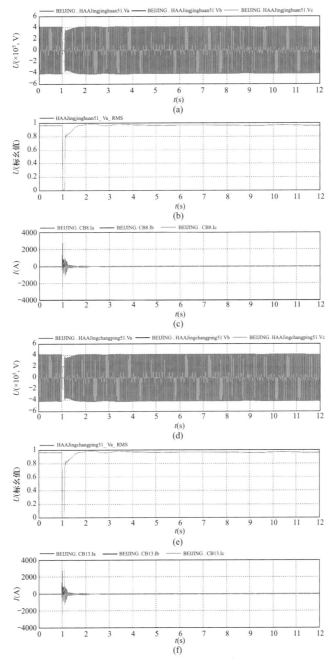

图 7-48 故障线路 500kV 侧波形

（a）变电站 S1 的 500kV 母线电压瞬时值；（b）变电站 S1 的 500kV 母线电压有效值标幺值；（c）LM1 线线路电流；

（d）变电站 S1 的母线电压瞬时值；（e）变电站 S1 的母线电压有效值标幺值；（f）LM2 线线路电流

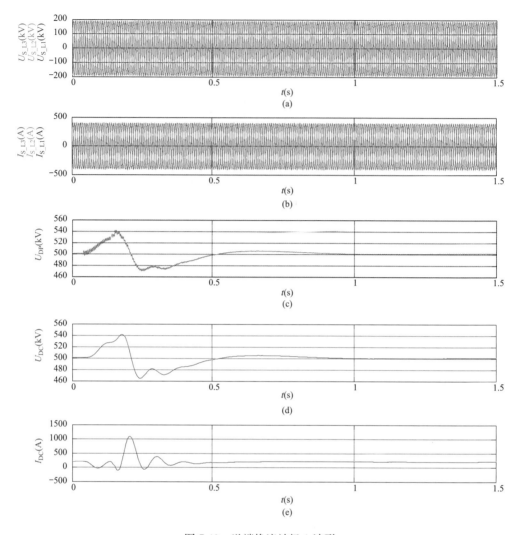

图 7-49 送端换流站极 1 波形

（a）交流侧电压；（b）交流侧电流；（c）直流电压（极出口）；

（d）直流电压（U_{DP}-U_{DN}）；（e）直流电流（极出口）

　　结合各类故障的时域仿真结果，可从新能源送出电网与柔直电网的交互耦合，柔直电网与交流电网之间的交互耦合两个角度总结系统响应特性。

　　在新能源送出电网与柔直的交互耦合方面，新能源送出电网发生故障时对柔直电网及交流电网的影响主要体现为新能源机组在故障及恢复过程中的有功功率和无功功率的变化，例如新能源机组在发生故障后进出高低穿期间功率大幅度波动有可能引起柔直桥臂过流闭锁，以及新能源机组在发生故障后长时间处于高穿或低穿状态可能会引起柔直无功越限跳闸等。柔直电网对新能源送出电网的影响主要体现为柔直孤岛站交流电压的稳定性以及暂态恢复特性。柔直孤岛站控制策略及参数和交流耗能装置的动作策略是影响该交流电压特性主要因素。柔直孤岛站送出新能源采用电压—频率双闭环控制策略时

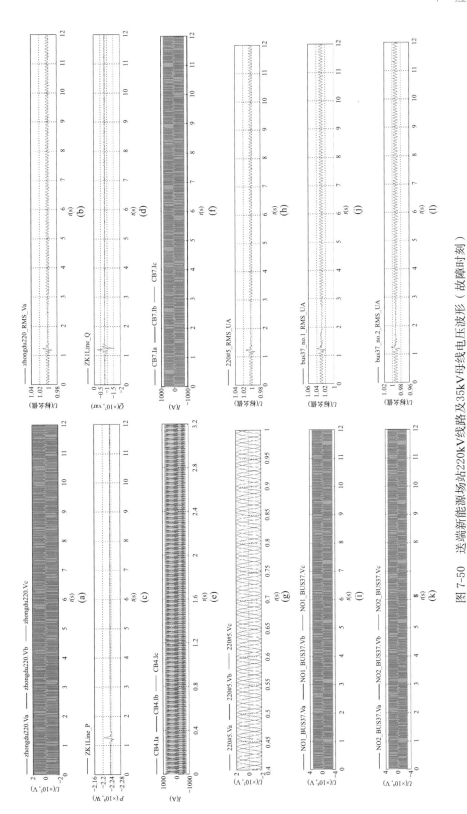

图 7-50 送端新能源场站 220kV 线路及 35kV 母线电压波形（故障时刻）

（a）柔直侧 220kV 母线三相电压瞬时值；（b）A 相电压瞬时值；（c）新能源场站侧 220kV 母线三相电压瞬时值；（d）无功功率；（e）中柔直侧电流；

（f）新能源场站侧电流；（g）A 相电压有效值；（h）A 相电压有效值；（i）新能源场站侧 35kV 母线 No.1 的三相电压瞬时值；

（j）新能源场站侧 35kV 母线 No.2 的三相电压瞬时值；（k）新能源场站侧 35kV 母线 No.1 的 A 相电压瞬时值；（l）新能源场站侧 35kV 母线 No.2 的 A 相电压有效值

调整外环的比例参数会影响系统的特性以及故障期间电压恢复速率。交流耗能装置通常接在孤岛站交流母线上且单组额定功率较大，投退时会也对交流电压产生明显扰动。

在柔直电网与交流电网的交互耦合影响方面，柔直电网对受端交流电网的影响主要体现为柔直馈入交流电网功率突变引起的电网扰动，不同类型的柔直电网和新能源故障引起的功率突变有所不同，对交流电网的扰动大小以及持续时间也有所不同。交流电网发生故障后对柔直以及新能源的影响主要分为两类：第一类是交流电网发生故障后，交流电压和输送功率发生突变，一方面当传输功率较大时可能会引起送端 MMC 桥臂电流冲击太大柔直闭锁，另一方面可能会引起柔直电网直流电压冲击，进而影响新能源送出电网；第二类是交流电网薄弱点发生交流永久故障跳开故障线路时，系统强度下降阻尼减小，会引起柔直与交流系统发生振荡。

7.5 含大规模新能源的跨区交直流电网联合仿真研究

7.5.1 背景

我国资源禀赋与生产力发展逆向分布的基本国情，以及近年来清洁能源快速发展、能源生产消费转型的现状，推动了我国特高压交直流混联电网的快速发展。在电源侧，形成西南多回直流密集送出和西北风火打捆结构，直流输送容量占比四川发电容量达 50%；在负荷侧形成多个多直流馈入系统，落点比较密集，在传统交流系统运行特性基础上，交直流之间、多回直流之间的相互耦合，直流送受端间相互影响的新特性显现，并随着直流输电规模的提升日趋复杂，已成为影响大电网安全稳定的关键因素，仅对单一区域电网进行仿真研究已经不能够满足要求，亟须开展含大规模新能源跨区互联电网的交直流相互影响仿真研究。首先需要克服并行计算机的能力的限制，提出新思路新方法，实现跨区电网的仿真建模。

本节介绍了基于双平台联合仿真技术实现含大规模新能源的跨区互联电网联合实时仿真的方法，并基于此实时仿真模型开展了大容量直流送受端相互影响的仿真研究。

7.5.2 技术路线

为满足区域互联电网全电磁实时仿真研究的需求，在现有数模仿真技术基础上进一步扩大电磁暂态仿真规模，并接入大规模实际控制保护装置，提出的大规模电网跨平台实时仿真的整体构架如图 7-51 所示。区域交直流电网的全数字实时仿真模型分别运行于 2 台采用通用架构的高性能超级并行计算机上，通过跨平台接口解耦算法和接口装置实现含大规模新能源跨区互联电网的电磁暂态实时仿真。跨平台实时仿真中，需要提出参数匹配的接口模型，提升联合仿真的稳定性，避免出现数值振荡；需要综合考虑接口装置性能、传输格式、内容、速率，从软硬件同步方式、接口启动顺序等方面，研究适用于多个数字实时仿真平台之间互联的数据实时传输方法和基于超级计算机系统联合仿真同步方式；另外，还要研究跨平台跨区互联电网的启动及稳态建立方法。

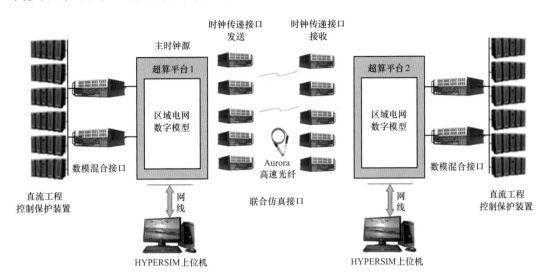

图 7-51　跨平台实时仿真整体架构

（1）解耦接口等效模型。通过理论研究确定交直流线路接口等效算法，使其具有与被等效子系统相同的阻抗特性，对以上方法进行仿真测试其准确性，解耦后的系统在稳态和暂态都与解耦前具有相同的响应。

（2）接口数据传输及同步方案。确定解耦接口数据传输方式以及不同超级计算机系统同步方案，通过试验选择数值精确、传输速率高、稳定性好，且支持一定空间距离的传输方式。为了保证实时仿真的准确性，基于实时仿真平台的仿真电网模型在实时仿真计算过程中必须保持严格同步。从软硬件同步方式、接口启动顺序等方面，研究基于超级计算机系统的不同平台联合仿真的同步方式，实现以 $50\mu s$ 步长独立运行的两个仿真平台的接口线路模型的同步运行。

（3）联网直流线路解耦接口仿真测试。基于 2 个超级计算机平台完成多回直流输电线路接口方案试验，直流线路两端分别运行于 2 个实时仿真平台，实现利用直流输电线解耦后 2 个实时仿真平台的电磁暂态模型联合仿真。

（4）交直流电网模型。基于区域电网建模数据建立跨区互联电网模型，两个区域电网模型分别运行于 2 台超级计算机上。各直流系统的一次模型根据实际工程参数建立，控制保护系统采用厂家生产的实际控制装置，其特性与现场保持一致，其中区域联网直流线路采用解耦接口等效模型模拟。

（5）跨区电网联合仿真启动及稳态建立。研究跨平台大规模跨区互联电网电磁暂态实时仿真初始启动过程以及稳态建立的方法，具备送受端相互影响研究的能力。

（6）仿真试验。基于建立好的跨区互联电网实时仿真模型，开展功能性试验包括稳态试验及暂态试验，在此基础上完成大容量直流受端连续换相失败对大规模新能源送端影响的仿真研究。

7.5.3 仿真模型

7.5.3.1 交直流电网

大规模跨区互联电网联合仿真模型包括了通过 2 回直流异步互联的 2 个区域电网模型，构建了涵盖 110kV 及以上电压等级的全电磁暂态实时仿真模型。区域电网 1 三相节点数为 5493 个，常规发电机组共计 555 台，风电机组 193 台，光伏 222 台，接入电网直流共 9 回。区域电网 2 三相节点数为 5839 个，常规发电机组共计 364 台，此外还建立了约 200 台分布式新能源机组，接入电网直流共 11 回。此次仿真电网模型包含了 19 回落点跨区互联电网的超特高压直流输电系统，所有直流均严格按照实际工程拓扑结构及参数详细建模，共接入 15 回直流输电工程的实际控制保护装置，通过接口装置接入并行计算机，其余 4 回采用数字控制保护系统，与数字区域电网共同使用并行计算机进行数模混合实时仿真，仿真步长为 50μs。其中，使用 2 回联网直流的直流线路作为联合仿真的解耦接口。

7.5.3.2 联合仿真解耦接口模型

电力系统数字仿真中对于大规模电力系统的分网并行计算，采用较多的是输电线路模型法，该算法利用分布参数线路的电磁波沿线路的传播过程，将线路两端的电磁联系由等值电流源来实现，将网络分割为两个相互独立的部分，如图 7-52 所示，两端无直接联系，一端的电流值可由另一端的电流源计算得到。在跨平台联合仿真也可以利用联网交直流线路作为一侧与另一侧的接口元件，一侧的电流值可由另一侧的电流源计算得到，通过通信介质传给对方的网络模型，从而进行一个定步长离散时间序列的计算。对于长度为上百千米的线路这个模型具有精确，稳定性好等优势。

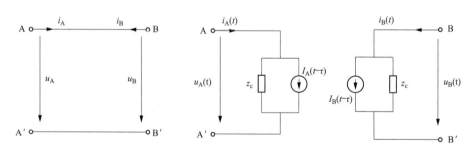

图 7-52　输电线路的贝杰龙等效电路

7.5.3.3 联合仿真数据传输及同步方法

跨平台实时仿真需要同步仿真平台之间的时钟信号，联合仿真接口数字信号的交互需要在一个仿真步长内完成，其通信过程需要快速可靠，为了保证尽可能小的通信延时，通信协议的选择至关重要。

（1）数据传输。从接口装置性能、传输格式、内容、速率等多方面综合考虑，采用 OP5607 作为联合仿真接口通信装置。OP5607 装配有 16 个 SFP 光信号接口，在跨平台联合仿真时，数字接口交互数据通过超级计算机的 PCIe 总线，传递给 OP5607，以

OP5607 上的光纤接口作为通信介质，使用 AURORA 通信协议实现接口数据的传输。

　　AURORA 通信协议是由 Xilinx 公司提供的一个开放、免费的链路层协议，可以用来进行点对点的串行数据传输，为物理层提供了透明接口，让专有协议或业界标准协议上层能方便地使用高速收发器，具有实现高性能数据传输系统的高效率和简单易用的特点。虽然使用的逻辑资源非常少，但 Aurora 能提供低延迟高带宽和高度可配置的特性集，其传输速度可以达到每秒万兆字节。

　　（2）联合仿真同步方案。根据联合仿真的要求，在数据传输的硬件接口方面，由于接口模型之间的通信采用的是 OP5607 通信，超级计算平台之间可以有硬件同步及软件同步两种方式，可以满足不同仿真平台之间的时钟同步。因为作为联合仿真接口用的 OP5607 之间因为采用 Aurora 光纤通信，通信步长为 FPGA 周期，既可以满足平台之间数据传输，又能保证交互时间低于$50\mu s$。不同电磁暂态实时仿真平台间的同步是基于 Aurora 光纤通信协议实现的，具体同步机制如图 7-53 所示，在一个仿真步长 T_s 内主要包括 2 部分，即 CPU 内部计

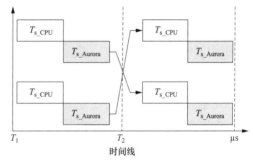

图 7-53　联合仿真时钟同步机制

算耗时 T_{s_CPU} 与另一端 FPGA 之间的数据传输时间 T_{s_Aurora}。这里以 Aurora 传输协议的帧尾来触发下一个仿真步长，从而保证了不同电磁暂态实时仿真平台之间的同步。

7.5.4　试验内容

7.5.4.1　跨区互联电网实时仿真启动

　　（1）将采用接口解耦模型分割后的联网直流输电系统模型的整流侧和逆变侧分别运行于两个超级计算机平台，设计接口测点的通信通道，并设定主辅系统层级。

　　（2）先行启动运行在主系统的超级计算机平台的仿真模型，检查实时监控系统有无超时溢出，如有溢出继续调整至满足实时要求。

　　（3）启动运行在辅系统超级计算机平台的仿真模型，检查实时监控系统有无超时溢出，如有溢出继续调整至满足实时要求。

　　（4）检测解耦接口传输系统、直流控制保护系统模拟量正确后，解锁直流，直流输电系统正常运行，联合仿真启动成功。

7.5.4.2　跨区互联电网稳态建立

　　（1）交流电网初始化。为保证大规模跨区互联电网联合仿真稳态的快速建立，两个区域电网要分别进行离线潮流计算，潮流计算过程中直流输电系统不参与，核实潮流计算结果正确后，将发电机稳态计算值作为其启动初始值。

　　（2）CPU 任务映射调整。实现联合仿真要求两个平台必须达到实时性要求，启动之

前 CPU 任务的映射应考虑合理的 CPU 之间通信和接口通信预留时间，适当调整负载率使每个 CPU 之间的负担不要过重。

（3）联合仿真启动。为保证两个平台联合仿真的启动成功，首先需要启动连接主系统接口装置的区域电网模型，检查是否有持续性超时溢出，如有调整至满足实时要求。然后，启动连接辅系统接口装置的区域电网模型，调整至满足实时性要求。

（4）发电机实际控制系统切换。联合仿真启动后，两个超算平台上运行的两个区域电网模型可以分别进行发电机实际控制系统切换。

（5）互联电网直流系统解锁。先分别解锁两个区域电网内非联网直流，后解锁用于联网的直流输电系统，以减少解锁过程中对两个系统的冲击，确认交直流系统稳定运行。

（6）稳态建立。采集系统运行正常，波形结果正确，将发电机阻尼系数及频率控制上下限限值恢复为实际数值，大规模电网跨平台电磁暂态实时仿真系统稳态建立。

7.5.4.3 联合仿真功能性试验

（1）稳态测试。按照上述方法完成区域互联电网仿真的启动及稳态建立，通过监控跨平台电磁暂态实时仿真的两个平台的 CPU 实时性无超时溢出，确认仿真平台以 $50\mu s$ 的步长实现协同实时仿真。图 7-54 及图 7-55 所示分别为系统稳定运行后两个区域交流电网主要电压稳态波形，由图可知两个平台交流系统状态稳定，稳态运行电压与离线潮流计算结果一致；图 7-56 及图 7-57 分别为两个区域联网的 2 条特高压直流输电系统波形，由图可知直流系统电压、电流及触发角的稳态运行状态正确。

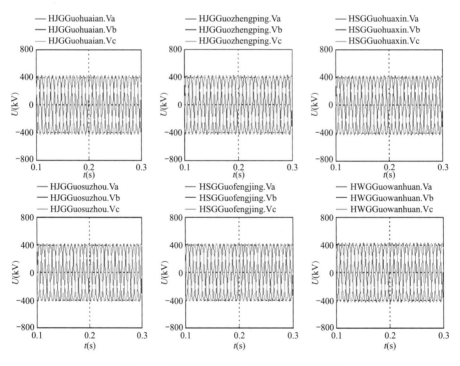

图 7-54　联合仿真区域 1 母线电压稳态波形

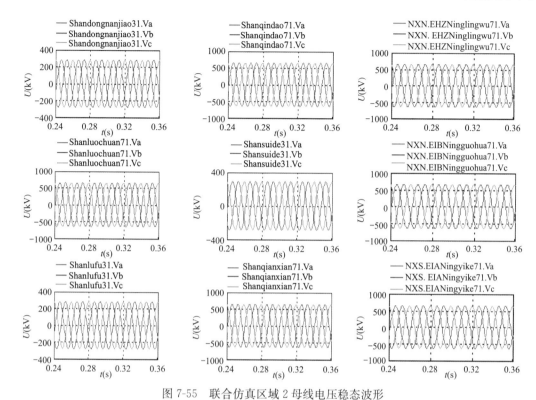

图 7-55 联合仿真区域 2 母线电压稳态波形

（2）暂态测试。在跨区联合仿真电网模型上进行相关暂态故障的测试，包括联网直流送、受端交流系统三相、单相瞬时接地故障，直流线路故障、直流紧急停运等故障的仿真试验。如图 7-58 所示为吉泉直流受端换流站附近发生三永故障时的直流整流站及逆变站波形，逆变站附近发生短路故障后，直流发生换相失败，直流电压降低，直流电流增大，故障清除后，系统电压恢复，直流也恢复功率输送，交、直流输电系统能保持稳定。各类故障测试结果表明双平台跨区联合仿真电网模型的各项故障响应正确，具备进行直流送受端电网相互影响仿真研究的能力。

7.5.4.4 受端连续换相失败对送端系统影响研究

本节基于跨区联合仿真电网模型研究特高压直流输电工程受端连续换相失败对送端系统的影响。在逆变侧交流线路发生单相故障期间，特高压直流系统发生换相失败，根据现有直流输电工程的保护配置，直流系统连续发生多次换相失败后会直流闭锁，不同工程连续换相失败的判据会略有不同。仿真研究中为启动直流换相失败保护动作，在逆变侧交流线路单相故障设置时，一般会采取交流线路每 200ms 发生一次瞬时故障，连续发生 3～4 次故障后直流系统检测到连续换相失败，保护动作闭锁直流；直流双极闭锁后，送端系统瞬时出现功率盈余，直流闭锁 200ms 后安控动作切除部分机组保持整个系统的功率平衡。图 7-59～图 7-61 为某运行方式下受端电网某交流线路发生上述故障期间特高压直流输电系统、送端电网传统发电机、送端电网新能源机组的全过程响应波形。试验结果表明，该方式下直流多次换相失败闭锁，安控切机后整个系统经扰动后恢复稳定。

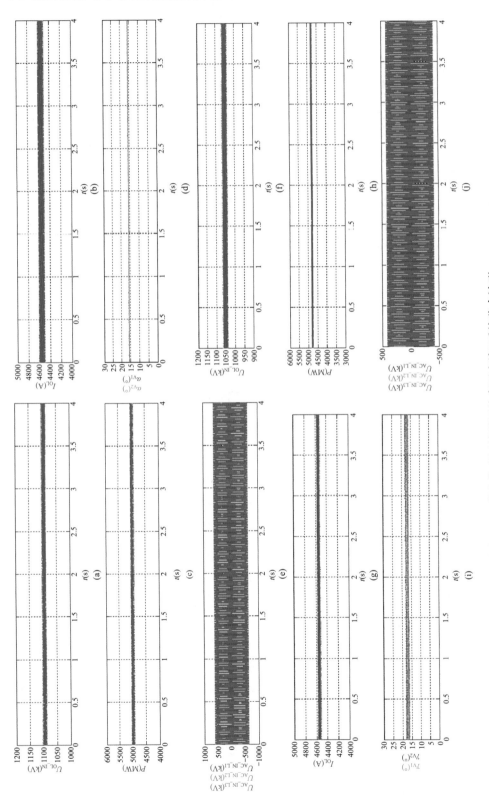

图 7-56 联合仿真区域联网特高压直流1系统稳态波形

(a) 整流站直流电压；(b) 整流站直流电流；(c) 整流站直流功率；(d) 整流站触发角；(e) 整流站换流母线电压；
(f) 逆变站直流电压；(g) 逆变站直流电流；(h) 逆变站直流功率；(i) 逆变站关断角；(j) 换流母线电压

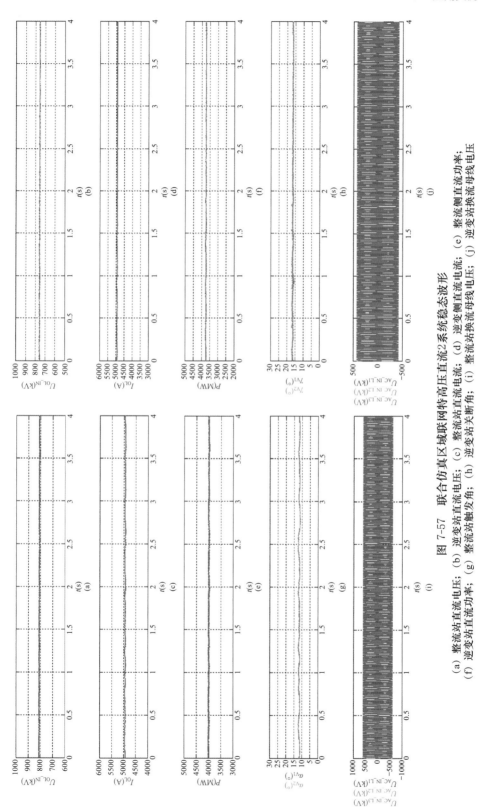

图 7-57　联合仿真区域网特高压直流2系统稳态波形

(a) 整流站直流电压；(b) 逆变站直流电压；(c) 整流站直流电流；(d) 逆变侧直流电流；(e) 整流侧直流功率；
(f) 逆变站直流功率；(g) 整流站触发角；(h) 逆变站关断角；(i) 整流站换流母线电压；(j) 逆变站换流母线电压

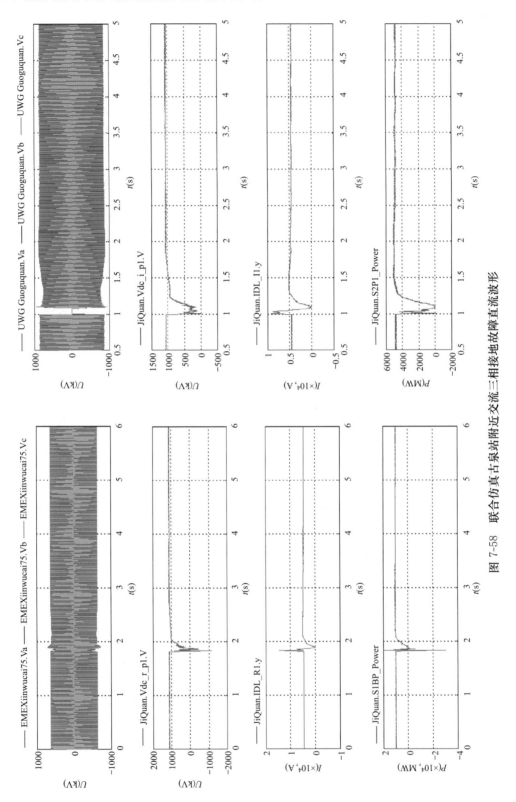

图 7-58 联合仿真古泉站附近交流三相接地故障直流波形

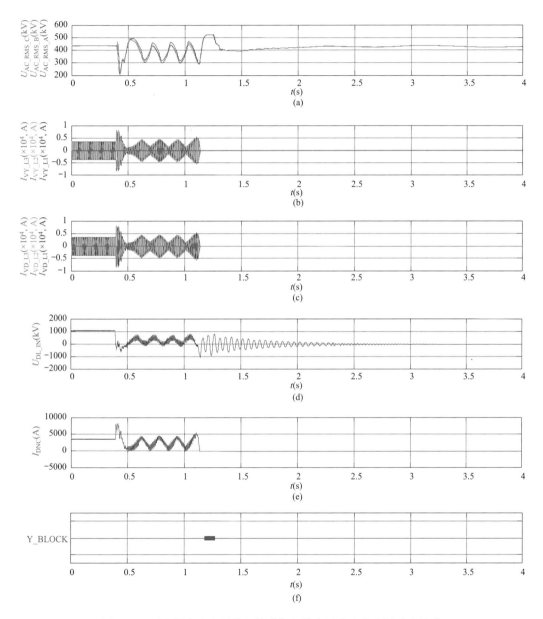

图 7-59　逆变侧交流电网单相故障期间特高压直流整流侧试验波形

（a）换流母线三相电压有效值；（b）换流变压器 Y 阀侧电流；（c）换流变压器△阀侧电流；
（d）直流电压；（e）直流电流；（f）闭锁信号

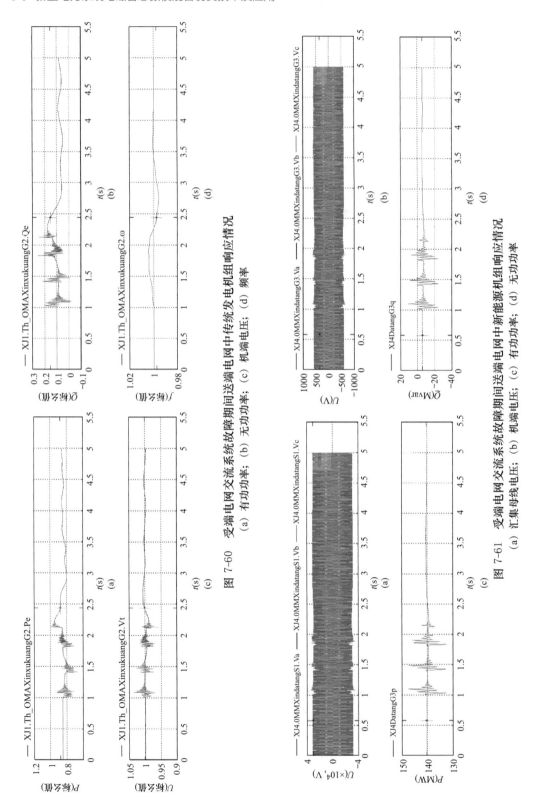

图 7-60 受端电网交流系统故障期间送端电网中传统发电机组响应情况
(a) 有功功率；(b) 无功功率；(c) 机端电压；(d) 频率

图 7-61 受端电网交流系统故障期间送端电网中新能源机组响应情况
(a) 汇集母线电压；(b) 机端电压；(c) 有功功率；(d) 无功功率

图 7-59 为直流的响应波形，从上至下分别为整流站换流母线电压、高端换流变压器阀侧电流、低端换流变压器阀侧电流、直流侧电压、直流侧电流、直流闭锁信号。从波形可以看出直流发生了 4 次连续换相失败，检测到第 4 次发生时直流闭锁，从故障发生到直流闭锁大概 700 多毫秒，换相失败及直流闭锁期间送端换流母线电压出现短时升高并周期性震荡。图 7-60 和图 7-61 为故障期间送端电网的传统机组及新能源机组的响应情况，图中左侧均为离换流母线电气距离较远的某机组响应情况，右侧为离换流母线电气距离较近的机组；从图中可以看出故障期间，近区的传统机组及新能源机组在故障期间波动较为严重，新能源机组机端电压短时降低致使其在故障期间进入低穿运行，故障消失后随着机端电压的恢复新能源机组逐步恢复正常运行；远离故障的传统机组及新能源机组在故障期间仅出现较小扰动，故障消失后均快速恢复稳定运行。可以看出，由于跨区联合仿真平台的实现突破了原有电磁暂态仿真规模的限制，可以较为准确地研究逆变侧交流电网发生严重交流线路故障引起直流连续换相失败最终导致双极闭锁的全过程，该过程还包括直流闭锁后送端系统的安控切机。

7.6 柔性直流工程接入交流电网的振荡及抑制措施仿真研究

7.6.1 背景

柔性直流输电在可再生能源并网、多端直流网络构建、弱系统联网等场合具有显著的优势，是构建未来智能化输电网络的关键技术。我国目前已建成南汇、厦门两端、南澳三端、舟山五端、渝鄂背靠背南北通道柔性直流输电工程以及张北可再生能源柔性直流电网工程。未来随着西电东送规模的进一步扩大，三北地区、西部、东部沿海的风电、太阳能被大力开发，可再生能源通过柔性直流输电并网，将对电网的稳定运行提出新的要求。

柔性直流输电系统在运行过程中由于电力电子设备的快速可控特性，易在系统谐波频率附近呈现容性阻抗和负电阻，从而与系统其他感性阻抗设备相互作用，引起系统谐波电流发散。国内外多个柔性直流输电工程发生了振荡稳定性问题，给电网的安全运行带来风险，对于柔性直流输电系统并网运行时的稳定性问题的研究是紧迫的、必要的。

7.6.2 技术路线

柔性直流工程接入大电网，与传统交流同步电网相比，逐步呈现电力电子化特征，秒级/毫秒级转子运动过程与微秒级电磁暂态过程紧密交织、相互影响。柔性直流工程大量电力电子化的设备接入电网后严重影响系统模型的数字仿真精度，同时使得控制系统的数字模型更加复杂。由于数模混合仿真能较精确地模拟交/直流电力系统的运行特性和动态过程，其应用范围包括复杂交/直流输电系统运行特性仿真、多直流落点地区交/直流系统相互影响研究、各种新型电力电子设备接入电网及其控制特性仿真等。为了能系统全面地反映柔性直流工程接入大电网后的真实的运行特性和发生振荡时的特性，有必要采用含有实际控保装置的全电磁暂态数模混合仿真手段来构建柔性直流工程接入大规模电网的仿真模型进行试验研究。

柔性直流工程接入交流电网的振荡及抑制措施，可通过以下几个方面开展仿真工作。

（1）柔性直流工程电磁暂态数模混合仿真建模。收集核实柔性直流工程一次和二次系统参数，根据实际参数，建立基于多仿真器的多步长柔性直流工程电磁暂态仿真模型，模型需能反映子模块特性并同时能确保仿真实时性。接入与实际工程特性一致的极控和阀控装置，并进行联合调试和功能测试。

（2）交流电网电磁暂态实时仿真建模。根据接入交流电网数据，建立能同时兼顾仿真准确性、规模需求及实时性的大规模交流电网电磁暂态模型。

（3）稳态潮流初始化。建立好的交直流电网模型需要进行潮流计算，以便各发电机组获得仿真启动的初始值，达到仿真启动后快速进入稳态的目的，提升柔性直流接入交流电网实时仿真的效率。

（4）仿真实时性调整。由于实时仿真是基于超级计算机的几百个并行计算核，因此，为了实现柔性直流控制保护装置的顺利接入，在仿真步长 $50\mu s$ 下需保证每个计算核的实时性，需要在任务映射时利用负载率、CPU 通信时间、接口通信时间等配置参数的优化组合，达到仿真实时性的要求。

（5）柔性直流接入交流电网仿真模型稳态建立。实时仿真启动后，数字发电机控制系统由默认经典控制器切换至实际控制器，将发电机阻尼系数及频率控制上下限限值恢复为实际数值，核实运行状态，解锁柔性直流，具备试验条件。

（6）柔性直流工程接入交流电网振荡场景再现。在柔性直流工程接入交流电网的数模混合仿真模型中复现工程中出现的典型振荡事件，评估数模混合仿真模型的适用性。

（7）柔性直流工程接入交流电网的振荡特性研究。通过频域阻抗建模和阻抗扫描的方法，分析柔性直流工程和所接入交流电网的阻抗特性。根据阻抗特性，考虑柔性直流工程控制系统参数、控制系统延时、交流电网运行方式等因素，仿真分析柔性直流工程接入交流电网的振荡特性以及存在的潜在振荡风险。

（8）柔性直流工程接入交流电网的振荡抑制措施研究。利用柔性直流工程接入交流电网的数模混合仿真模型，结合振荡特性仿真研究结果，给出振荡抑制措施，并对柔性直流工程接入交流电网的振荡抑制措施进行仿真验证。

7.6.3 仿真模型

柔性直流工程接入交流电网的数模混合仿真模型包含柔性直流数字仿真模型、交流电网数字仿真模型、与实际工程特性一致的控制保护装置。图 7-62 为某柔性直流工程数模混合仿真模型直流系统部分的总体构架，包括一次系统、控保系统和接口部分。仿真模型采用不同仿真器、不同仿真步长联合仿真的技术路线，综合考虑计算机处理器的计算能力、处理器之间的通信能力、数据带宽等相关指标，对交流电网进行 $50\mu s$ 的数字实时仿真，对 MMC 子模块采用基于 FPGA 的仿真装置进行仿真，所有 MMC 子模块的仿真计算周期为 500ns。

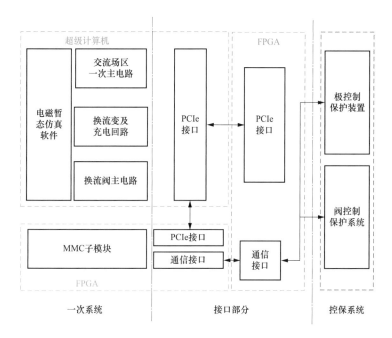

图 7-62　某柔性直流工程数模混合仿真模型直流系统部分的总体构架

（1）柔性直流工程数模混合仿真模型。国内某柔性直流工程的数模混合仿真模型主电路图如图 7-63 所示，该工程为背靠背柔性直流工程，连接两个区域电网。柔性直流工程除 MMC 换流阀外的一次系统根据实际工程参数建模，包括与实际工程一致的换流变压器、桥臂电抗器、断路器和隔离开关等。为了提高仿真实时性又不影响仿真准确性，MMC 换流阀分别采用第 3.2.2.2 节所提平均值阀模型和小步长阀模型搭建。其中，平均值阀模型对应的阀控模型采用厂家封装 CPU 阀控模型，小步长阀模型对应的阀控模型为厂家封装的基于 CPU＋FPGA 构架的阀控模型。

（2）交流电网模型。某柔性直流背靠背工程连接的两个区域交流电网模型包含 220kV 及以上电压等级的区域级网架，三相电压节点数 1384 个、发电机 114 台。

（3）控制保护装置。柔性直流工程数模混合仿真系统的整体结构、功能和特性与实际工程的控保系统保持一致，包括换流变区及交流连接线区控制保护、换流阀区控制保护，直流场站区控制保护。此外，接入实际柔性直流仿真系统的控保装置中所有控制保护主机软件均来自实际柔性直流工程，仅对其中无需在仿真平台进行试验验证或无法实现的部分进行简化。

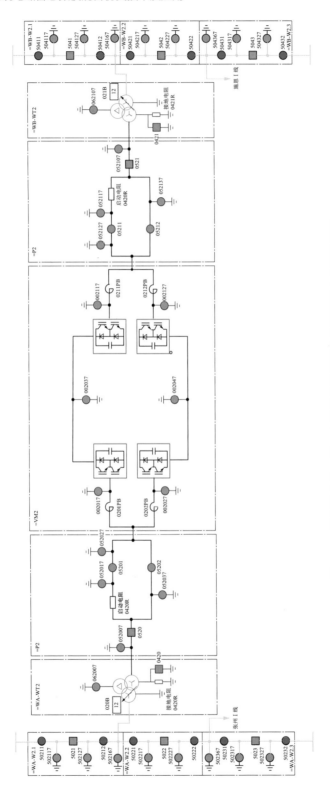

图 7-63 某柔性直流工程一个单元的数模混合仿真模型主电路示意图

7.6.4 试验研究内容

开展柔性直流工程接入交流电网的振荡及抑制措施的仿真研究，主要包括柔性直流系统控制参数、控制环节延时、交流电网运行方式、系统强度等因素对振荡特性的影响试验、针对振荡激发因素不同而提出的振荡抑制措施验证试验。

7.6.4.1 柔性直流工程接入交流电网振荡工况再现

选取某柔性直流工程在调试试验过程中发生的高频振荡工况进行高频振荡仿真再现。

某柔性直流工程进行交流断面失电试验，试验过程中交流电压出现频率约为 650Hz 的高频振荡现象，试验初始工况如下：双单元解锁，有功功率 0MW，一侧定交流电压控制模式，指令值为 527kV，死区 5kV，另一侧定无功功率控制模式，指令为 0Mvar。单元 1 和单元 2 在一侧的交流进线连接的交流串合环运行。试验开始后，依次拉开单元 1 交流进线中开关、单元 2 交流进行中开关，形成单元 1 带一回线、单元 2 带另一回线的分裂运行方式，两个单元网侧交流电压、交流电流逐渐出现高频谐波振荡放大，最终导致柔性直流系统保护跳闸，现场试验波形如图 7-64(a) 所示。

在该柔性直流工程的数模混合仿真系统中采用上述相同的运行工况，柔性直流系统连接的交流电网为包含该区域所有 220kV 及以上电压等级的网架，按照现场试验的操作顺序进行仿真试验操作，在仿真系统中依次拉开单元 1 和单元 2 的交流进线中开关，单元 1 和单元 2 分别带一回线分裂运行，之后单元 1 和单元 2 的交流网侧电压和电流开始出现振荡频率约为 632Hz 的高频振荡，振荡逐渐发散，仿真波形 7-64(b) 所示。

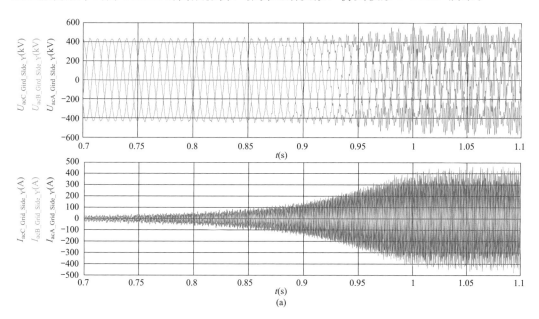

图 7-64　某柔直工程现场试验振荡和仿真振荡复现波形（一）

（a）某柔直工程现场试验过程中网侧三相电压和电流出现 650Hz 高频振荡波形

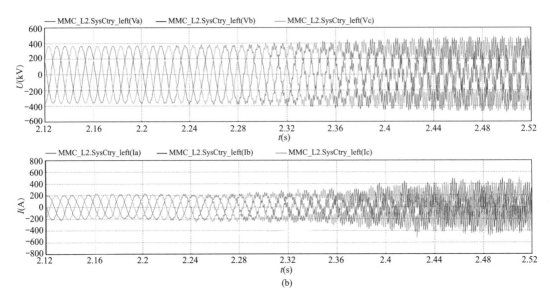

图 7-64 某柔直工程现场试验振荡和仿真振荡复现波形（二）

（b）某柔直工程数模混合仿真试验复现网侧三相电压和电流出现高频振荡波形

图 7-64 中波形显示，仿真再现振荡波形和现场试验时的振荡波形特性基本一致，发展过程一致。

7.6.4.2　柔性直流振荡抑制措施试验研究

根据柔性直流系统接入大电网发生振荡的影响因素，其抑制措施可考虑优化柔性直流控制环节、交流电网侧增加相关设备以及改变交流电网运行方式等方法。

（1）优化柔性直流控制环节抑制振荡试验研究。以某柔性直流工程在调试期间由双单元合环运行转为分裂运行时出现的高频振荡为例，仿真验证优化柔性直流控制环节抑制振荡的效果。在该柔性直流工程的数模混合仿真模型中运行现场出现振荡时的控制程序，按照调试试验时电网规模、运行工况和操作步骤开展仿真试验，当将柔性直流由双单元合环运行转为分裂运行时出现 632Hz 高频振荡，波形如图 7-64（b）所示。在该工程调试现场出现高频振荡后，"电压前馈非线性滤波＋电流反馈低通滤波"的优化控制策略被提出，将该优化的柔性直流控制策略在数模混合仿真模型中进行仿真验证，同样按照现场调试时的系统条件、运行工况、操作步骤，柔性直流由双单元合环运行转为分裂运行时未出现高频振荡现象，采用优化柔性直流控制策略的方法抑制振荡效果明显，仿真试验波形如图 7-65 所示。

（2）交流电网侧增加相关设备抑制振荡试验研究。以在交流电网侧加装相关设备为例，仿真验证 RLC 串联振荡抑制器效果。在 7.6.4.2 中提到的振荡复现基础上，通过同样的操作，在某柔性直流系统双单元零功率合环运行状态下，2s 时由合环运行转为分裂运行，双单元均出现 632Hz 振荡，5s 时于单元 1 换流变压器网侧出口母线处投入对地 RLC 串联振荡抑制器后振荡被抑制，其中串联振荡抑制器参数为 $R = 100\Omega$，$L =$

101mH，$C=1.01uF$，振荡抑制仿真验证波形如图 7-66 所示。

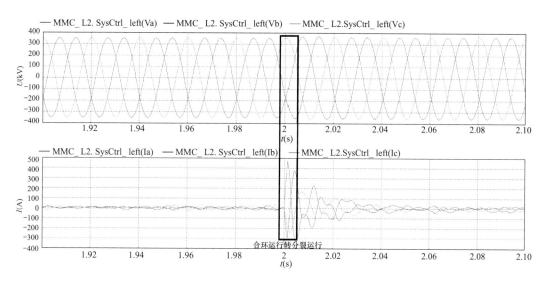

图 7-65　某柔直系统采用优化控制策略后由双单元合环运行转分裂运行仿真试验波形

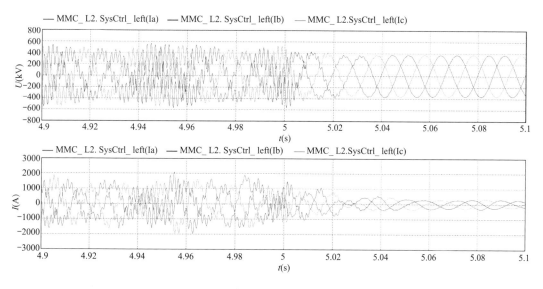

图 7-66　某柔直系统振荡抑制仿真验证波形

（3）改变交流电网运行方式抑制振荡的仿真试验。交流电网在运行方式发生变化时，其阻抗特性会随之发生变化，与接入的柔性直流系统之间可能存在潜在的振荡风险。以某柔性直流系统接入交流电网为例，在双单元出线的两条交流母线分裂运行时出现振荡，当将交流母线合环运行时，振荡消失，仿真波形如图 7-67 所示。本算例中交流母线的分裂和合环运行，直接体现了交流电网的运行方式，也体现了交流电网阻抗特性的变化，所以通过改变交流电网的运行方式是可以对振荡进行抑制的。

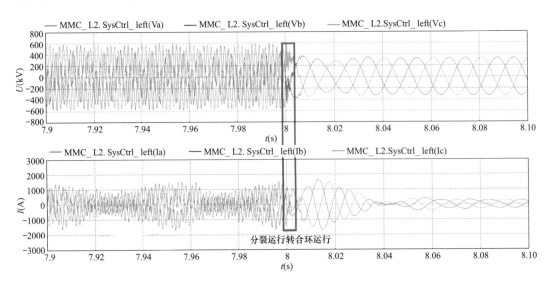

图 7-67 某柔直系统交流出线两条母线由分裂运行转合环运行振荡抑制仿真波形

7.6.4.3 基于阻抗扫描法的振荡及抑制措施研究

在柔性直流系统接入电网的振荡仿真研究中，阻抗扫描法可作为发现振荡问题及验证抑制措施的重要方法。需对柔性直流系统和交流电网进行阻抗扫描。在柔性直流系统模型和交流电网模型中注入一定幅值的宽频域信号，通过傅里叶分解的方法得到阻抗的幅频和相频特性，比较柔性直流系统和交流电网的幅频和相频特性曲线，依据奈奎斯特稳定判据来分析振荡风险点，判断柔性直流系统接入交流电网的振荡风险频段。图 7-68 为某柔性直流工程接入交流电网在双单元合环运和分裂运行时柔性直流系统和交流电网的阻抗扫描幅频和相频特性曲线，从图中可以看出柔性直流系统和换流站交流母线分裂

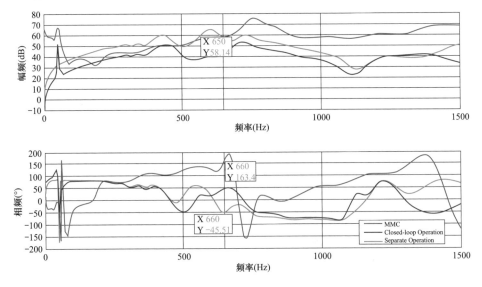

图 7-68 在双单元合环运和分裂运行时柔性直流系统和交流电网的阻抗扫描曲线

运行时的交流电网的阻抗幅值在650Hz处相交，相位差在650Hz处大于180°，说明柔性直流系统接入交流电网在换流站交流母线分裂运行时确实存在650Hz的振荡风险，而其他频率下均不存在振荡风险。

可针对振荡具体抑制措施再次进行柔性直流系统和交流电网阻抗扫描，从幅频和相频特性曲线依据奈奎斯特稳定判据确定抑制措施有效性。图7-69为某柔性直流系统采用"电压前馈非线性滤波＋电流反馈低通滤波"的优化控制策略后柔性直流系统和交流电网阻抗扫描的幅频和相频特性曲线。从图7-69中可以看出，柔性直流系统采用优化控制策略的抑制措施后，柔性直流系统与交流电网的幅频、相频特性曲线均得到改善，在500～750Hz之间虽然幅频曲线还有交点，但相频曲线中的相位差已小于180°，根据奈奎斯特稳定判据可知该抑制策略是有效的。

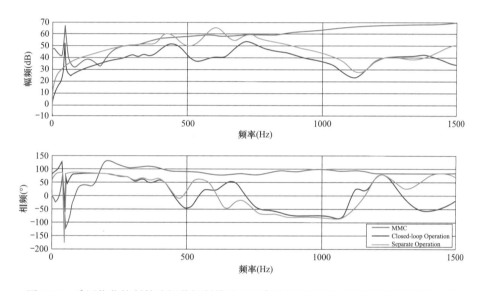

图 7-69　采用优化控制策略振荡抑制措施后柔直系统和交流电网幅频和相频特性曲线

阻抗扫描可以在柔性直流系统接入交流电网的模型正确情况下快速掌握柔性直流系统和交流电网的幅频和相频特性，可判断分析研究对象的稳定性，并掌握振荡风险点，是工程研究、设计时必不可少手段。但是由于阻抗扫描只能对柔性直流系统和交流电网的阻抗幅频和相频特性进行揭示，无法揭示影响系统稳定性的因素或环节，所以在阻抗扫描的基础上还需要结合其他的方法，如阻抗分析法、时域仿真法、特征值分析法等手段来完善分析，诸如此类的研究成果已多见于国内外文献中。

对于柔性直流系统接入交流电网的振荡研究中，交流电网的等值规模的选取是会影响到交流电网阻抗扫描结果的。以某柔性直流系统接入的交流电网为例在全网模型和三级断面等值电网模型中进行阻抗扫描对比分析。图7-70是某柔性直流系统接入系统的全网和三级断面等值电网阻抗扫描结果，图中蓝色线为柔直接入全网扫频结果，红色线为柔直接入三级断面等值网扫频结果。

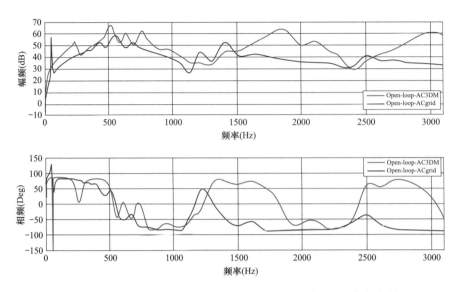

图 7-70　某柔直系统接入系统的全网和三级断面等值电网阻抗扫描结果

图 7-70 中全网和三级断面等值电网模型的阻抗扫描结果显示，在幅频特性上 1200Hz 以下三级断面等值电网幅频特性的幅值明显要大于全网，变化趋势相近，1200Hz 以上两者的幅频特性差别较大；在相频特性上三级断面等值电网相频特性与全网差别较大，但是如果进行振荡风险评估的保守分析，图中 740～1200Hz 范围内两者变化趋势相近，且都呈现容性，所以对于 740～1200Hz 范围内的柔性直流系统接入交流电网的振荡特性仿真分析和风险评估可采用三级断面等值电网模型。

7.6.5　结论

柔性直流系统接入交流电网的振荡和抑制措施的仿真研究需从建模、模型校验、振荡仿真再现、振荡风险仿真评估、振荡抑制措施仿真验证等方面开展，其中建模包括柔性直流系统数模混合仿真建模、交流电网电磁暂态建模；模型校验包括数模混合仿真模型在稳态、暂态特性方面要与实际工程保持一致性，确保后续研究工作的真实性和合理性；振荡仿真再现需要根据工程现场出现振荡的工况进行数模混合仿真模型的仿真再现，评估模型的适用性，确保柔性直流系统和交流大电网的阻抗特性与实际工程的一致；振荡风险仿真评估可考虑柔性直流系统的相关控制参数和控制环节、交流大电网的运行方式等对振荡特性的影响，评估相关的因素对振荡发生的风险指数，并通过数模混合仿真系统进行仿真验证；振荡抑制措施仿真在振荡影响因素确定后，可设计针对性的振荡抑制措施或增加相关设备，通过数模混合仿真系统进行仿真验证，并可根据仿真验证的效果对振荡抑制措施进行优化。

柔性直流系统接入交流电网的振荡仿真研究为柔性直流系统的规划设计、运行提供"预防针"及"试验场"，为柔性直流系统稳定运行提供了必要的支撑。

8　电力系统数模混合仿真技术展望

电力系统仿真技术是伴随着电力系统的发展而发展的。电力系统数模混合仿真技术在电力系统发展的各个时期均有不同的技术突破和侧重,均发挥着重要作用。含高比例电力电子设备、高比例新能源的新型电力系统将在未来10年飞速发展,这一新时期对电力系统数模混合仿真的需求更加迫切,电力系统数模混合仿真技术将紧密围绕新型电力系统发展需要不断发展进步,持续发挥更重要的作用。

8.1　新型电力系统的特点与需求

实现"碳达峰、碳中和"是一场广泛而深刻的经济社会统一性变革,要把"碳达峰、碳中和"纳入生态文明建设整体布局,如期实现2030年前碳达峰、2060年前碳中和的目标。"十四五"是碳达峰的关键窗口期,要构建清洁低碳、安全高效的能源体系,构建以新源为主体的新型电力系统。

新型电力系统是以数字化为推手,高比例新能源、高比例电力电子、低转动惯量、强随机性的电力系统,系统中源网荷储之间通过电力流和信息流形成有机整体,并与其他能源系统进行能量和数字交互。

未来我国能源供需格局将发生巨大变化。能源供给方面,煤、油、气等化石能源将在2030年前达峰,以太阳能、风能为主的非化石能源将持续快速发展,占一次能源的比重将在2030年升至约25％以上,并逐步成为一次能源供应主体;能源消费方面,电能占终端能源消费的比重将显著提升,电力行业将成为我国"碳达峰、碳中和"目标实现的关键所在。能源供需格局的变化将深刻改变电力系统的形态特征,其电源结构、电网形态、负荷特性、运行特性等将呈现新的特征。在新型电力系统建设期,新能源发电逐步成为第一大电源,常规电源逐步转变为调节性和保障性电源。交流与直流、大电网与微电网协调发展。系统储能、需求响应等规模不断扩大,源网荷储互动水平显著提升。未来新型电力系统成熟后,新能源发电将全面具备主动支撑能力,并成为电力电量供应主体。分布式电源、微电网、交直流组网与大电网融合发展。系统储能全面应用、负荷全面深入参与调节,电能与冷、热、气、氢等多能源实现融合互动、灵活转化、互补应用。

从电源侧来看,电源结构以新能源为主体,风电、光伏、SVC、SVG等设备中的电力电子装置高比例渗透。研究和测试新能源发电单机到场站的控制保护特性是提升新能源占比和提高接入系统适应性的关键，需要通过准确的仿真手段进行研究和试验。

从电网侧来看，电网规模仍要持续扩大。主电网利用特高压交直流输电技术进一步加强省区互联，配电网将逐步向有源供电网络发展，"交直流混合柔性电网＋智能微电网"等多种形式协同发展成为趋势。高比例电力电子装置的接入，使得电网稳定问题更加复杂化。传统的单一机电暂态仿真显然无法适应新型电力系统仿真分析的需要，对系统级的精准仿真需求越来越大。

从负荷侧来看，需求响应技术的发展使得负荷控制策略更具灵活性。微网、虚拟电厂、电动汽车等多元负荷形态比例逐步提升。储能单元加入负荷侧后，部分负荷将具备主动参加系统调节的能力，负荷特性不确定性增大。需要用更精准的仿真手段研究含电力电子设备的负荷特性，掌握其变化规律，优化控制策略。

从储能侧来看，储能规模随着新能源、核电的发展而同步增长。中短期内以抽水蓄能和化学储能并重，长期随着其他新储能技术不断涌现，储能技术形式进一步多元化。储能变流器作为电网与电池系统间能量交互核心装置，是储能系统的核心装置，其控制保护策略以及与新能源、负荷等的协调控制策略，均需要较为精准的仿真手段进行试验研究。

总体来看，新型电力系统的发展意味着电力电子设备在不同环节的发展和推广，电力电子设备最大的特点就是控制灵活，响应速度快，需要对其控制特性进行深入优化和测试，对高比例电力电子设备接入大电网后系统的运行特性进行深入精细仿真，而这也就意味着对电磁暂态数模混合仿真的需求不断扩大。

8.2 数模混合仿真的技术进步关键问题

电力系统数模混合仿真技术发展至今，电磁暂态实时仿真规模大幅度增加，接入控保装置的数量也大幅度增多，基本能够满足区域及跨区电网交直流相互影响的仿真研究需求，然而面对新型电力系统不断涌现的新问题新需求，要想充分发挥电力系统数模混合仿真的作用，仍有很多关键技术需要不断去突破。

8.2.1 大规模电网全电磁暂态仿真建模数据

对于大规模电网全电磁暂态仿真，自动化建模是进行仿真研究的保障。目前已有的自动化建模工具，由于数据来源于机电暂态数据，有些模型参数还需要根据电磁暂态计算需要转换或者按经验值选取，部分机电暂态中的数据由于并不对机电暂态计算结果有影响，正确率很低，也需要自动化建模程序有较强的纠错功能。这些均对仿真结果带来一定的误差。

未来建立电磁暂态仿真数据标准格式数据库是一个较好的解决办法，需要对在运电网中的所有仿真用到的设备，按照电磁暂态仿真的数据要求，进行数据梳理、完善和后续更新维护。

8.2.2 大规模新能源的仿真技术

随着新能源发电比例的增加，大电网仿真中必须开始考虑对新能源的更精确仿真。不同于直流输电工程，新能源机组数量巨大，模型占用计算资源多，在电磁暂态仿真中大规模启动过程复杂，对于大规模新能源接入电网的研究，侧重点是系统层级问题，可结合地区网架特点、新能源机型特点、场站拓扑特点、地区电网运行特点等，以单机详细电磁暂态模型和较优的等值方法为基础，建立适用于大规模新能源接入电网的新能源场站电磁暂态模型库，用于系统仿真研究。

对于需要详细仿真的个别场站，也可以考虑局部场站的详细电磁暂态仿真，但不适用于大规模场站下的详细仿真。

新能源变流器控制器特性的仿真应当尽量再现实际系统特性。对新能源控制器的仿真，有三种详细仿真方法：①完全透明的数字控制器；②厂家封装的数字控制器；③接入物理控制器的半实物仿真。对于大规模电网仿真来说，新能源场站有可能多达数百个，对于第三种方法显然是不现实的。而采用第二种方法，虽然准确性相对较高，但由于新能源厂家众多，控制器型号各异，更新频繁，如果每次进行大电网仿真时，都组织厂家提供能够在大电网仿真平台调用的封装模型，工作量巨大，对无论是新能源厂家还是大电网仿真建模研究团队，都是一项难以完成的工作，另外，厂家封装的控制器模型由于知识产权保护，技术人员无法看到里面的具体控制策略和参数，在进行大电网仿真分析时，当出现新能源脱网、系统振荡等问题时，很难进行问题定位。因此，对于大电网仿真中应用的新能源模型，可以参考传统发电机控制器的模型完善过程。

第一步，构建接入不同厂家不同型号新能源数字封装控制器的单机电磁暂态详细模型，通过接入等值电网进行系统适应性测试，包括不同系统强度下各种类型故障以及对所适应的系统强度的测试等，根据各类控制器的控制响应特性，进行分类。厂家提供的新能源数字封装控制器的准确性可以跟接入对应型号控制器的半实物仿真结果进行对比校准。

第二步，针对不同类型新能源发电机，按照第一步的分类结果，构建对应的透明数字控制器模型，类似机电暂态程序中不同类型的调速器和励磁调节器，例如，双馈风机 A 类-E 类，直驱风机 A 类-E 类，光伏控制器 A 类-E 类，用于模拟不同类型控制策略的新能源。同时，如必要，可提炼出能够体现个体特性的典型参数（例如高低穿动作定值）。

第三步，结合新能源接入电网的系统强度需要，调整各类新能源控制特性和参数，并发布以上各类透明数字控制器模型在特定系统强度下的单机控制特性。

第四步，针对具体大电网仿真中涉及到的新能源，要求厂家对应所发布的各类控制器的控制特性，提供与现场用到的控制器特性最为接近的类型（例如双馈 C 类），该参数可作为机电暂态仿真数据中的一个必须填写的参数，或者是数据平台上必须录入的参数，这样，在后续进行大电网电磁暂态自动化建模时，即可通过读取该参数，实现控制器的自动配对。

8.2.3 大规模电网全电磁暂态仿真中的新型智能负荷建模

随着电力电子设备的广泛应用，在负荷侧的应用范围逐渐扩大，目前在进行大规模电网全电磁暂态仿真中，负荷仍只考虑静态负荷和马达。后续应当结合电网发展，陆续开始研究智能负荷模型的电磁暂态建模技术，可从点到面，最终参考新能源建模方法，形成针对不同类型智能负荷的负荷模型库。北美在几年前已经开始相关研究，未来当智能负荷量越来越大时，很有可能系统仿真研究中也必须考虑这方面因素。

8.2.4 全电磁暂态仿真试验效率提升

利用全电磁暂态仿真开展大量试验仍需要较大的人力和时间，自动化程度不高，面对新型电力系统对全电磁暂态实时仿真的需求不断扩大，只有不断提高试验效率，才能充分发挥电磁暂态数模混合仿真的作用。前期在基于数据转换的自动化建模方面已经有了较好的探索和成果，后面还可以继续考虑开发电磁暂态批量试验自动化实施功能，包括故障点部署、自动化故障仿真、故障后系统自动恢复、波形自动存储，还可以考虑开发波形自动整理、报告自动生成、试验结果智能分析等功能。

8.3 数模混合仿真的应用拓展

数模混合仿真已经应用于掌握含大规模新能源发电和直流输电的大电网运行特性和规律、大规模新能源控制策略及参数优化应用在大电网中的试验验证、大规模新能源与特高压直流、柔性直流等协调运行及控制特性和策略的试验验证、大电网极端运行方式下严重故障仿真校核、涉及大规模新能源及直流的系统保护装置试验验证、现场严重故障再现等，同时也一直应用于装置级研发和试验。

未来数模混合仿真除了应用于以上领域，还可以应用于分布式电网、海上风电、综合能源系统等较为独立但电力电子设备比例极高的小系统精细化仿真。在镜像仿真方面，在数模混合仿真能力的不断提升下，也有可能做到接入大量控保装置，与某一实际电网的实时镜像仿真。

参 考 文 献

［1］ DOMMEL H W，李永庄，林集明，曾昭华. 电力系统电磁暂态计算理论［M］. 北京：水利电力出版社，1991.

［2］ KIMBARK E W. Power system stability；synchronous machines［M］. New York：Dover Publications，1965.

［3］ WOODFORD D A，GOLE A M，MENZIES R W. Digital simulation of DC links and AC machines ［J］. IEEE Transactions on Power Apparatus and Systems，1983，102 (6)：1616-2.

［4］ ADKINS B，HARLEY R G. General theory of AC machines［M］. London：Chapman & Hall，1975.

［5］ LAUW H K，MEYER W S. Universal machine modelling for the representation of rotating electric machinery in an electromagnetic transients program［J］. IEEE Transactions on Power Apparatus and Systems，1982，101 (6)：1342-51.

［6］ LAUW H K. Interfacing for universal multi-machine system modelling in an electromagnetic transients program［J］. IEEE Transactions on Power Apparatus and Systems，1985，104 (9)：2367-73.

［7］ CHEN M S，DILLON W E. Tower systems modelling［J］. Proceedings of IEEE，1974，162 (7)：901-15.

［8］ WATSON N，ARRILLAGA J，陈贺，白宏，等. 电力系统电磁暂态仿真［M］. 北京：中国电力出版社，2017.

［9］ 吴维韩，张芳榴，等. 电力系统过电压数值计算［M］. 北京：科学出版社，1989.

［10］ MORCHED A，GUSTAVSEN B，TARTIBI M A. A universal model for accurate calculation of electromagnetic transients on overhead lines and underground cables［J］. IEEE Transactions on Power Delivery，1999，14 (3)：1031-1038.

［11］ GUSTAVSEN B，SEMLYEN A. Simulation of transmission line transients using vector fitting and modal decomposition［J］. IEEE Transactions on Power Delivery，1998，13 (2)：605-614.

［12］ KUNDUR P. 电力系统稳定与控制［M］. 北京：中国电力出版社，2002.

［13］ 汤涌. 电力负荷的数学模型与建模技术［M］. 北京：科学出版社，2012.

［14］ HYPERSIM reference guide manual［R］. Montreal：OPAL. RT and Hydro Quebec，2017.

［15］ KUNDUR P. Power system stability and control［M］. New York：Mc Graw Hill book，1993.

［16］ Flourentzou N，Agelidis V G，Demetriades G D. VSC-based HVDC power transmission systems：An overview［J］. IEEE Transactions on Power Electronics，2009，24 (3)：592-602.

［17］ YANG Limin，LI Yaohua，LI Zixin，et al. Loss Optimization of MMC by Second-order Harmonic Circulating Current Injection［J］. IEEE Transactions on Power Electronics，2018，33 (7)：5739-5753.

［18］ 杨立敏，朱艺颖，郭强，等. 基于 HYPERSIM 的柔性直流输电系统数模混合仿真建模及试验［J］. 电网技术，2020，44 (11)：4055-4062.

［19］ LI Zixin，GAO Fanqiang，XU Fei，et al. Power Module Capacitor Voltage Balancing Method for a 350kV/1000MW Modular Multilevel Converter [J]. IEEE Transactions on Power Electronics, 2016, 31 (6)：3977-3984.

[20] GNANARATHNA U N, GOLE A M, JAYASINGHE R P. Efficient modeling of modular multi-level HVDC converters (MMC) on electromagnetic transient simulation programs [J]. IEEE Transactions on Power Delivery, 2011, 26 (1)：316-324.

[21] SAAD H, DENNETIÈRE S, MAHSEREDJIAN J，et al. Modular multilevel converter models for electromagnetic transients [J]. IEEE Transactions on Power Delivery, 2014, 29 (3)：1481-1489.

[22] Yang H，Dong Y，Li W，et al. Average-value model of modular multilevel converters considering capacitor voltage ripple [J]. IEEE Transactions on Power Delivery，2017，32 (2)：723-732.

[23] JOVCIC D, JAMSHIDIFAR A A. Phasor model of modular multilevel converter with circulating current suppression control [J]. IEEE Transactions on Power Delivery, 2015, 30 (4)：1889-1897.

[24] OLIVEIRA R, YAZDANI A. An enhanced steady-state model and capacitor sizing method for modular multilevel converters for HVDC applications [J]. IEEE Transactions on Power Electronics, 2017.

[25] Wei L, Bélanger J. An equivalent circuit method for modelling and simulation of modular multilevel converters in real-time HIL test bench [J]. IEEE Transactions on Power Delivery, 2016, 31 (5)：2401-2409.

[26] 药韬，温家良，李金元，等. 基于 IGBT 串联技术的混合式高压直流断路器方案 [J]. 电网技术，2015，39 (9)：2484-2489.

[27] 朱艺颖，于钊，李柏青，等. 大规模交直流电网电磁暂态数模混合仿真平台构建及验证（一）整体构架及大规模交直流电网仿真验证 [J]. 电力系统自动化，2018，42 (15)：164-170.

[28] 朱艺颖，于钊，李柏青，等. 大规模交直流电网电磁暂态数模混合仿真平台构建及验证（二）直流输电工程数模混合仿真建模及验证 [J]. 电力系统自动化，2018，42 (22)：32-37.

[29] 中国电力科学研究院. 特高压输电技术 直流输电分册 [M]. 北京：中国电力出版社，2012.

[30] 赵畹君. 高压直流输电工程技术 [M]. 北京：中国电力出版社，2004.

[31] 曾南超. 高压直流输电在我国电网发展中的作用 [J]. 高电压技术，2004，30 (11)：11-12.

[32] 雷霄，许自强，王华伟，等. ±800kV 特高压直流输电工程实际控制保护系统仿真建模方法与应用 [J]. 电网技术，2013，37 (5)：1359-1364.

[33] 潘丽珠，韩民晓，等. 基于 EMTDC 的 HVDC 极控的建模与仿真 [J]. 高电压技术，2006，32 (9)，22-28.

[34] 郑传材，黄立滨，管霖，等. ±800 kV 特高压直流换相失败的 RTDS 仿真及后续控制保护特性研究 [J]. 电网技术，2011，35 (4)：14-20.

[35] 胡铭，卢宇，田杰，等. 特高压直流输电系统实时数字仿真研究 [J]. 电力建设，2009，30 (7)：20-23.

[36] 葛江北，周明，李庚银. 大型风电场建模综述 [J]. 电力系统保护与控制. 2013，41 (17)：146-153.

[37] 田新首. 大规模双馈风电场与电网交互作用机理及其控制策略研究 [D]. 北京：华北电力大学，

2016.

[38] 徐新宇. 分布式光伏电源集群建模仿真与分析 [D]. 江苏：东南大学，2017.

[39] 霍建东. 双馈风电场动态等值及其参数辨识 [D]. 北京：华北电力大学，2015.

[40] 孟昭军，王海潮，许晓彤. 直驱式风电场并网动态等值研究 [J]. 电网清洁与能源，2015，31（1）：86-91.

[41] 张兴，孙艳霞，李丽娜，等. 风电机组电磁暂态建模与验证 [J]. 中国电力，2017，53（7）：106-112.

[42] 熊小伏，陈康，郑伟，等. 基于最小二乘法的光伏逆变器模型辨识 [J]. 电力系统保护与控制，2012，40（22）：52-57.

[43] Wang C. Modeling and control of hybrid wind/photovoltaic/fuel cell distributed generation systems [D]. Bozeman，MT，USA：Montana State University，2006.

[44] 王成山，高菲，李鹏，等. 电力电子装置典型模型的适应性分析 [J]. 电力系统自动化，2012，36（6）：63-68.

[45] 徐德鸿. 电力电子系统建模及控制 [M]. 北京：机械工业出版社，2005.

[46] 印永华，卜广全，汤涌，等. PSD-BPA 潮流程序用户手册 [R]. 北京：中国电力科学研究院，2019.

[47] 汤涌，卜广全，侯俊贤，等. PSD-ST 暂态稳定程序用户手册 [R]. 北京：中国电力科学研究院，2020.

[48] 胡涛，朱艺颖，李柏青，等. 基于 BPA-HYPERSIM 的大电网自动建模软件开发 [J]. 电网技术，2019，43（5）：1666-1674.

[49] 杨立敏，朱艺颖，郭强，等. 基于 HYPERSIM 的柔性直流输电数模混合仿真接口技术研究 [J]. 电网技术，2020，44（11）：4055-4062.

[50] 宋炎侃，陈颖，黄少伟，等. 大规模电力系统电磁暂态并行仿真算法和实现 [J]. 电力建设，2015，36（12）：9-15.

[51] 董毅峰，王彦良，韩佶，等. 电力系统高效电磁暂态仿真技术综述 [J]. 中国电机工程学报，2018，38（8）：2213-2231.

[52] H. W. Dommel. 电力系统电磁暂态计算理论 [M]. 李永庄，林集明，曾昭华，译. 北京：水利电力出版社，1991.

[53] 王薇薇，朱艺颖，刘翀，等. 基于 HYPERSIM 的大规模电网电磁暂态实时仿真实现技术 [J]. 电网技术，2019，43（4）：1138-1143.

[54] 吴学光，刘昕，林畅，等. 大规模多节点柔性直流控制保护仿真测试方法研究 [J]. 电网技术，2017，41（10）：3130-3139.

[55] 胡涛，朱艺颖，印永华，等. 含多回物理直流仿真装置的大电网数模混合仿真建模及研究 [J]. 中国电机工程学报，2012，32（7）：68-75.

[56] 周俊，郭剑波，郭强，等. 交直流大电网数模混合仿真系统的并行计算效率研究 [J]. 电网技术，2011，35（6）：34-38.

[57] 刘振亚. 中国电力与能源 [M]. 北京：中国电力出版社，2012：38-65.

[58] 李明节. 大规模特高压交直流混联电网特性分析与运行控制 [J]. 电网技术，2016，40（4）：985-990.

［59］ 汤涌，印永华. 电力系统多尺度仿真与试验技术［M］. 北京：中国电力出版社，2013：184-188.

［60］《中国电力百科全书》编辑委员会，《中国电力百科全书》编辑部. 中国电力百科全书［M］. 3版. 北京：中国电力出版社，2014.

［61］ 朱艺颖，蒋卫平，印永华. 电力系统数模混合仿真技术及仿真中心建设［J］. 电网技术，2008，32（22）：35-38.

［62］ 李新年. 特高压直流输电系统换相失败及其预防措施研究［D］. 北京：北京交通大学，2018.